国家出版基金项目
NATIONAL PUBLICATION FOUNDATION

涡轮机械与推进系统出版项目

“两机”专项：航空发动机技术出版工程

燃气涡轮辅助动力装置总体设计

吴施志　温　泉　蔡建兵　编著

科学出版社
北　京

内 容 简 介

本书在简要叙述燃气涡轮辅助动力装置的发展历程、现状以及工作原理、特性的基础上,重点论述与燃气涡轮辅助动力装置相关的6方面设计技术:设计约束条件、总体性能设计技术、总体结构设计技术、主要系统设计技术、使用和调节规律、通用质量特性与适航技术。本书是一本取材新颖、实用的燃气涡轮辅助动力装置的工程技术专著。

本书可供从事燃气涡轮辅助动力装置研发的技术人员使用,也可供相关高校航空发动机和燃气轮机学科领域的师生参考。

图书在版编目(CIP)数据

燃气涡轮辅助动力装置总体设计 / 吴施志,温泉,蔡建兵编著. —北京:科学出版社,2022.10

"两机"专项:航空发动机技术出版工程　国家出版基金项目　涡轮机械与推进系统出版项目

ISBN 978-7-03-072946-0

Ⅰ.①燃…　Ⅱ.①吴…　②温…　③蔡…　Ⅲ.①航空发动机—燃气轮机—总体设计　Ⅳ.①V235.1

中国版本图书馆 CIP 数据核字(2022)第153768号

责任编辑:徐杨峰 / 责任校对:谭宏宇
责任印制:黄晓鸣 / 封面设计:殷　靓

科学出版社 出版
北京东黄城根北街16号
邮政编码:100717
http://www.sciencep.com

南京展望文化发展有限公司排版
苏州市越洋印刷有限公司印刷
科学出版社发行　各地新华书店经销

*

2022年10月第　一　版　开本:B5(720×1000)
2022年10月第一次印刷　印张:15 1/2
字数:300 000

定价:120.00元

(如有印装质量问题,我社负责调换)

"两机"专项：航空发动机技术出版工程

专家委员会

“两机”专项：航空发动机技术出版工程

编写委员会

“两机”专项：航空发动机技术出版工程

设计系列

编写委员会

涡轮机械与推进系统出版项目

序

涡轮机械与推进系统涉及航空发动机、航天推进系统、燃气轮机等高端装备。其中每一种装备技术的突破都令国人激动、振奋，但是技术上的鸿沟使得国人一直为之魂牵梦绕。对于所有从事该领域的工作者，如何跨越技术鸿沟，这是历史赋予的使命和挑战。

动力系统作为航空、航天、舰船和能源工业的“心脏”，是一个国家科技、工业和国防实力的重要标志。我国也从最初的跟随仿制，向着独立设计制造发展。其中有些技术已与国外先进水平相当，但由于受到基础研究和条件等种种限制，在某些领域与世界先进水平仍有一定的差距。为此，国家决策实施“航空发动机及燃气轮机”重大专项。在此背景下，出版一套反映国际先进水平、体现国内最新研究成果的丛书，既切合国家发展战略，又有益于我国涡轮机械与推进系统基础研究和学术水平的提升。“涡轮机械与推进系统出版项目”主要涉及航空发动机、航天推进系统、燃气轮机以及相应的基础研究。图书种类分为专著、译著、教材和工具书等，内容包括领域内专家目前所应用的理论方法和取得的技术成果，也包括来自一线设计人员的实践成果。

“涡轮机械与推进系统出版项目”分为四个方向：航空发动机技术、航天推进技术、燃气轮机技术和基础研究。出版项目分别由科学出版社和浙江大学出版社出版。

出版项目凝结了国内外该领域科研与教学人员的智慧和成果，具有较强的系统性、实用性、前沿性，既可作为实际工作的指导用书，也可作为相关专业人员的参考用书。希望出版项目能够促进该领域的人才培养和技术发展，特别是为航空发动机及燃气轮机的研究提供借鉴。

张彦仲

2019 年 3 月

“两机”专项：航空发动机技术出版工程

序

航空发动机誉称工业皇冠之明珠，实乃科技强国之重器。

几十年来，我国航空发动机技术、产品及产业经历了从无到有、从小到大的艰难发展历程，取得了显著成绩。在世界新一轮科技革命和产业变革同我国转变发展方式的历史交汇期，国家决策实施“航空发动机和燃气轮机”重大科技专项（即“两机”专项），产学研用各界无不为之振奋。

迄今，“两机”专项实施已逾三年。科学出版社申请国家出版基金，安排“‘两机’专项：航空发动机技术出版工程”，确为明智之举。

本出版工程旨在总结“两机”专项以及之前工作中工程、科研、教学的优秀成果，侧重于满足航空发动机工程技术人员的需求，尤其是从学生到工程师过渡阶段的需求，借此为扩大我国航空发动机卓越工程师队伍略尽绵力。本出版工程包括设计、试验、基础与综合、材料、制造、运营共六个系列，前三个系列已从2018年起开始前期工作，后三个系列拟于2020年启动，希望与“两机”专项工作同步。

对于本出版工程，各级领导十分关注，专家委员会不时指导，编委会成员尽心尽力，出版社诸君敬业把关，各位作者更是日无暇晷、研教著述。同道中人共同努力，方使本出版工程得以顺利开展，有望如期完成。

希望本出版工程对我国航空发动机自主创新发展有所裨益。受能力及时间所限，当有疏误，恭请斧正。

2019年5月

前言

燃气涡轮辅助动力装置本质上就是一台航空燃气涡轮轴发动机，广泛应用于军民用固定翼飞机、直升机等飞行器。辅助动力装置的基本功能是为主发动机的起动提供起动能源，还可以为飞机短停检查、维护、环控提供所需的电/液/压缩空气能源，并在飞行中为飞机提供应急用电/液/压缩空气能源，提高飞行安全性，是现代飞机必不可少的机载设备之一。根据国际预测机构 Forecast International 公司预测，未来十年，全球燃气涡轮辅助动力装置年均交付量在 3 000 台左右，直接经济效益 18.5 亿美元左右，将带动相关产业产值超过 185 亿美元。

绝大多数辅助动力装置功率不超过 1 300 kW，属于中小型航空发动机范畴，具有该范畴内航空发动机普遍具备的转子转速高、部件小尺寸效应突出等特点，同时由于其特殊用途，在结构、性能、控制上也具有鲜明的设计特点，如单独用于供气的负载压气机、电功率优先设计、全飞行包线范围内起动能力等。

燃气涡轮辅助动力装置诞生于 20 世纪 50 年代，但国内一直没有专门讲述辅助动力装置设计的图书问世，产品开发也一直围绕着引进、消化、吸收的技术路线进行，偶尔在原有基础上开展再创新工作。本书立足中国航发湖南动力机械研究所数十年燃气涡轮轴及燃气涡轮辅助动力装置研制和管理经验，以多版内部讲义资料为基础，参考燃气涡轮辅助动力装置最新发展动态的著作、文献和研究成果编撰而成。

本书共分为 8 章。第 1 章叙述燃气涡轮辅助动力装置的发展概况等。第 2 章叙述燃气涡轮辅助动力装置的工作原理和特性。第 3 章由飞机需求牵引出辅助动力装置设计的约束条件，同时给出对飞机设计的反约束。第 4 章系统叙述燃气涡轮辅助动力装置的总体性能设计，包括设计点循环分析、流道尺寸确定和部件重量估算、非设计点性能分析、气动稳定性设计、参数限制值确定、台架性能换算。第 5 章叙述燃气涡轮辅助动力装置总体结构设计，主要包括总体结构布局、转子支承方案、支承结构、装配性与外部设计等。第 6 章叙述燃气涡轮辅助动力装置起动系统、引气系统、控制系统、附件传动系统、滑油系统的功能要求和系统设计。第 7 章系统叙述燃气涡轮辅助动力装置使用和调节规律，包括起动控制、负载压气机进口导叶控制、防喘控制、载荷活门控制、引气逆流控制、电功率优先控制等规律。第8章叙述燃气涡轮辅助动力装置通用质量特性与适航,质量特性中包括特性指标、设计与分析、验证与评价的一般知识。

在本书的编写过程中,得到了中国航发湖南动力机械研究所众多同事的大力支持和帮助。除署名编著者之外,非常感谢田宏星、李阔、赵建、刘东波、林亲学、李春、刘鹏飞、时瑞军、袁细传、李定乃、金向明、袁翔(排名不分先后)等,他们为本书编写提供了重要资料或参与了部分章节的初稿编写;非常感谢赵晓平、李传鹏、刘元轩、石林、胡好生、周颖、周丽萍(排名不分先后)等审读专家,他们凭借坚实的专业技术和丰富工程经验,为本书的审校贡献了智慧。另外,感谢王亦轩、赵建、胡国星和吴琼等同事,他们为本书文字和图表的编辑处理付出了大量的劳动。

在本书的编写过程中,力求遵循丛书出版的原则,尽可能从工程实用的角度,解析燃气涡轮辅助动力装置总体设计的流程和方法,做到体系完整,逻辑严密,图文并茂。

本书可供从事燃气涡轮辅助动力装置相关专业领域的技术研究、产品开发、使用维护等技术人员使用,也可以作为航空发动机和燃气轮机学科领域教师、硕士研究生、博士研究生和高年级本科生的综合参考教材,还可供对航空发动机技术有兴趣的人员阅读。

受作者理论水平和实践经验所限,书中难免有不足之处,恳请读者批评指正。

吴施志
2022 年 5 月

目　录

第 3 章 燃气涡轮辅助动力装置设计约束条件

第 4 章 燃气涡轮辅助动力装置总体性能设计

第 5 章 燃气涡轮辅助动力装置总体结构设计

第6章 燃气涡轮辅助动力装置主要系统

第7章 燃气涡轮辅助动力装置使用和调节规律

第 8 章 燃气涡轮辅助动力装置通用质量特性与适航

第1章 概　述

1.1 辅助动力装置简介

辅助动力装置(auxiliary power unit, APU)诞生于20世纪50年代,最初是为满足大推力/功率发动机对起动功率的需求而研制的。随着飞机需求的增加、航空技术水平的发展,APU功能日趋多元化,已从短时工作的单一起动能源,转变成为可长时间工作、多种能源输出的动力装置。APU本质上是一种燃气涡轮发动机,包含由离心压气机、燃烧室、涡轮组成的燃气发生器和动力输出结构等,它不直接提供飞行动力,而是为主发动机的起动和飞机的环控、电力和液压等系统提供辅助能源(图1.1),因此这类发动机统称为APU。概括而言,APU至少应具备以下一项功能:

(1) 提供发动机起动用能源;

(2) 提供飞机地面短停检查、维护用能源;

(3) 提供飞机飞行中应急用能源。

APU的使用不仅满足了发动机快速起动的需求,也降低了飞机对地面支持设备的依赖性,提高了飞行安全性。APU的基本功能是为发动机提供起动用能源,根据其提供的起动能源类别主要划分为机械型、气压型、电力型和液压型,各类型APU的工作方式及优缺点如表1.1所示。实际应用中,具体采用什么类别的起动能源需要结合飞机和发动机的需求综合考虑。

表1.1　按APU提供能源分类

APU类型	APU工作方式	优　点	缺　点
机械型	输出轴功率,通过离合器或扭矩变换器起动发动机	直接驱动发动机,系统效率高,APU额定功率小	APU需紧靠发动机安装,机械耦合装置和控制器较复杂

续 表

APU 类型	APU 工作方式	优　点	缺　点
气压型	输出压缩空气，冲击空气涡轮起动机带转主发动机高压转子起动	APU 可远离主发动机安装，安装位置相对灵活，并与气源车相容	需在飞机内部铺设较粗的空气管道，系统效率低，导致 APU 额定功率较大
电力型	带动发电机输出电能，驱动电起动机起动发动机	综合性较高、系统简单	起动功率偏小
液压型	带动液压泵输出液压能，驱动液压起动机起动发动机	—	传递方式较复杂

图 1.1　安装在 B787 飞机上的 APS5000 辅助动力装置

机械型、电力型、液压型 APU 本质上输出的都是轴功率，主要性能参数包括单位轴功率 $P_{s,sh}$ 和耗油率 *sfc* 等；对于只输出压缩空气或既输出压缩空气又输出轴功率的 APU,则采用单位当量功率 $P_{s,equ}$ 和当量耗油率$(sfc)_{equ}$ 的形式来表示。

1. 只输出轴功率的 APU

对于机械型 APU,功率定义为

$$P_{sh} = \frac{2\pi \cdot n \cdot T}{60\ 000} \tag{1.1}$$

式中,P_{sh} 为输出的轴功率,单位为 kW;n 为输出轴转速,单位为 r/min;T 为输出轴扭矩,单位为 N · m。

$P_{s,sh}$ 是指流经 APU 动力段每千克空气流量在输出轴上产生的轴功率,定义为

$$P_{s,sh} = \frac{P_{sh}}{W_a} \tag{1.2}$$

式中,W_a 为 APU 进气流量,单位为 kg/s。

耗油率 sfc 是指 APU 功率输出轴上每千瓦功率每小时的耗油量,定义为

$$sfc = \frac{W_f}{P_{sh}} \tag{1.3}$$

式中,sfc 为耗油率,单位为 kg/(kW · h);W_f 为燃油流量,单位为 kg/h。

电力型和液压型 APU 的轴功率是在电机发电功率和液压泵输出功率的基础上分别除以发电机和液压泵的效率得到。

2. 输出轴功率和压缩空气的 APU

对于同时输出压缩空气和输出轴功率的 APU,其主要性能以当量功率 P_{equ} 和当量耗油率$(sfc)_{equ}$ 来表示。

当量功率 P_{equ} 是指输出的轴功率 P_{sh} 和压缩空气当量功率 $P_{equ,a}$ 之和。压缩空气当量功率 $P_{equ,a}$ 则是指输出的压缩空气由输出压力等熵绝热膨胀到大气压力时,理论上能获得的功率。该功率按下式计算:

$$P_{equ,a} = W_{BE}\frac{k_a}{k_a - 1}R_a T_{BE}\left(1 - \frac{1}{\pi_{BE}^{\frac{k_a-1}{k_a}}}\right) \tag{1.4}$$

单位当量功率 $P_{s,equ,a}$ 是指流经 APU 燃烧室的每千克空气流量产生的当量功率。因此,APU 单位当量功率 $P_{s,equ}$ 计算方法如下:

$$P_{equ} = P_{equ,a} + P_{sh} \tag{1.5}$$

$$P_{s,equ,a} = \frac{P_{equ,a} + P_{sh}}{W_{a,g}} \tag{1.6}$$

式中,$W_{a,g}$ 为流经 APU 燃烧室的空气流量,单位为 kg/s。如果 APU 从动力段压气机

引气，则 $W_{a,g}$ 为压气机进气流量 W_a 与引气流量 W_{BE} 的差值，即 $W_{a,g} = W_a - W_{BE}$；如果 APU 采用负载压气机引气，则 $W_{a,g}$ 为动力段压气机的进气流量，即 $W_{a,g} = W_a$。

当量耗油率 $(sfc)_{equ}$ 是指 APU 发出每千瓦当量功率每小时消耗的燃油油量，计算公式如下：

$$(sfc)_{equ} = \frac{W_f}{P_{equ,a} + P_{sh}} \tag{1.7}$$

当 APU 只输出压缩空气时，$P_{sh} = 0$，当量功率 P_{equ} 就是压缩空气产生的当量功率 $P_{equ,a}$。

此外，APU 也采用功重比表征其先进性，尤其是 APU 系列化发展型号技术先进性的对比。

1.2 发展概况

1.2.1 起源

最早的 APU 原型起源于 1947 年，美国盖瑞特公司（1999 年并入霍尼韦尔公司）的工程师 Homer J. Wood 绘制了第一张 APU 草图。1948 年，该公司第一台小型燃气涡轮发动机——Model 43－44 问世，并通过了 200 h 的耐久性试验，随后该产品取得巨大的商业成功，20 世纪 50 年代初产量便超过了 500 台。1949 年，Homer J. Wood 和同事 Fredrick Dallenbach 因这一卓越成就获得了“莱特兄弟奖章”。1951 年，盖瑞特公司在该型发动机基础上开发了 85 系列 APU，并于 1954 年首次在 C－130 大力神运输机上使用。该 APU 提供压缩空气给空气涡轮起动机，由空气涡轮起动机带动发动机进行起动。在地面、主发动机不工作时，压缩空气还可以驱动空气涡轮起动机带动主发动机上的发电机发电，为飞机提供 28 V、400 A 的直流电。85 系列 APU 的诞生，永久性地颠覆了航空的格局，飞机终于能飞往更多偏远的地区，这一变革意味着飞机将不再依赖地面气源车或电源车就能够起动飞机的主发动机。1958 年，APU 开始在民用飞机上得到应用。

1.2.2 型号发展

鉴于 APU 在保障作战飞机自给能力、安全性和使用经济性方面发挥的巨大作用，国外十分重视它的发展，APU 由专业的航空发动机公司或子公司开展研制，如美国的霍尼韦尔和汉密尔顿、俄罗斯的航空动力公司、法国的微型涡轮公司等。

APU 型号发展的第一个特征是在现有燃气涡轮发动机的基础上改进改型研制，研制 APU 的公司往往也从事其他航空燃气发动机的研制工作，而 APU 和涡轴发动机相关技术有很大的通用性，因此在现有的发动机基础上开展 APU 的研制是一项省时省力省钱的事。盖瑞特公司在 1954 年推出的世界上首台 APU——GTCP85,就是在盖瑞特公司首台燃气涡轮发动机 Model 43-44 的基础上发展而成,使用广泛,累计已生产 33 000 余台。该 APU 采用单转子结构,由 2 级离心压气机(由 2 个背靠背离心压气机组成)、环形回流燃烧室、单级向心涡轮等组成。其总体结构简单,设计可靠,可为主发动机起动及飞机空调、防冰提供空气(约占压气机进口流量的 25%),同时还通过齿轮箱驱动发电机输出电功率。

较大功率的 APU 则通过涡扇发动机核心机改进研制,典型例子是美国普惠公司为波音 747 和空客 380 宽体客机分别研制的 PW901 和 PW980A 辅助动力装置。PW901 是在 JT15D-5 涡扇发动机核心机的基础上,通过增加一个专门提供引气的载荷压气机(该载荷压气机也是基于 JT15D-5 发动机的高压压气机发展),并对驱动载荷压气机的动力涡轮进行全新设计而来,该项目从获得合同到提供首台原型机仅用时 17 个月。PW 公司这种动力涡轮驱动负载压气机和发电机的结构形式会增加结构的复杂性和使用维护成本,较为少见。

APU 型号发展的第二个特征就是系列化发展,即在基本型的基础上,随着航空技术的不断更新发展,逐步将成熟技术应用在现有产品中,并针对飞机的不同需求进行系列化发展,衍生出庞大的系列产品,降低开发成本。如美国霍尼韦尔公司在 GTCP85 的基础上开发出了 100 多个系列型号,是世界范围内生产数量最大的系列产品,主要产品如表 1.2 所示。另外霍尼韦尔公司的 GTCP36 系列 APU 不断引入新的设计技术对部件性能进行优化,使得引气能力和提供轴功率的能力增加了 1 倍,后来改变了从核心机压气机输出压缩空气的结构形式,增加了一个专门的负载压气机,同时也应用了双合金涡轮转子技术,1990 年还在此基础上开发了 F-23 飞机使用的组合动力装置。

表 1.2 GTCP85 系列主要产品

装机对象	B727			DC-9/MD-80			B737
APU 型号	85-98	85-98C	85-98CK	85-98D/W	85-98DCK	85-98DHF	85-129
重量/kg	128.8			148.8	154.2		145.1
功率/shp①	50			60			30
引气流量/(lb/min)②	88	104	104	88	97	106	102
引气压力/psi③	45	49	49	45	47	48	45
转速/(r/min)	41 400	41 600	41 700	41 100	41 700	43 000	41 600

① 1 shp = 745.699 872 W。

② 1 lb/min = 7.56×10^{-3} kg/s。

③ 1 psi = 1 lbf/in^2 = 6.895×10^{3} Pa。

APU 型号发展的另一个特征就是依托系统优势增强产品竞争力。这方面最显著的例子是美国的霍尼韦尔公司和汉胜公司，这两家公司是目前世界上最大的 APU 制造商，同时也是飞机的系统供应商，可以为飞机提供诸如起动系统（包含安装和进排气）、发电系统、环控系统等一揽子解决方案，能够实现 APU 与飞机系统的最优匹配，因此在民用市场上竞争力极强，占领了世界民用 APU 的绝大部分市场。

1.2.3 功能发展

APU 的发展主要按功能划分，大致上经历了四个阶段，这一点从战斗机起动方式的变化上看最为明显，如图 1.2 所示。

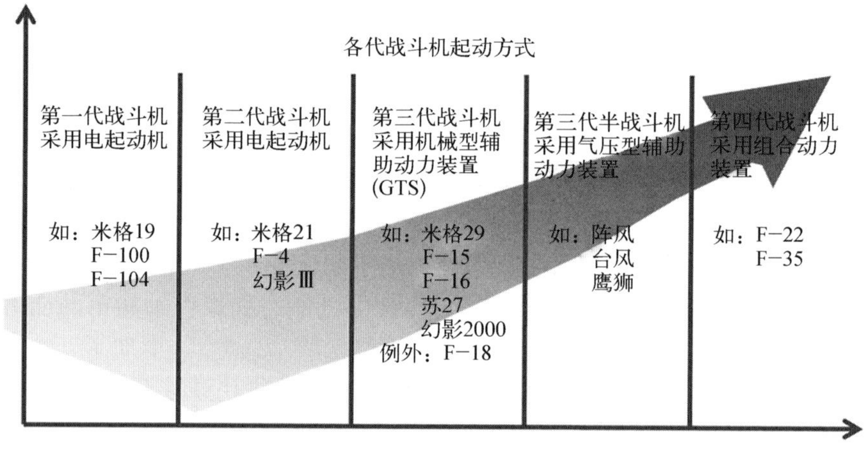

图 1.2 战斗机起动方式的变化

第一代战斗机主要采用火药起动机、小功率的电起动机，如米格 19、F－100、F－104 等。从 20 世纪 50 年代至 80 年代初，第二代战斗机主要采用电起动方式，如米格 21、F－4 等。第三代战斗机主要采用机械型 APU（即燃气涡轮起动机），起动机输出的轴功率通过飞机附件传动装置和发动机附件传动装置的传动链，直接驱动发动机的高压转子和相关飞机附件，传动效率高、功率传递快、安装结构紧凑，因此在军用飞机上得到广泛采用。

由于气压型 APU 安装位置灵活，有利于飞机系统布局，除了为主发动机起动提供动力外，还增加了地面和空中长时间提供辅助能源的功能，因此气压型 APU 成为主要发展方向。从 20 世纪 80 年代至 90 年代，第三代半战斗机，如阵风、台风、鹰狮等均采用了压缩空气输出型 APU。

由于燃料价格飞涨，要求 APU 降低单位燃油消耗率，并减少 APU 体积和重量，气压型 APU 向提高性能方向发展，APU 压比达到 5～7，涡轮前温度达到 1 250 K，并采用了全权限数字电子控制器，功率提高到200 kW以上，如米格29、F－15、F－16、苏27、幻影2000及F－18等飞机使用的APU。此时的APU和应急动力装置(emergency power unit, EPU)还是分开布置，各司其职，优势互补，其中民用飞机的EPU一直采用的是应急空气涡轮，军用飞机的EPU则由空气应急动力装置发展为燃料应急动力装置。

从20世纪90年代末至今，为了适应电传操纵对不间断提供辅助能源的要求，军机上的APU开始综合以往EPU的应急功能，演变成为组合动力装置(integrate power unit, IPU)，在第四代战斗机美国的F－22和F－35上均已应用。

一般来说，成熟APU的产品都在根据飞机需求不断改进设计，如汉胜公司研发的T－62T系列，如表1.3所示，原因主要取决于飞机系统设计的需求和当时的技术水平。

表1.3 T－62T系列辅助动力装置发展

型　号	发展年份	压比	空气流量/(kg/s)	涡轮进口温度/℃	功率/kW
T－62T－27	1964	4.1	1.0	969	112
T－62T－40－8	1975	4.1	1.22	1 081	186
T－62T－45	1981	4.7	1.82	1 109	280
T－62T－45(单转子)	1985	5.0	2.04	1 194	370

1.2.4 发展趋势

APU发展趋势主要体现在以下四方面。

(1) 循环参数提高。

早期大多数APU在设计上都力求简单，以最大限度地降低成本，并且设计成与压比不超过4的机载气压系统相容。另外，为了降低成本，涡轮前温度都控制在较低水平，采用非冷却涡轮。设计时，不把单位燃油消耗量作为一个重要指标，因为当时APU的工作时间不长，总的燃油消耗量不高。这样所得到的APU是一台简单的燃气涡轮发动机，多采用一台低压比离心压气机，以便为主发动机的起动和环境控制系统的运行提供放气；它还配有一个单级的向心涡轮或者一个两级的轴流涡轮，以便同时提供驱动液压泵和发电机所需的轴功率。

后来，APU的功能逐步得到拓展，开始为飞机地面维护、空调系统、电子设备等提供辅助能源，运行时间大幅增加，目前民航飞机用APU工作时间/飞机飞行时间的比例已达到 0.85 左右。基于使用成本的考虑，飞机要求 APU 降低燃油消耗率，同时要求减少重量和体积，因此 APU 开始逐步提高热力循环参数，增加压比，提高涡轮前温度。例如，GTCP36－300 型 APU 相比上一代 GTCP85 型 APU，功率提高 35%，重量减少 20%，油耗降低 21%。目前，APU 压比达到 8 一级，涡轮前温度为 1300K 左右。霍尼韦尔公司为 A350 飞机研制的 HGT1700 型 APU 单级离心压气机压比达到 11.0，涡轮前温度达到 1363K。

（2）使用高度提高。

为了适应电传操纵战斗机对不间断提供辅助能源的要求，战斗机 APU 与 EPU 已向组合和综合的方向发展，能在战斗机全包线范围内为战斗机提供应急能源。民用飞机为了提高安全性，也要求 APU 在全包线范围内为飞机提供应急能源。在空中一台发动机出现故障时，APU 能够为诸如飞机机翼防冰、电源、机舱环控等提供辅助能源，提高飞机的安全性及飞行能力。目前，霍尼韦尔公司研发的 RE220、汉胜公司研发的 APS5000 起动运行高度达到 13 100 m。

（3）可靠性提高、形成 IPU。

APU 与航空发动机一样，可靠性持续提高。战斗机从采用燃气涡轮起动机发展至采用压缩空气输出型 APU，如前所述，一个主要原因是压缩空气输出型 APU 可以采用可靠性高的单转子结构，使 APU 的可靠性指标平均故障间隔时间（mean time between failures，MTBF）延长 30%。第四代战斗机上 APU 与 EPU 被组合或综合，主要目的也是为了减少零部件数量，提高可靠性（MTBF 延长 50%）。霍尼韦尔公司为 A320 系列飞机研发的 GTCP131－9A 替代了上一代产品 GTCP36－300A，其计划外维修事件平均间隔时间（mean time between unscheduled removals，MTBUR）延长 70%，另外，采用先进的数字式电子控制器也能提高其可靠性和机内检测能力。

EPU 虽然能很快地投入运行，但由于燃料有限，工作时间不长，因此，这种装置不但不能在空中长时间地提供应急功率，更无法在地面提供辅助功率。APU 虽然能很好地满足在地面起动主发动机以及提供地面维护和检测所需的辅助功率的要求，但工作高度有限，并且在高空起动时间较长，所提供的功率也随着使用高度的上升而急剧下降。战斗机中将 APU 与 EPU 两者合二为一，可充分发挥各自优势，提高系统可靠性，降低系统的重量和体积。

（4）注重低噪声、低排放的环保要求。

随着环保意识的增强，各国开始注重 APU 的低噪声和低排放要求，逐步开展 APU 低噪声和低排放设计技术研究。采取低噪声压气机、低噪声发散冷却燃烧室、低噪声引射散热器等技术降低噪声指标，采用低污染燃烧室设计技术降低氮氧化物、一氧化碳等排放。

1.3 国外产品介绍

西方航空发达国家对 APU 的研制非常重视，如美国的霍尼韦尔公司、美国的汉胜公司、加拿大普惠公司、法国的微型涡轮公司、俄罗斯的航空动力公司等，APU 的当量功率覆盖 50～1 400 kW。目前世界军民用 APU 市场主要被美国的霍尼韦尔、汉胜公司垄断。

市场上出现的 APU 构型及装机情况如表 1.4 所示，常用的 APU 结构型式主要包含以下四种：一是单转子燃气发生器、核心机引气型；二是单转子燃气发生器、负载压气机引气型；三是单转子燃气发生器、自由涡轮输出轴功率型；四是单转子燃气发生器、自由涡轮带转负载压气机型。

表 1.4 典型 APU 构型及装机情况

结构形式	主要功能	燃气发生器构型	典型 APU	主要应用对象
单转子燃气发生器	核心机引气	单级离心压气机+单级向心涡轮	T62 系列	黑鹰、F－16、隼－20、ERJ135/140/145、萨伯 2000 等
			GTCP85 系列	C 130、D737、DC－9、VC－137 等
			APS500 系列	ERJ135/140/145、庞巴迪冲锋等
			APS2000	B737
		单级离心压气机+轴流涡轮	APS2300	E－170、ARJ 21
			Rubis	阵风
			RE220	挑战者 800、湾流
	负载压气机引气	单级离心压气机+单级向心涡轮	GTCP36－300	A320
		单级离心压气机+轴流涡轮	GTCP131 系列	B737、A320、B－2
			APS3200 系列	B737、A320
		双级离心压气机+轴流涡轮	GTCP331 系统	A330、A340 B767、777、C17
			HGT1700	A350

续 表

结构形式	主要功能	燃气发生器构型	典型 APU	主要应用对象
单转子燃气发生器+自由涡轮	自由涡轮输出轴功率	单级离心压气机+轴流涡轮	ГТДЭ－117	苏 27
			T118/T312	狂风
			JFS190	F－15
	自由涡轮带转负载压气机	单级离心压气机+轴流涡轮，1 级自由涡轮后输出，驱动负载压气机	TGA15	鹰狮
		单级离心压气机+轴流涡轮，1 级自由涡轮前输出，驱动负载压气机	PW901 系列	B747
			PW980A	A380

1.3.1 霍尼韦尔公司

美国霍尼韦尔公司是目前最大的 APU 供应商，该公司的 APU 源于并购的盖瑞特公司，并很快发展成为 APU 领域的领先者，目前 APU 总产量已超过十万台。霍尼韦尔公司的 APU 产品种类繁多，从民用(图 1.3)到军用(表 1.5)，从支线到宽体飞机，基本上适用于任何机型。霍尼韦尔公司的代表产品有 85 系列、36 系列、131 系列和 331 系列，每个系列又衍生出适应不同飞机的子型号。该公司 APU 采用前沿技术和集成系统结构，性能好、可靠性高、运行和拥有成本低，其中 GTCP131－9A 的机上非计划更换时间已突破 10 000 h，领先于竞争对手近一倍。

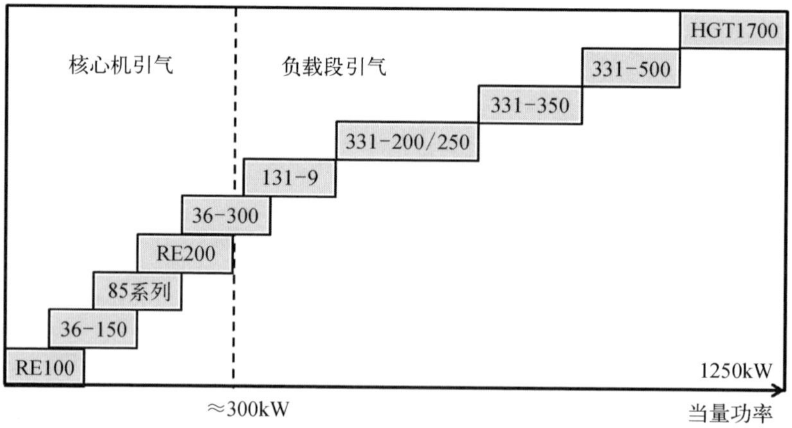

图 1.3 霍尼韦尔公司研制的民用 APU 产品系列

表 1.5 霍尼韦尔公司研制的军用 APU 产品系列

APU	配装飞机/直升机
GTCP131 系列	B-2、C40A
GTCP331 系列	KC-330、C-17、C-130
G250	F-22
G230	F-35
JFS190	F-15
GTCP36-200	F-18
GTCP85	C-130
GTCP36-150	CH-60、H-92、UH-60、SH-60
GTCP36-55	AH-64

1.3.2 汉胜公司

美国的汉胜公司是目前第二大的 APU 供应商(已并入普惠公司),主要在中小型 APU 市场与霍尼韦尔公司展开了激烈竞争,并于 2005 年推出全新的大功率 APU——APS5000,成为波音 787 飞机的唯一 APU 供应商,成功进入宽体客机市场。该公司 APU 产品注重轻量化设计,体积小、重量轻,零件数少,在美国军用飞机市场份额很大。主要民用 APU 产品如图 1.4 所示,主要军用 APU 产品如表 1.6 所示。

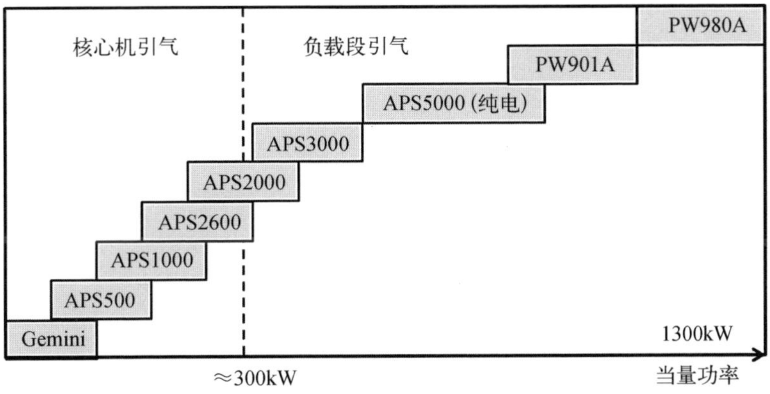

图 1.4 汉胜研制的民用 APU 产品系列

表 1.6 汉胜研制的军用 APU 产品系列

APU	飞机型号
T-20G	K-1 ARV
T-62T-2	CH-47A/D
T-62T-11	CH-46
T-62T-16	H-3/VH-3D
T-62T-27	CH-53E
T-62T-40	AH-1Z、UH-1Y、VH-60、F-16、EH101、KC-135R
T-62T-46	V-22、C27、JAS-39、T/A-50、EMB-145
APS3400	C-5

1.3.3 航空动力公司

俄罗斯航空动力公司成立于 1939 年,主要研制飞机自动螺旋桨,自 1957 年开始研制 APU,主要产品包括 TA4、TA6、TA8、TA12、T14、T18 等系列,主要用于本国飞机。

1.3.4 微型涡轮公司

法国微型涡轮公司成立于 1961 年,主要研制、生产小型飞机、靶机和导弹用小型涡轮发动机、发动机起动系统以及 APU。该公司的 APU 产品主要集中在当量功率 300 kW 以下,主要包括 Saphir、Rubis3、Tga15 等系列。

第 2 章

燃气涡轮辅助动力装置工作原理和特性

2.1 热力循环

2.1.1 理想循环

为便于获得主要参数对 APU 热力循环的影响,实际循环可简化假设为理想循环,包含以下内容:

(1) 循环过程中,工质是质量流量为 1 kg/s 的空气,是热力学意义上的完全气体,工质的比热容为常数,并且不随气体温度变化而变化;

(2) 各热力过程是可逆和绝热的;

(3) 整个循环的工质成分保持不变;

(4) 气流在尾喷管出口达到完全膨胀,气流在喷口外等压放热。

APU 主要由压气机、燃烧室和涡轮部件组成。压气机对流体做功以提升温度和压力;燃烧室完成油气混合物定压燃烧,给流体加热,提高流体总焓;流体在涡轮中绝热膨胀,输出机械功。涡轮和压气机之间通过转子连接,涡轮做功驱动压气机。

图 2.1 给出了典型 APU 特征截面编号,各截面定义为:0 为环境;1 为进气道进口截面;2 为压气机进口截面;3 为压气机出口截面;31 为燃烧室进口截面;4 为燃烧室出口截面;5 为涡轮出口截面;9 为排气段出口截面。1~3 截面热力过程为等熵压缩;3~4 截面为等压加热过程;4~9 截面为等熵膨胀过程;9~0 截面为等压放热过程。

将上述 4 个热力循力过程所构成的理想循环描述在温度-熵($T-S$)图和压力-比容($p-v$)图上,如图 2.2 所示。

描述 APU 理想循环的主要参数如下。

1. 理想循环功

理想循环功定义为理想循环加热量 q_1 与放热量 q_2 之差,用符号 L_{id} 表示。

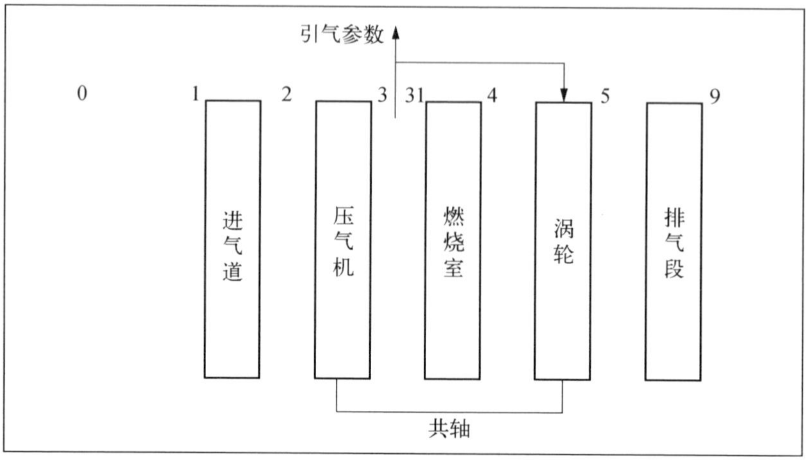

图 2.1 APU 特征截面编号

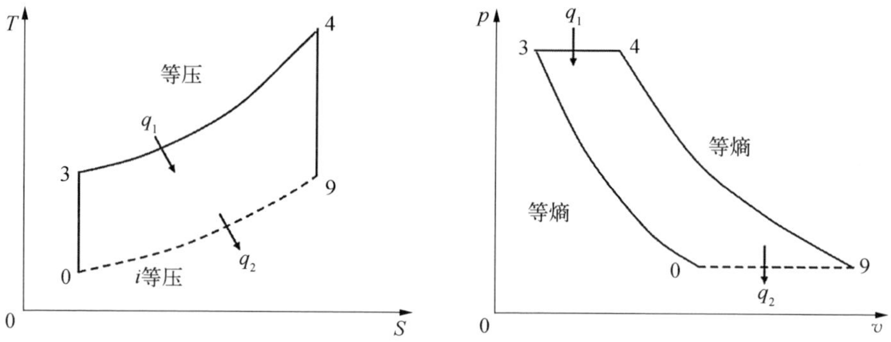

图 2.2 APU 理想循环

$$L_{id} = q_1 - q_2 \tag{2.1}$$

式中，q_1 为理想循环加热量；q_2 为理想循环放热量。

加热量和放热量分别可用下列积分式表示：

$$q_1 = \int_3^4 T\mathrm{d}s = c_p(T_4 - T_3)$$

$$q_2 = \int_0^9 T\mathrm{d}s = c_p(T_9 - T_0)$$

式中，c_p 为气体比定压热容。

2. 理想循环热效率

理想循环热效率定义为理想循环功与加热量的比值，用符号 $\eta_{th,i}$ 表示。

$$\eta_{th,\,i} = \frac{L_{id}}{q_1} = \frac{q_1 - q_2}{q_1} \tag{2.2}$$

2.1.2　实际循环

与理想循环相比，APU 实际循环主要特点如下：

（1）压气机/涡轮中流体流速较高，所以不能忽略每个部件进口和出口之间的动能变化，即发动机压缩和膨胀热力过程是不可逆的，会导致熵增；

（2）流体摩擦导致燃烧室部件的压力损失，会导致进气和排气机匣压力损失；

（3）需要克服压气机与涡轮之间功率传递时的轴承摩擦，并考虑附件功率提取；

（4）温度及燃烧引起的成分变化，会导致工质比热容和比热比的变化；

（5）理想循环效率的定义是明确的，但内部燃烧开式循环的情况并不如此；已知压气机出口温度、燃料成分、涡轮前温度和燃烧效率后，可以得到油气比，也可以计算得到燃油消耗率；

（6）在内部燃烧的情况下，由于加入燃油，通过涡轮的质量流量会大于通过压气机的质量流量，实际上，1%～2%的压缩空气被引出用于冷却涡轮盘和叶片根部。对于多数循环计算，假设增加的燃油仅仅补偿了这部分流量损失已经足够精确了。

图 2.3 给出了 APU 实际循环热力过程的 $p-v$ 图和 $T-S$ 图。

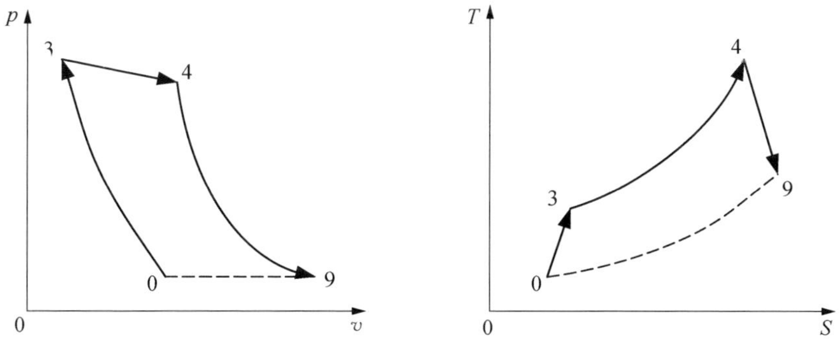

图 2.3　APU 实际循环

1. 实际循环有效功

对于多变膨胀过程，多变膨胀功：

$$L_{np} = L_T + L_{net} + L_{rp} + \frac{1}{2}V_9^2 \tag{2.3}$$

式中，L_T 为带动压气机的涡轮功；L_{net} 为输出功（驱动负载压气机、交流发电机、动力段压气机引气等所消耗的涡轮功）；L_{rp} 为膨胀过程摩擦功；V_9 为尾喷管出口气流速度。

对于多变压缩过程，多变压缩功：

$$L_{nc} = L_C - L_{rc} + \frac{1}{2}V_0^2 \tag{2.4}$$

式中，L_C 为压气机功；L_{rc} 为压缩过程摩擦功；V_0 为进口气流速度。

注意到 L_T 与 L_C 相等，摩擦功无法产生循环有效功，APU 实际循环有效功用 L_e 表示：

$$L_e = L_{net} + \frac{1}{2}(V_9^2 - V_0^2) \tag{2.5}$$

对于 APU，实际循环有效功 L_e 等于涡轮功 L_{net}。

像理想循环一样，实际循环有效功可描述为循环加热量与放热量之差：

$$L_e = q_1 - q_2 \tag{2.6}$$

2. 实际循环热效率

实际循环热效率定义为实际循环有效功与循环加热量之比：

$$\eta_{th} = \frac{L_e}{q_1} \tag{2.7}$$

3. 影响实际循环有效功和热效率的因素

理想循环是实际循环过程各种损失趋于零的极限状态。理想循环功随循环增温比和循环增压比的变化规律定性地适用于实际循环，即：

（1）提高增温比是增大实际循环有效功的主要措施之一；

（2）在增温比一定的条件下，存在最佳增压比 π_{opt} 使实际循环有效功最大，且增温比 Δ 越高，最佳增压比 π_{opt} 越大；

（3）为获得更大的循环有效功，应提高涡轮前温度和适当提高增压比。

由于实际循环存在摩擦损失，与理想循环相比，实际循环排气温度 T_9 更高，放热量更大，因此在相同的循环加热量、增压比和增温比条件下，实际循环有效功将小于理想循环功。

实际循环热力过程存在损失，实际循环热效率除受增压比的影响外，还受增温比，以及各部件效率和损失的影响。并且比理想循环热效率低。对于实际循环热效率：

（1）随着增压比提高，实际循环有效功和热效率先增加后减小，存在使循环热效率达到最高的增压比 π_{opt}，如图 2.4 所示。这是因为当增压比较小时，加热量大部分被高温排气流带走，有效功和热效率均较低；增压比过高时，压气机出口温度增加，循环加热量减小，各部件损失所占加热量的比重加大，极限情况下，加热量仅够克服各项损失，有效功趋于零，此时热效率趋于零。

（2）对应循环有效功最大的最佳增压比 π_{opt} 小于使实际循环热效率最高的增压比 π_h。

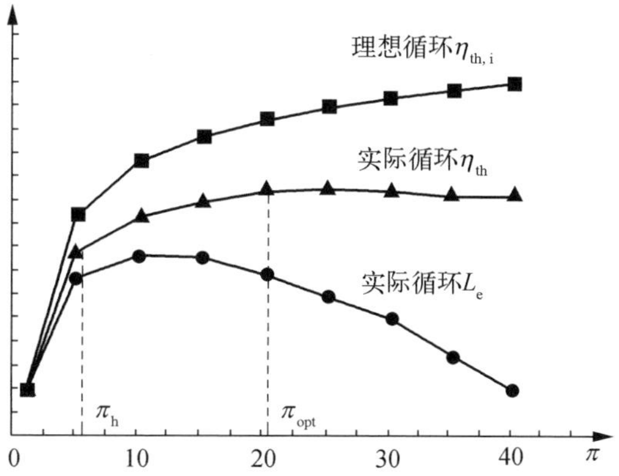

图 2.4　实际循环有效功和热效率随增压比变化

（3）循环增温比提高使循环热效率提高，燃烧室出口温度增加使循环加热量增加，损失所占加热量比重减小，故热效率增加。

2.2　部件级计算模型

部件级模型是发动机性能设计及分析的基础，借助部件级模型，可以深入了解发动机内部的气动热力参数变化过程。经过试验数据修正后的发动机模型可以用来评估及分析使用期内发动机性能的退化量及其成因，本章以某 APU 为对象，详细阐述建立其非线性部件级模型的方法。

本文建模对象为两种模式，第一种为一台功率前输出的自由涡轮式双转子 APU，主要部件包括进气道、组合压气机、回流燃烧室、燃气涡轮、动力涡轮及排气喷管；另一种为一台功率前输出的单转子 APU。为简化建模过程，作以下假设：

（1）忽略发动机燃烧延迟的影响，考虑部件气容、转子惯量的影响；

（2）气体流动按准一维流动处理，考虑温度对空气、燃气比热的影响；

（3）机械效率按 100%计算。

建模时，有关气体性质参数如下：比定压热容 $c_p = f_1(f_a, T)$，单位为 J/(kg · K)；比热比焓 $h = f_2(f_a, T)$ 或 $h = c_p T$，单位为 J/kg；熵函数 $S = f_3(f_a, T)$，单位为 J/(kg · K)；总温 $T = f_4(f_a, h)$，单位为 K；总温 $T = f_5(f_a, S)$，单位为 K。式中，f_a 为油气比。

2.2.1　进气道

APU 的进气道相对简单，流道尺寸应满足压气机（负载压气机和核心压气机）的进气要求，并且能与飞机交界面圆滑连接。进气道设计时应避免进气压力损失过大,一般要求进气总压损失控制在一定范围内。

在标准大气条件下,进气道进口气流(环境大气)静参数按以下方式计算:

$$T_{S0} = \begin{cases} 288.15 - 0.006\,577H, 0 \leqslant H \leqslant 11\,000 \\ 216.65, 11\,000 < H \leqslant 20\,000 \end{cases} \tag{2.8}$$

$$p_{S0} = \begin{cases} 101\,325(1 - H/44\,331)^{5.255\,88}, 0 \leqslant H \leqslant 11\,000 \\ 22\,632\exp\left(\dfrac{11\,000 - H}{5\,967}\right), H > 11\,000 \end{cases} \tag{2.9}$$

绝大部分 APU 的安装位置决定了进气道马赫数均较小(一般为 0~0.2),此时,进气道进口的静参数和滞止参数可以认为相当。当进口马赫数较大,气流总温和总压如下:

$$T_{t1} = T_{S0}\left(1 + \frac{k_{i1} - 1}{2}Ma^2\right) \tag{2.10}$$

$$p_{t1} = p_{S0}\left(1 + \frac{k_{i1} - 1}{2}Ma^2\right)^{\frac{k_{i1}}{k_{i1}-1}} \tag{2.11}$$

式中,k_{i1} 为进气道进口气流的比热比,取值 1.4。

当地面为非标准大气时,进气道进口气流参数直接由传感器测定。

出口气体参数:

$$T_{t2} = T_{t1} \tag{2.12}$$

$$p_{t2} = p_{t1}\sigma_{i1} \tag{2.13}$$

式中,进气道总压恢复系数 σ_{i1} 一般为 0.99~0.97。

2.2.2 压气机

APU 压气机多采用离心压气机。压气机对从进气道流入的空气做功,进一步增加气体的压力与温度,为气体加入能量,以保证涡轮发出足够的功。

压气机进口换算流量 W_{2cor} 和压气机效率 $\eta_{c,i}$ 可表示成与增压比 π_c、换算转速 n_{cor}、可调静子叶片角度 φ 的关系,即

$$W_{2cor} = f_6(\pi_c, n_{cor}, \varphi) \tag{2.14}$$

$$\eta_{c,i} = f_7(\pi_c, n_{cor}, \varphi) \tag{2.15}$$

式中,W_{2cor} 是通过压气机特性图插值得到的压气机进口流量;$\eta_{c,i}$ 是通过压气机特性图插值得到的压气机效率;$n_{cor} = (n/\sqrt{T_{t2}})/(n_d/\sqrt{T_{t2d}})$ 为相对换算转速;$\pi_c =$

p_{t3}/p_{t2} 为增压比，p_{t3} 为压气机出口总压，p_{t2} 为压气机进口总压；T_{t2d} 为设计点压气机进口总温。

压气机进口空气流量：

$$W_{2i} = W_{2cor}\sqrt{\frac{288.15}{T_{t2}}}\frac{p_{t2}}{101\ 325} \tag{2.16}$$

为使特性图插值得到的流量匹配设计点流量，引入压气机质量流量修正系数 $C_{m,\ cp}$，则有

$$W_2 = C_{m,\ cp}W_{2i} \tag{2.17}$$

式中，W_2 为压气机实际进口空气流量；$C_{m,\ cp} = W_{2d}/W_{2dc}$，$W_{2d}$ 为发动机设计点的进口空气流量，W_{2dc} 对应压气机特性图上设计点的压气机进口流量。

实际压气机效率：

$$\eta_c = C_\eta \eta_{c,\ i} \tag{2.18}$$

式中，η_c 为压气机实际效率；$C_\eta = \eta_d/\eta_{dc}$ 为效率修正系数；η_d 为发动机设计点的压气机效率；η_{dc} 对应压气机特性图上设计点的效率。

压气机出口总压：

$$p_{t3} = \pi_c \cdot p_{t2} \tag{2.19}$$

压气机出口总温：

$$T_{t3} = T_{t2} \cdot \left[1 + \left(\pi_c^{\frac{k-1}{k}} - 1\right)/\eta_c\right] \tag{2.20}$$

压气机出口流量：

$$W_3 = W_2 \tag{2.21}$$

压气机消耗功：

$$L_c = c_p \cdot W_3 \cdot (T_{t3} - T_{t2}) \tag{2.22}$$

2.2.3　燃烧室

燃烧室将压气机增压后的空气经过燃烧后提高温度，燃气在涡轮内膨胀做功。

燃烧室进口总压：

$$p_{t31} = p_{t3} \tag{2.23}$$

燃烧室进口总温：

$$T_{t31} = T_{t3} \tag{2.24}$$

燃烧室进口流量:

(1) 对于带负载压气机的 APU,流量的关系式为

$$W_{a31} = W_3 - W''_{3m} \tag{2.25}$$

(2) 对于从动力段压气机出口引气的 APU,流量的关系式为

$$W_{a31} = W_3 - W_b - W''_{3m} \tag{2.26}$$

式中,W_b 为引气流量;W''_{3m} 为冷却引气流量。

燃烧室出口流量:

$$W_{g4} = W_{a31} + W_f \tag{2.27}$$

式中,W_f 为燃烧室中喷入的燃油质量流量。

燃烧室出口总压:

$$p_{t4} = \sigma_{cb} p_{t31} \tag{2.28}$$

式中,σ_{cb} 为燃烧室总压恢复系数。

燃烧室平均温度:

$$T_{t4avg} = \beta_B T_{t31} + (1 - \beta_B) T_{t4} \tag{2.29}$$

$$\Delta h_{cb} = H_u \eta_{cb} \tag{2.30}$$

$$\eta_{cb} = f_8(\theta) \tag{2.31}$$

$$f_{a31} = W_f / W_{a31} \tag{2.32}$$

式中,f_{a31} 为油气比;β_B 为平均温度加权系数;η_{cb} 为燃烧室效率(图 2.5);H_u 为燃油热值;Δh_{cb} 为燃油焓增;T_{t4} 为燃烧室出口燃气温度; $\theta = p_{t31}^{1.75}\exp(T_{t31}/300)/W_{a31}$。

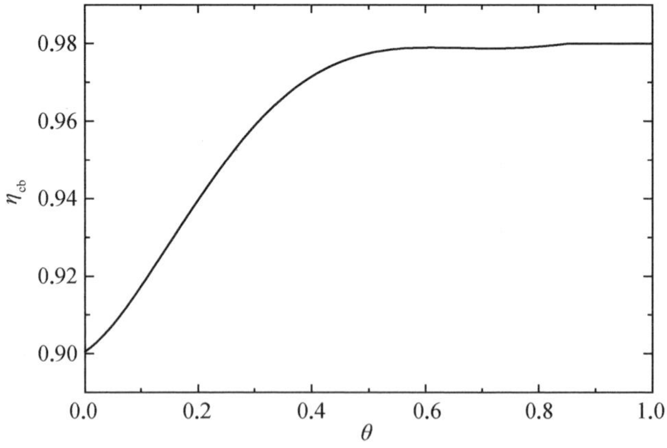

图 2.5 燃烧室效率特性图

进口气体比焓：

$$h_{31} = f_2(f_{a31},\ T_{t31}) \tag{2.33}$$

出口气体比焓计算，由能量平衡公式：

$$W_{g4}h_4 = W_f \Delta h_{cb} + W_{a31}h_{31} \tag{2.34}$$

由混合气体比焓 h_4 和油气比 f_{a31} 计算温度 T_{4avg}：

$$T_{t4avg} = f_4(f_{a31},\ h_4) \tag{2.35}$$

再由公式(2.29)可以反算出燃烧室出口温度 T_{t4}。

2.2.4　涡轮

涡轮将高温、高压燃气的热能转变为机械能，带动压气机旋转，同时为附件系统正常工作提供功率源。涡轮分燃气涡轮和动力涡轮，燃气涡轮和动力涡轮的数学模型类似。涡轮的计算公式如下。

涡轮进口换算流量 W_{4cor} 和效率 η_T 可表示成与膨胀比 π_T、换算转速 n_{cor} 的关系，即

$$W_{4cor} = f_9(n_{4cor},\ \pi_T) \tag{2.36}$$

$$\eta_T = f_{10}(n_{4cor},\ \pi_T) \tag{2.37}$$

式中，$n_{4cor} = \dfrac{n}{\sqrt{T_{t4}}}$ 为换算转速；π_T 为膨胀比，$\pi_T = p_{t4}/p_{t5}$，p_{t5} 为涡轮出口总压。

涡轮进口质量流量：

$$W_{4i} = W_{4cor}p_{t4}/\sqrt{T_{t4}} \tag{2.38}$$

为匹配上设计点的流量引入质量流量修正系数 C_{mgt}，则进口流量为

$$W_4 = C_{mgt}W_{4i} \tag{2.39}$$

式中，$C_{mgt} = W_{4d}/W_{4dc}$，W_{4dc} 为燃气涡轮特性图上设计点进口流量，W_{4d} 为设计点燃气涡轮进口流量。

考虑与压气机引气掺混后涡轮实际进口流量 W_{4q}：

$$W_{4q} = W_4 + W''_{3m} \tag{2.40}$$

式中，$W''_{3m} = W_3C''_{3m}$，C''_{3m} 为涡轮导叶冷却流量修正系数。

掺混后燃气涡轮进口比焓 h_{41q}：

$$h_{41q} = \frac{h_4W_4 + h_3W''_{3m}}{W_4 + W''_{3m}} \tag{2.41}$$

掺混冷气后的涡轮进口温度 T_{t41q}：

$$T_{t41q} = f_4(f_{a41q},\ h_{41q}) \tag{2.42}$$

掺混冷气后的涡轮进口气流熵函数 S_{41q}：

$$S = \Phi(f,\ T) - \lg\left(\frac{p}{p_0}\right) \tag{2.43}$$

涡轮理想出口熵 S_{5i}：

$$S_{5i} = S_{41q} - \lg \pi_T \tag{2.44}$$

涡轮理想出口比焓 h_{5i}：

$$T_{t5i} = f_5(f_{a5},\ S_{5i}) \tag{2.45}$$

$$h_{5i} = f_2(f_{a5},\ T_{t5i}) \tag{2.46}$$

式中，$f_{a5} = \dfrac{W_f}{W_{4q} - W_f}$。

燃气涡轮实际效率：

$$\eta_T = C_{\eta gt}\eta_{Ti} \tag{2.47}$$

式中，$C_{\eta gt} = \eta_d/\eta_{dc}$ 为效率修正系数；η_d 为涡轮设计点效率；η_{dc} 对应涡轮特性图上设计点效率。

涡轮出口实际焓 h_5：

$$h_5 = h_{41q} + (h_{5i} - h_{41q})\eta_T \tag{2.48}$$

燃气涡轮出口温度：

$$T_{t5} = f_4(f_{a5},\ h_5) \tag{2.49}$$

实际燃气涡轮出口流量：

$$W_5 = W_{4q} \tag{2.50}$$

燃气涡轮发出的功率为

$$L_T = W_{4q}(h_5 - h_{41q}) \tag{2.51}$$

2.3 燃气发生器共同工作条件

本节以单转子燃气发生器构型的 APU 为例说明。APU 截面划分如图 2.1 所示：2 截面为压气机进口；3 截面为压气机出口；4 截面为燃烧室出口；5 截面为涡轮出口。

在非设计状态下,APU 参数在不随时间变化的稳定工作状态时,必须满足如下相互制约关系即共同工作条件:

(1) 压气机与涡轮气流质量流量连续;

(2) 压力平衡(喷管进出口流量平衡);

(3) 压气机与涡轮功率平衡(包括在同一根轴的负载压气机);

(4) 压气机与涡轮物理转速相等。

2.3.1　压气机与涡轮质量流量连续

压气机进口的空气流量 W_{a2} 与涡轮燃气质量流量 W_{gcr} 满足如下关系:

$$W_{a2} - W_{col} + W_f - W_b = W_{gcr} \tag{2.52}$$

式中,与进口空气流量 W_{a2} 相比而言,涡轮冷却空气质量流量 W_{col} 和燃油质量流量 W_f 相对较小,为简化计算可以略去不计,这对讨论燃发转子的共同工作情况没有影响。W_b 为 APU 从压气机出口输出的引气流量,$g_b = W_b/W_{a2}$,其中 g_b 为 APU 需要的相对引气比例。

于是式(2.52)可表示为

$$W_{a2}(1 - g_b) = W_{gcr} \tag{2.53}$$

用密流函数 $q(\lambda)$ 和气流总参数表示气流的质量流量,则式(2.53)左右两项可以表示为

$$W_{a2}(1 - g_b) = KA_2 \frac{p_{t2}(1 - g_b)}{\sqrt{T_{t2}}} q(\lambda_2)$$

$$W_{gcr} = K_g A_{cr} \frac{p_{t4}\sigma_{cr}}{\sqrt{T_{t4}}} q(\lambda_{cr}) \tag{2.54}$$

式中,K、K_g 为分别是空气和燃气的绝热指数;$q(\lambda_2)$ 为压气机进口密流函数;$q(\lambda_{cr})$ 为涡轮导向器喉道的密流函数,一般 $q(\lambda_{cr}) = 1.0$;A_2 为压气机进口截面积;A_{cr} 为涡轮导向器喉道截面积,为常数;T_{t2}、T_{t4} 分别为压气机进口和燃烧室出口气流总温;p_{t2}、p_{t4} 分别为压气机进口气流总压和涡轮进口气流总压;σ_{cr} 为涡轮导向器总压恢复系数,为常数;σ_B 为燃烧室总压恢复系数,为常数。

$p_{t4} = p_{t3}\sigma_B$,$p_{t3} = p_{t2}\pi_c$,令 $\theta_2 = T_{t2}/288.15$,$\delta_2 = p_{t2}/101\,325$。

式(2.54)可以表示为

$$\pi_c = \text{const}(1 - g_b)\sqrt{\frac{T_{t4}}{T_{t2}}}\ \frac{W_{a2}\sqrt{\theta_2}}{\delta_2} = \text{const}(1 - g_b)\sqrt{\frac{T_{t4}}{T_{t2}}}W_{acor2} \quad (2.55)$$

式(2.55)表示压气机与涡轮流量连续关系，即

$$\pi_c = \frac{1 - g_b}{K_g A_{cr}\sigma_B\sigma_{cr}}\sqrt{\frac{T_{t4}}{T_{t2}}}\ \frac{W_{a2}\sqrt{T_{t2}}}{p_{t2}} \quad (2.56)$$

对式(2.55)作以下讨论：

(1) 在 APU 相对引气量 g_b 固定的情况下(对于带负载压气机的 APU，$g_b = 0$；对于动力段压气机引气 APU，g_b 取决于引气管路上的喉部面积与燃烧室进口面积的比值)。

(a) 若涡轮前温度与压气机进口气流总温的比值(温比)为一系列常数，则式(2.56)在压气机的特性图上为通过原点的射线，如图 2.6 所示。在每条等温比线上，压气机增压比越高，换算流量越大，因为增压比的增加使压气机出口以及涡轮进口气流总压提高，涡轮导向器喉道流通能力增加，允许通过动力段压气机的气流更多。

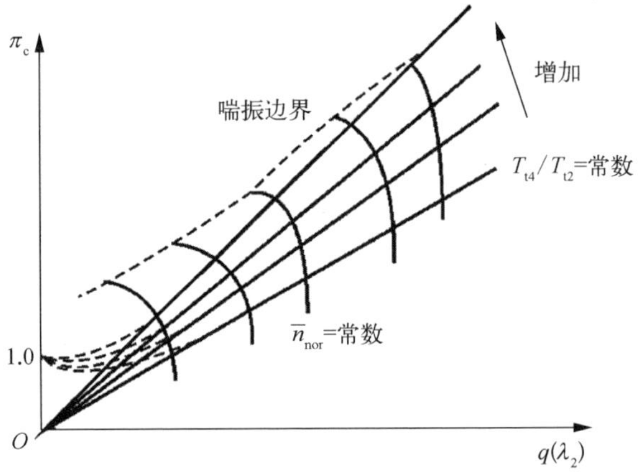

图 2.6 涡轮前温度与压气机进口比值等值线在压气机特性图上的表示

(b) 在图 2.6 的等换算转速线上，等温比值越大，越靠近喘振边界。其物理意义是：燃烧室出口总温增加时，气流比容加大，涡轮导向器喉道流通能力下降，导致通过动力段压气机的气流流量减小，故共同工作点沿等换算转速线上移。

(c) 当压气机进口气流总温不变，转子物理转速减小到使换算转速变得很低时，压气机增压比过低导致涡轮导向器进入亚临界状态，$q(\lambda_{cr})$小于 1.0 而不再是常数。涡轮前温度与压气机进口温度的比值线不能保持为直线而变成曲线，并汇集于一点，该点压气机增压比等于 1.0。

(2) 在增温比 T_{t4}/T_{t2} 固定情况下(等进气温度条件下，涡轮前温度不变)，相

对引气量 g_b 越大，π_c 越小，APU 沿等换算转速线朝远离喘振边界移动。其物理意义是：APU 动力段压气机引气相当于在发动机压气机后放气，压气机后放气是发动机喘振裕度增大的过程。

2.3.2　压气机与涡轮功率平衡

稳定工作时涡轮与压气机应满足功率平衡条件，如果忽略空气与燃气质量流量的差别，压气机与涡轮的功平衡方程为

$$L_c + L_{net} = L_T\eta_m = c_{pg}T_{t4}(1 - e_T)\eta_T\eta_m \tag{2.57}$$

式中，L_{net} 为输出功（APU 驱动负载压气机、交流发电机、核心机引气等所消耗的涡轮功）；η_m 为高压转子机械效率。

$$e_T = \frac{1}{\pi_T^{\frac{\gamma_g - 1}{\gamma_g}}} \tag{2.58}$$

引入相对提取功因子 g_{net}：

$$g_{net} = \frac{L_{net}}{L_T\eta_m} \tag{2.59}$$

由式(2.58)给出的压气机压缩功与涡轮前温度、涡轮膨胀比的关系得知：当压气机进口条件变化引起压气机压缩功变化时，必须改变涡轮前温度或涡轮膨胀比来维持功平衡的共同工作关系，否则将导致转子转速变化。

当用压气机增压比和效率表示压气机功，上述功平衡关系可表示为

$$c_p T_{t2}\left(\frac{e_c - 1}{\eta_c}\right) = c_{pg}T_{t4}(1 - e_T)\eta_T\eta_m(1 - g_{net}) \tag{2.60}$$

式中，

$$e_c = \pi_c^{\frac{\gamma - 1}{\gamma}} \tag{2.61}$$

整理式(2.60)后，可得

$$\frac{T_{t4}}{T_{t2}} = \frac{c_p(e_c - 1)}{c_{pg}\eta_c}\frac{1}{(1 - e_T)\eta_T\eta_m(1 - g_{net})} = \text{const} \times \frac{(e_c - 1)}{\eta_c}\frac{1}{(1 - e_T)\eta_T(1 - g_{net})} \tag{2.62}$$

现针对式(2.62)作如下分析与讨论。

根据涡轮导向器临界截面和尾喷管最小截面的流量连续条件：

$$K_g A_{nb} \frac{p_{t4}\sigma_{nb}}{\sqrt{T_{t4}}} q(\lambda_{nb}) = K_g A_{cr} \frac{p_{t5}\sigma_{cr}}{\sqrt{T_{t5}}} q(\lambda_{cr}) \tag{2.63}$$

通过整理,可将式(2.63)改写为

$$\frac{p_{t4}}{p_{t5}}\sqrt{\frac{T_{t5}}{T_{t4}}} = \frac{A_{cr}\sigma_{cr}q(\lambda_{cr})}{A_{nb}\sigma_{nb}q(\lambda_{nb})} \tag{2.64}$$

取涡轮膨胀过程多变指数为常数 γ_T,则

$$\frac{T_{t5}}{T_{t4}} = \left(\frac{p_{t5}}{p_{t4}}\right)^{\frac{\gamma_T-1}{\gamma_T}} \tag{2.65}$$

将其代入式(2.64)整理后可得

$$\pi_T = \frac{p_{t4}}{p_{t5}} = \left[\frac{A_{cr}\sigma_{cr}q(\lambda_{cr})}{A_{nb}\sigma_{nb}q(\lambda_{nb})}\right]^{\frac{2\gamma_T}{\gamma_T+1}} \tag{2.66}$$

由式(2.66)可知,对于几何固定的 APU,涡轮导向器喉道面积 A_{nb} 和尾喷管最小截面面积 A_{cr} 分别为常数;涡轮导向器叶栅通道总压恢复系数 σ_{nb} 和尾喷管总压恢复系数 σ_{cr} 可近似为常数;为简化式(2.66),假设涡轮导向器喉部和尾喷管最小截面都分别处于临界状态,则两个截面的流函数均等于 1.0,则式(2.66)的右边为常数。所以,在上述各条件成立的情况下,涡轮膨胀比等于常数。

如果燃气涡轮效率 η_T 也近似认为等于常数,则式(2.62)可表示为

$$\frac{T_{t4}}{T_{t2}} = \text{const}\,\frac{(e_c - 1)}{\eta_c(1 - g_{net})} \tag{2.67}$$

燃气发生器部件的共同工作必须同时满足涡轮-压气机的流量连续关系式(2.66)和功率平衡式(2.67),将两式合并,消去总温比 T_{t4}/T_{t2},可得燃气发生器稳态工作必须满足的条件:

$$(1 - g_b)\frac{W_{acor2}}{\pi_c}\sqrt{\frac{e_c - 1}{\eta_c(1 - g_{net})}} = \text{const} \tag{2.68}$$

因为式(2.68)使燃气发生器各部件的共同工作条件均得到满足,所以该方程称为 APU 核心机共同工作方程,其中方程左端所包含的参数都是压气机特性图上的参数和 APU 的输出参数,该曲线被称为 APU 核心机共同工作线,如图 2.6 所示。

讨论 APU 共同工作方程(2.68)之前,先说明 APU 的控制规律一般是维持物理转速不变。这是由于为了保证良好的发电机发电品质,发电机对 APU 转速波动有较苛刻的要求(一般要求转速波动不大于±2%)。

下面对共同工作方程(2.68)进行讨论。

(1) 对于带负载压气机形式的 APU, $g_b = 0$, APU 的输出要素(负载压气机引气、电功率等)均体现在功率提取因子 g_{net} 上。共同工作方程(2.68)简化为

$$\frac{W_{acor2}}{\pi_c}\sqrt{\frac{e_c - 1}{\eta_c(1 - g_{net})}} = \text{const} \tag{2.69}$$

式(2.69)还可化作:

$$W_{acor2} \cdot \sqrt{\frac{\pi_c^{\frac{\gamma-1}{\gamma}} - 1}{\pi_c^2}} \cdot \sqrt{\frac{1}{\eta_c(1 - g_{net})}} = \text{const} \tag{2.70}$$

(a) 由于 APU 多采用的控制规律是等物理转速控制,因此在进口总压不变时,带负载压气机的共同工作线是随功率提取因子 g_{net} 变化沿等换算转速上下移动。

(b) 在式(2.69)中,当 $g_{net} = 0$, APU 处于空载状态。由于在等换算转速线上,相似流量为压比的单调减函数,因此,当 g_{net} 增加时,由式(2.68)和式(2.69)知, W_{acor2} 减小, π_c 增加。其物理意义是,提取功率的增加会使得 APU 沿等换算转速线朝喘振边界移动。

(2) 对于仅输出轴功率形式的 APU 或燃气涡轮起动机来说, $g_b = 0$,辅助动力的共同工作特点同带负载压气机的 APU。

(3) 对于动力段压气机引气,既输出轴功率又输出引气流量的 APU 来说, g_b 和 g_{net} 均不为 0, g_b 和 g_{net} 的变化会使得 APU 沿等换算转速线上下移动。由式(2.67)可知,当 g_b 增加时, W_{acor2} 增大, π_c 减小,共同工作点向远离喘振边界移动;当 g_{net} 增加时, W_{acor2} 减小, π_c 增大,工作点朝靠喘振边界移动。正是由于 g_b 的增加会使得共同工作点沿等换算转速线朝远离喘振边界方向移动,因此,这种形式 APU 最大热力负荷状态(出现在既输出轴功率又输出引气流量的状态)的压气机喘振裕度比较大。

2.4　特　　性

2.4.1　负载特性

1. 自由涡轮输出轴功率构型 APU

仅输出轴功率的单转子燃气发生器、自由涡轮式 APU 的负载特性与涡轴发动机类似,主要是指输出的主要参数(燃油消耗率 $\overline{sfc}$、轴功率 $\overline{P}_{sh}$、燃油消耗量 $\overline{W}_f$)随燃气发生器转子相对换算转速 $\overline{n}_{c,e}$ 的变化,同时也可在特性图上表示出燃烧室出口温度 $\overline{T}_4$、压气机增压比 $\overline{\pi}_c$、压气机效率 $\overline{\eta}_c$、换算空气流量 $\overline{W}_{a,c}$ 等平均参数随转速的

变化关系。图 2.7 是用两种形式给出了单转子燃气发生器、自由涡轮式 APU 的负载特性,图 2.7(a)是用上述参数的相对值表示的负载特性,横坐标中的 1.0 代表设计点;图 2.7(b)是以燃油消耗量和耗油率的相对值随相对输出轴功率的变化关系,它是根据大量的 APU 和小功率的燃气涡轮轴发动机试验结果得出的,其各值与平均值的偏离程度取决于各部件效率、设计点的涡轮前温度。

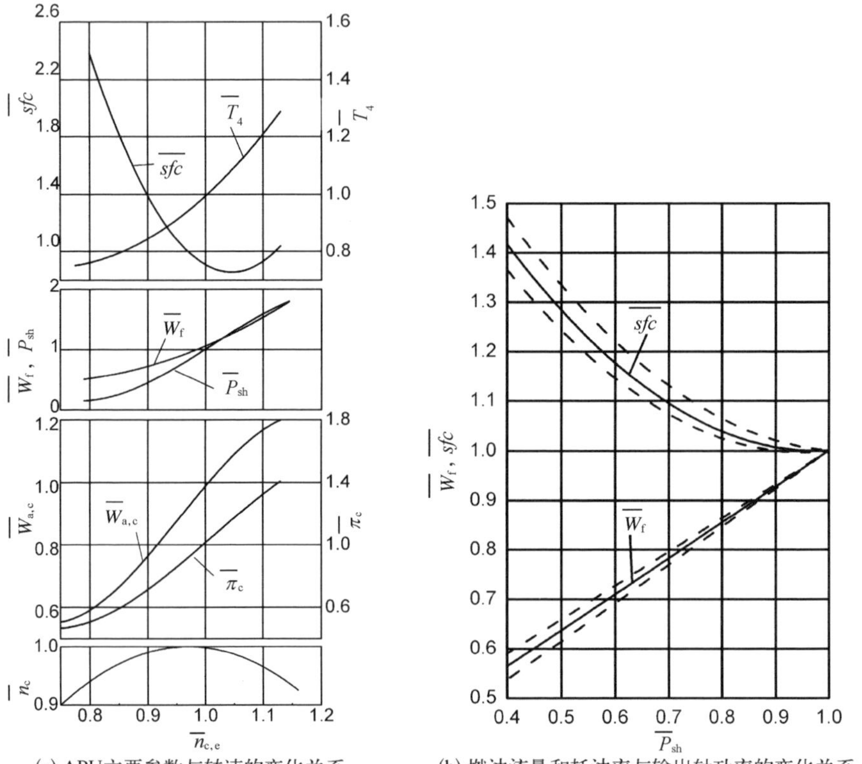

图 2.7　自由涡轮输出轴功率构型 APU 的负载特性

上述两种形式的负载特性都是针对自由涡轮转速不变的情况。该特性线在自由涡轮转子额定转速变化在±15%范围内都是适用的,因为在这个转速范围内,自由涡轮的效率变化很小,几乎可以忽略。当自由涡轮转速变化超过这个范围时,负载特性就应该考虑自由涡轮转速变化的影响。

2. 动力段压气机引气构型 APU

输出轴功率和动力段压气机引气的单转子燃气发生器构型 APU 分为仅输出轴功率、仅从动力段压气机输出压缩空气以及动力段压气机后引气+输出轴功率 3 种类型。

仅输出轴功率的单转子燃气发生器构型 APU 的负载特性与调节规律有关。采用不同的调节规律,如等换算转速、等涡轮前温度、等物理转速与涡轮前温度之比等，压气机特性图上共同工作点的走向不同，故压气机效率、压比不同，因而所得负载特性不同。

该类 APU 最常用的调节规律是保持换算转速不变，此时耗油率随功率的相对变化关系与仅输出轴功率的单转子燃气发生器、自由涡轮式 APU 相同。

从动力段压气机输出压缩空气的单转子燃气发生器构型 APU 的特点是：动力段压气机的增压比取决于输出压缩空气的压力，一般不超过 5.0，这是由于从动力段压气机后引出的压缩空气受到多方面因素的限制。如压比取值 15.0，则引出的压缩空气温度可能达到 700 K，这些高温气需要先进行降温再供给环控系统，同步设计出高效率高膨胀比的膨胀涡轮来对气流进行降温，而采用多级膨胀涡轮则会增加环控系统的重量和复杂程度，高的引气温度对管路上的阀门、隔热及封严材料也是一个严峻的考验。另一方面，高的引气压力会增加引气管路的壁厚，进而增加整个管路系统的重量。

该类 APU 常采用等物理转速控制规律，其负载特性是指在进口空气条件不变的前提下，输出空气的压力和温度、燃油流量等流道主要参数与输出参数之间的关系，如图 2.8 所示。

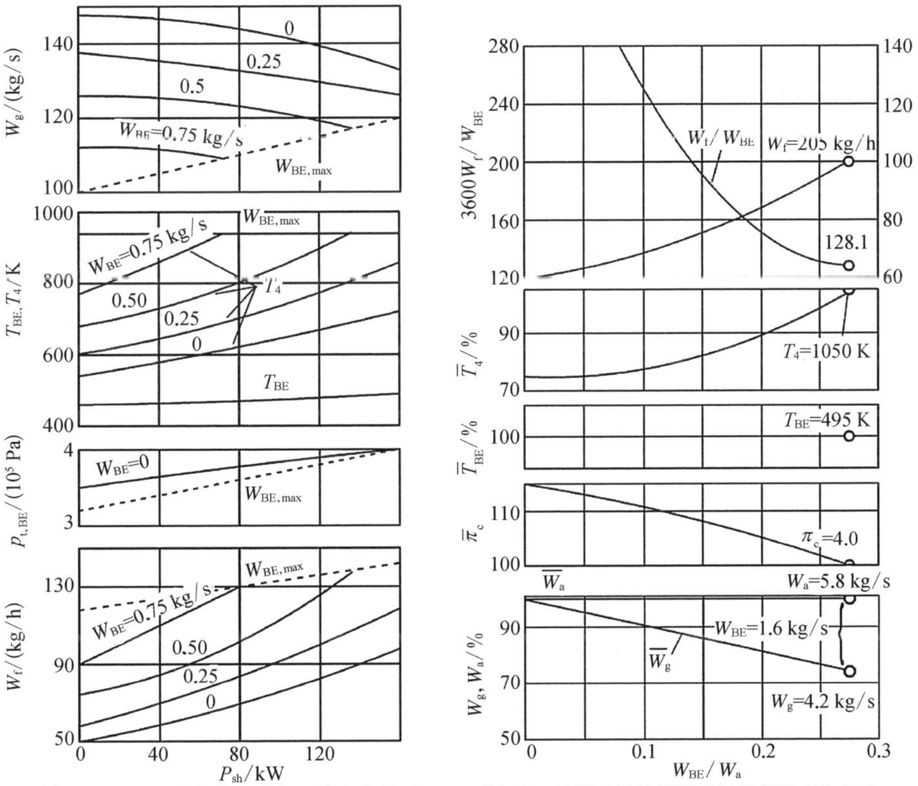

(a) W_g、T_4、W_f等参数随功率P_{sh}的变化关系　　(b) W_g、$\overline{\pi}_c$等参数随引气流量比例的变化关系

图 2.8　动力段压气机后引气构型 APU 的负载特性

图 2.8 中，W_a 是指压气机进口空气流量；W_g 是指燃气流量；W_{BE} 是指引气流量；$W_{BE,\ max}$ 是指最大引气流量；W_f 是指燃油消耗量；$P_{t,\ BE}$ 是指引气总压；P_{sh} 是指轴功率；T_{BE} 是指引气总温。有上横线的物理量表示相对值。

由图 2.8(a)可以看出，由于该类 APU 从动力段压气机后引气，引出的气越多，输出当量功率越大(横坐标)，同时，分配给燃烧室的燃气流量会越低，耗油量上升，燃烧室出口温度升高。图(b)中横坐标为引气量占 APU 进气流量的比例，一般在 0~30%变化。

从动力段压气机后引气并输出轴功率的单转子燃气发生器构型 APU 常采用等物理转速控制规律，其负载特性是指输出的压缩空气压力、温度、燃油消耗量、涡轮进口温度等随输出轴功率变化的关系曲线[图 2.8(a)]和引气流量[图 2.8(b)]。

对于该类 APU，输出引气量增大时，进入涡轮的燃气流量减少，为了维持转速的恒定，则需要增加燃油流量，因此涡轮前温度也升高，此时压气机的工作点沿等转速线向堵点方向靠拢，压气机的增压比和效率都降低；输出的轴功率增加时，压气机的工作点向喘振边界靠近，引气量过小时很容易进入喘振，因此通常都在引气管路上设置防喘放气阀，当不输出引气或引气很少时，放气阀放出一定的空气确保压气机喘振裕度足够。

压气机特性线不同，各参数随输出压缩空气流量的变化不同。图 2.9 是两种不同特性的压气机各状态下的工作点位置，这些位置决定负载特性的不同，如表 2.1 所示。

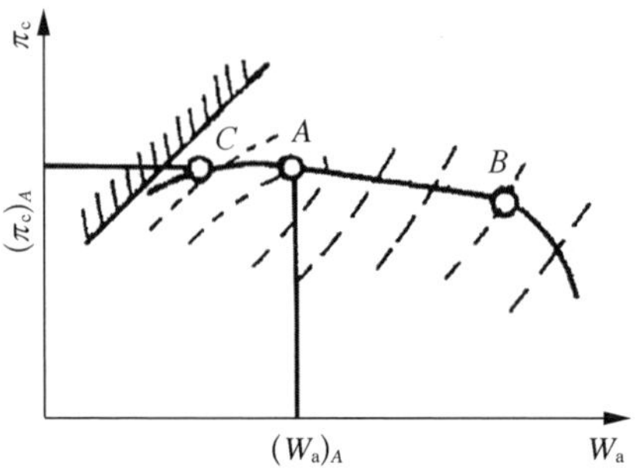

(a) 压气机特性平坦

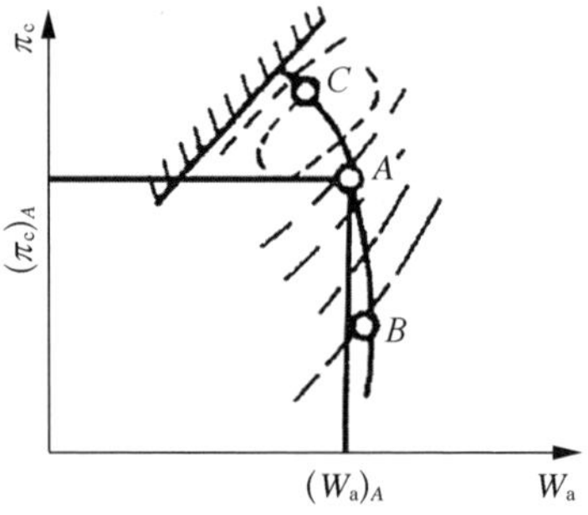

(b) 压气机特性陡直

图 2.9 负载特性变化

表 2.1 两种不同特性压气机的负载特性

参　数	平 坦 特 性	陡 直 特 性
引气温度 T_{BE}	几乎不变	几乎不变
引气压力 $P_{t,\ BE}$	几乎不变	下降

续　表

参　数	平坦特性	陡直特性
压气机流量 W_a	增加	几乎不变
燃气流量 W_g	下降	比图 2.9(a)下降更多
燃油消耗量 W_f	增加	比图 2.9(a)增加更多
涡轮前温度 T_4	增加	比图 2.9(a)增加更多

在涡轮前限制温度一致的前提下,压气机特性平坦[图 2.9(a)]的 APU 输出的最大空气量比压气机特性陡直[图 2.9(b)]的要大。

3. 负载压气机引气构型 APU

此类 APU 通常采用等物理转速控制规律,与从动力段压气机后引气不同的是,输出的轴功率不影响引气参数,仅影响燃油消耗量和涡轮前温度。负载特性主要以输出的压缩空气压力和温度、耗油量、涡轮进口温度等随输出空气流量的形式给出。负载压气机进口通常会装有可调的进口导向叶片,在起动和不输出压缩空气时,进口导向叶片关至最小位置,减小负载压气机的功率消耗,当需要提供引气时,进口导向叶片打开,流经负载压气机的空气流量增多,负载压气机消耗的功随之增加,动力段排气温度升高。不同导叶角度对应不同的负载特性。

如果此类 APU 不仅用来起动主发,更多的时间用来为飞机环控系统提供压缩空气的话,则 APU 的设计点应以为环控系统提供压缩空气的状态作为设计点,以保证长时间工作状态下能有较好的经济性。

2.4.2　温度特性

1. 自由涡轮输出轴功率构型 APU

该类 APU 的温度特性是指燃气发生器转子转速和自由涡轮转子转速一定时,轴功率、耗油率、涡轮前温度随 APU 进口大气温度的变化,如图 2.10 所示。其中实线表示燃气发生器转速一定时的特性曲线,虚线为 APU 涡轮前温度一定时的特性

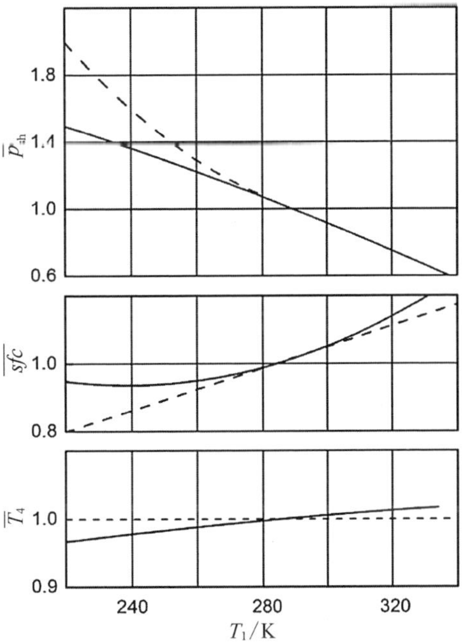

图 2.10　自由涡轮输出轴功率 APU 的温度特性

曲线，P_{sh} 为输出轴功率。

在燃气发生器转子转速和自由涡轮转速不变条件下，随着大气温度降低，压气机换算转速升高，增压比、流量都增加，因而功率增加，耗油率下降。当大气温度很低时，压气机换算转速增加，而增压比和空气流量的增加速率减小，同时压气机效率恶化，导致功率增加幅度减小，耗油率降低缓慢，在大气温度达到某一数值时，耗油率出现拐点。

2. 动力段压气机后引气构型 APU

从动力段压气机后引气和输出轴功率辅助动力装置的温度特性分为仅输出轴功率和仅引气两种类型，其中仅输出轴功率的 APU 的温度特性与自由涡轮输出轴功率式 APU 相同。仅从动力段压气机后引气的 APU 的温度特性是指输出压缩空气的流量、压力、温度以及其他参数随进口温度的变化，而温度特性又与 APU 的调节规律有很大的关系，该类 APU 通常采用两种控制规律，即维持换算转速不变或物理转速不变。

1） 维持换算转速不变

这种调节规律是指在输出压缩空气比例相同条件下，进口空气温度变化，但换算转速维持不变，燃气发生器工作点在特性图上也保持不变。压气机的压缩功随进口空气温度的增加而增加，压气机中的温升也正比于进口空气温度的变化，输出压缩空气温度随进口空气温度成正比变化。输出压缩空气量及其他主要参数随温度的变化可依据相似原理获得。

本控制规律的优点是，在各种大气温度条件下均能输出相同压力的压缩空气，不足是物理转速和涡轮前温度变化大，因此设计裕度较大，否则应限制最大允许的物理转速和最大允许的燃气温度。如进口温度从−60℃增加到 50℃，物理转速将由标准大气条件下转速的 86%增加到 106%，而涡轮前温度将由标准大气条件下温度值的 74%增加到 112%。

采用该控制规律的 APU 不适用于发电，因为普通发电机为了保证发电品质，通常要求物理转速波动不超过 2%。

2） 维持物理转速不变

这种调节规律是指随着进口空气温度降低，在相同引气比例的前提下，压气机换算转速增加，输出空气量增加；增压比增加，输出的空气压力增加，其变化量与压气机设计点的选择、设计参数和特性有很大关系。在进口空气温度变化相同情况下，APU 压气机特性不同时，其温度特性上各参数的变化量差别也较大。

3. 负载压气机引气构型 APU

此类 APU 的温度特性类似于上节中等物理转速调节规律的温度特性，但可用负载压气机进口导向叶片角度改变温度特性。图 2. 11 给出了进口导向叶片角度在两种情况下的输出空气参数的相对变化(实线表示打开,虚线表示关小)。随进口空气温度的降低,关小进口导向叶片,保证了进口空气温度在较宽广的变化范围内,输出空气的压力不变,输出的空气流量变化也不大。对于某些 APU,当进口空气温度高于 300 K 时,进口导向叶片打开以增加输往飞机空调系统的压缩空气量,确保高温环境下空调系统有效工作。

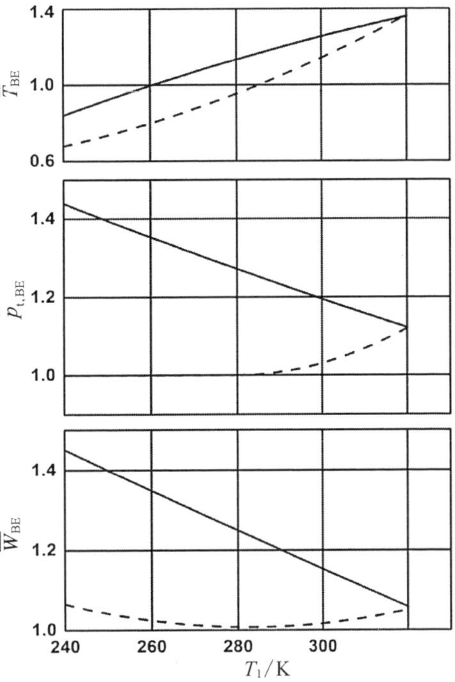

图 2.11　负载压气机引气 APU 的温度特性

2.4.3　高度特性

高度对 APU 参数的影响是通过其环境温度和压力的变化来反映,随着高度增加,大气压力和温度都降低。

在其他条件一致的情况下,APU 进口空气流量与进口空气压力成正比,耗油率、单位功率和其他无量纲参数保持不变,APU 的功率与进口压力变化成正比。

随着高度的增加,进口温度的下降会导致单位功率的增加、耗油率的降低。但是由于环境压力的降低对功率的影响更大,因此随着高度的增加,APU 功率下降。

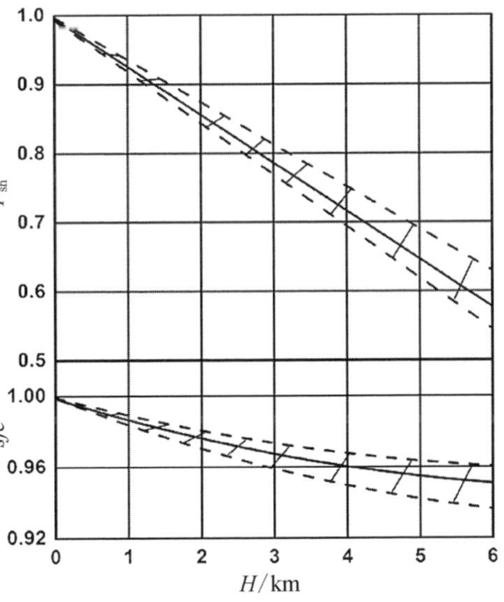

图 2.12　输出轴功率 APU 高度特性

随着高度的增加,雷诺数随之降低,最终会影响到部件的性能,表现为部件效率恶化、喘振边界右移、涡轮流通能力下降、耗油率增加,压气机喘振裕度减小,APU 功率等级越小,这种影响越明显。

图 2.12 给出了输出轴功率 APU 的相对轴功率和相对耗油率随高度的变化,图中实线为按大量带自由涡轮的小功率燃气涡轮发动机和 APU 的统计数据拟合出的平均规律曲线,可用来近似评价输出轴功率 APU 的轴功率和耗油率随高度的变化,虚线包围范围为公差带。由图 2.12 可知,输出轴功率 APU 的相对

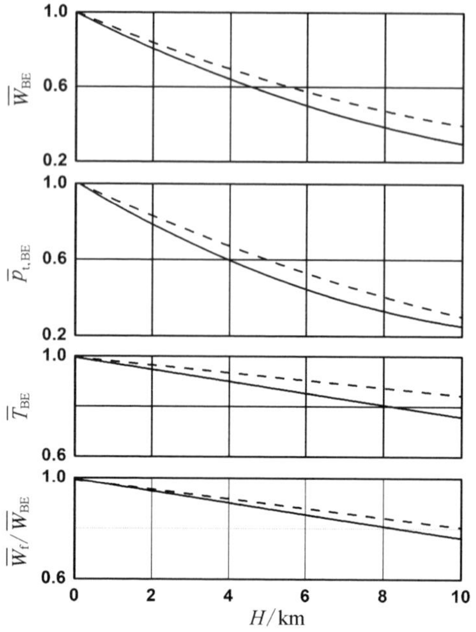

图 2.13 输出压缩空气的 APU 高度特性

轴功率和相对耗油率随高度的变化较大。

图 2.13 给出了从动力段压气机后引气的单转子燃气发生器构型 APU 在两种调节规律（等换算转速和等物理转速）下，相对输出空气量、相对压力、相对温度以及相对耗油量与相对输出空气量的比值随高度的变化，图中实线表示对应等换算转速规律时的参数，虚线表示对应等物理转速规律时的参数。由图 2.13 可知，对于等物理转速控制的 APU，高度增加对相关参数的影响小于等换算转速控制的 APU。

采用从动力段压气机后引气或从负载压气机引气的 APU 输出轴功率时，由于输出的轴功率远远小于输出压缩空气消耗的功率，因此这种 APU 在很高的高度仍能够保持输出轴功率不变。

带负载压气机的 APU 还可借助负载压气机进口的可调导向叶片来调节，从而改变高度特性，其影响情况同温度特性。

2.4.4 速度特性

速度特性指是 APU 的输出参数随飞行速度的变化。飞行速度增加，APU 进气压力提高，进口温度增加。

APU 安装在飞机上时，飞机进气道进口常装有进气风门，工作时打开，停车时关闭。为了减少飞机飞行阻力或减少雷达反射，APU 在飞机上的进气道基本不正对飞行方向，因此，气流滞止的速度头系数很低，且 APU 在飞行中基本属于短时工作，一般不考虑飞行速度对输出参数和耗油率带来的影响。

第 3 章
燃气涡轮辅助动力装置设计约束条件

3.1 主机对辅助动力装置的需求分析

3.1.1 输出负载需求

根据飞机的不同需求，APU 输出负载类型通常包括电气负载、气动负载和液压负载。

1. 电气负载

应根据飞机在地面和一定飞行条件下的电气负载要求来计算 APU 发电机所需提供的电气负载。

应对电气负载进行仔细分析，并尽可能考虑飞机未来型号电气负载的增加，不出现 APU 发电机的容量影响飞机的改型。

2. 气动负载

气动功率用于主发动机起动和地面空调，也可用于飞行中空调及引气防冰。系统总容量的确定，应满足最苛刻条件下的电气负载和气动负载要求。

3. 液压负载

液压系统通常安装在附件机匣上，由齿轮带转，也可由电机带动，液压负载作为电气负载的一部分考虑。

4. 负载增长和安装损失的允许量

必须估算 APU 特定安装损失（即性能损失）的大小。相对来说，齿轮箱是传动效率较高的装置。如果要求单独计算齿轮箱的损失，装发电机处的齿轮箱机械效率一般在 98% 以上。交流发电机在满负载工作时的发电效率约为 85%。

3.1.2 安装需求

APU 在飞机上的安装包含安装节、通风冷却、进气、引气、排气、燃油等多个方面的需求，下文中将对部分安装需求进行详细介绍。

1. 安装节

1）一般要求

飞机安装支架及 APU 安装节的安装系统需保证 APU 的完整性和可用性，一般应满足以下要求：

（1）能承受飞行包线内飞机完成各飞行科目时遇到的 APU 及所装附件重量的惯性载荷、陀螺力矩载荷和扭转载荷，以及 APU 型号规范规定的地面工作极限，而没有故障和永久变形；

（2）保持 APU 安装位置、对中以及 APU 和飞机结构之间提供的间隙足以防止干涉；

（3）由于转子卡滞、转子轮毂破裂和甩出，或极限的加速度载荷，使 APU 增加载荷，安装系统应有承载能力而不失效；

（4）防止由于 APU 热膨胀、飞机变形、与 APU 相连的任何飞机管道或任何其他 APU/飞机界面连接处的热胀冷缩引起的载荷过大；

（5）允许一定的制造公差，不会在 APU 安装时产生预应力；

（6）应提供尽可能快速更换 APU 的安装系统，以便 APU 的安装、拆卸和维修；

（7）能提供隔振降低主发动机和飞机的振动对 APU 影响、降低 APU 振动对飞机的影响；

（8）对从结构上传递的噪声具有衰减措施。

APU 上可设置 3~8 个安装点，这样就可对指定的安装从各种安装布局中选用悬挂系统。APU 安装的几何结构应遵守型号规范规定的约束和应力准则。

2）安装系统类型

APU 安装系统可以分为静定系统和冗余系统。静定系统有六个稳定的约束，可以采用柔性或刚性悬挂安装。冗余系统有六个以上的稳定约束，只能采用柔性安装节。

若为了分配 APU 的载荷，在其上设置了三个以上的安装点，静定系统就可使用连杆结构。并不是每个安装点都能承受任意方向的载荷，所有安装点都有力矩载荷限制。

3）安装节类型

选择柔性安装节时应考虑下列因素：极限载荷和最大载荷要求，为隔离冲击和振动所需的静、动弹性系统；环境条件包括温度极限、气候、有无臭氧、酸、碳氢化合物、合成润滑剂、液压油及其他影响弹性系数的因素；为消除共振、隔离振动和冲击所需的最大动态行程。

选用柔性安装结构时，可采用以下结构形式：弹性体与金属铰接的安装结构，能消除冲击并作缓冲止动器的弹性缓冲结构；刚性恰当的弹性安装结构，以获得最好的缓冲效果；选择合成橡胶为弹性体，以适应高、低温环境，不易受液体（如合成润滑剂、液压油和燃油）的有害影响。

4）安装系统设计分析

安装系统设计时，应考虑所承受的限制载荷、极限载荷及疲劳强度极限等因素。

APU 安装系统的限制载荷包括飞行机动载荷、陀螺力矩载荷、输出轴扭矩、引气导管的压力载荷和热膨胀载荷、与飞机排气管的机械连接以及 APU 排气管的推力在安装边上产生的载荷、进气管、冷却风扇导管的机械连接载荷、飞机管路系统的机械连接（限制安装系统运动）所产生的载荷等。

APU 安装系统的极限载荷包括迫降着陆载荷、转子卡滞载荷、转子轮毂破裂的包容载荷及转子叶片磨损引起的周期性载荷等。

APU 安装系统应有足够的疲劳强度以承受来自下列构件的振动载荷或共振：

（1）APU 转子、风扇、发电机、传动轴；

（2）支架共振、主发动机转子和附件、螺旋桨叶片；

（3）来自主发动机环境或气流激振的噪声源。

2. 进气系统

APU 进气道与飞机进气道连接时，应使用快卸安装结构。APU 进气道的连接界面尺寸应满足 APU 进气需求，同时应满足与飞机进气道连接的安装需求。

APU 能稳定工作的进气畸变数据和相应的 APU 工作状态，应和飞机设计方充分协调。

APU 应具有吸入水蒸气和（或）冷凝水的能力，其吸入量不小于 APU 进口总空气流量的 5%。

在终止吸入火药气体 5 s 内，APU 应具有解除吸入火药气体状态的恢复能力，此后应能正常地工作。

3. 引气系统

引气连接管路应是快卸接头。许用应力应与飞机协调，并满足安装系统“限制载荷”中的要求。

APU 引气中所含污染物应不大于表 3.1 规定的限制值。

表 3.1　APU 引气污染限制值

物　　质	体积分数/ppm①
二氧化碳	5 000.0
一氧化碳	50.0
乙醇	1 000.0

① 1 ppm = 1×10^{-6}。

续 表

物　　质	体积分数/ppm
氟(以 HF 形式)	0.1
过氧化氢	1.0
航空燃油	250.0
甲醇	200.0
卤代烃	20.0
氧化氮	5.0
丙烯醛	0.1
油的分解物(例如:醛)	1.0
臭氧	0.1

4. 排气系统

APU 排气管和飞机之间应采用快卸安装边。许用应力应与飞机协调,并满足安装系统要求。

应与飞机协调确定 APU 排气系统的红外线辐射要求,并通过采用隐蔽排气口、掺混引射喷管等措施满足飞机要求。

5. 燃油系统

燃油进口接头许用应力应与飞机协调,并满足安装系统的要求。

APU 使用的燃油与飞机主发动机保持一致,并从飞机燃油箱供给。

当使用航空燃油系统附件校准试验液时,应确定燃油系统流量校准极限值,试验液对 APU 燃油系统应无不良影响。

APU 燃油滤应具有足够的过滤能力,其累计过滤容量至少能满足规定要求,在海平面静止、最大载荷状态连续工作 12 h 而不清洗。油滤组件中有减压旁路活门,设计的结构应有防止油滤内污物经旁路活门进入燃油系统的功能。油滤组件应向 APU 及飞机的状态监控系统提供油滤旁路活门故障信号。

3.1.3 使用及环境条件

1. 大气条件

1) 工作包线

在下列条件下,使用规定的燃油、滑油时,APU 应一次起动成功。起动后,APU 应在经与飞机协调的图 3.1 与图 3.2 规定的所有马赫数和高度条件下正常地工作。

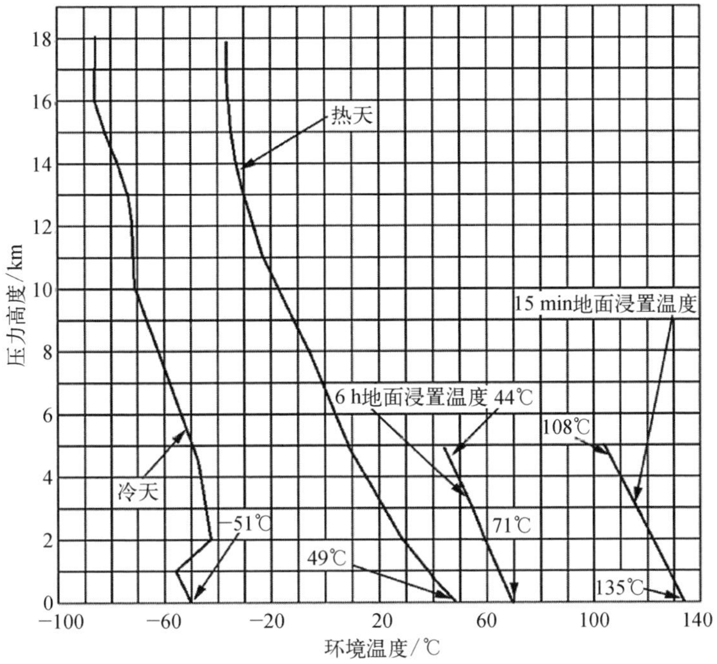

图 3.1　环境温度极限

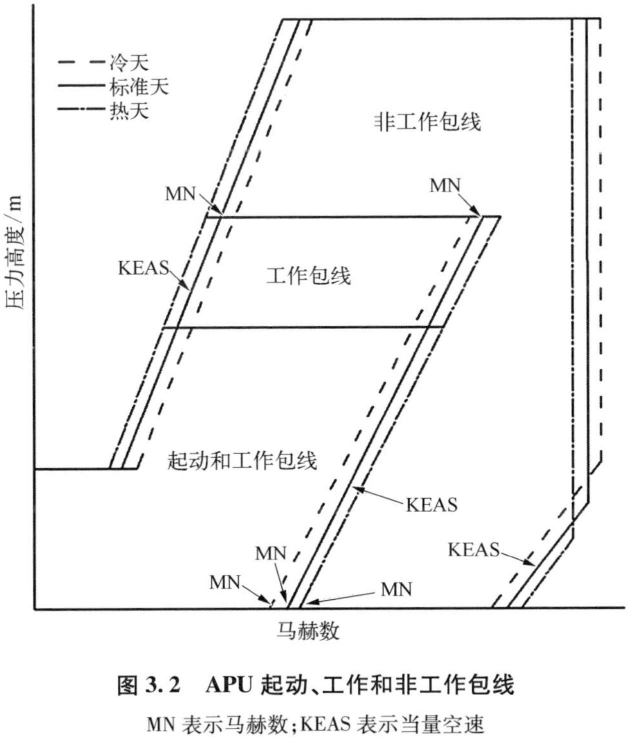

图 3.2　APU 起动、工作和非工作包线

MN 表示马赫数;KEAS 表示当量空速

2）非工作包线

APU 在图 3.2 所示非工作包线内停车最少 5 h 后，按图 3.1 规定的温度条件供给进口空气和燃油时，应在图 3.2 所示起动包线范围内的任何条件下都能起动。

3）储存范围

整个 APU 应能在-57～+71℃储存，并在-57℃和+71℃环境温度下分别保持 24 h 和 48 h，而不会产生无法补救的损坏，或在工作包线内丧失功能。

4）高度温度变化

在图 3.1 所示的海平面、热天大气温度极限值的进气条件下，APU 将达到最高工作温度，正常停车后，在用户要求的时间内 APU 应能再次起动；在最低的环境温度及最高的高度条件下，APU 应能在 1 min 内重新起动。

2. 工作姿态

APU 工作姿态应满足飞机要求。

3. 外部作用力

APU 在飞机要求的外部作用力条件下应能满意地工作，不产生永久变形，且此后仍应能满意地工作。

3.2 性能退化对辅助动力装置设计的约束

APU 尺寸小，加工、装配公差等因素会导致不同个体之间的性能存在差异。根据制造质量和 APU 结构复杂性，如果在恒定温度下运行，APU 最低性能对应的功率和油耗相对于平均性能有 1%～3%的偏差，在进行设计时应考虑到个体加工装配的差异，留出一定的设计余量，保证绝大多数 APU 能够顺利达标出厂。

在 APU 外场使用过程中，由于涡轮叶片在长期的高温和应变条件下产生蠕变、某些边界条件下转静子之间的刮磨，都会导致转静子之间的间隙变大，进而增大空气泄漏、部件效率降低；此外还由于外界环境的影响，如盐雾、砂尘和污染物黏结导致叶型和流道表面发生变化，也会降低部件效率、增大气流损失。因此 APU 设计时需要考虑一定的性能衰减裕度。

鉴于 APU 的基本功能是起动主发动机，其最低性能（保证发动机能够顺利起动）要求不应随使用时间的延长而降低，因此要求 APU 在整个翻修期内都能够保证最低性能，国军标要求其输出的能力在整个翻修期内的下降幅度不能高于 2.5%，APU 设计时应考虑这部分裕度。

APU 初步设计时，必须考虑上述因素对外场使用的影响。因此工程上通常采用留有一定温度或功率裕度的方法来保证 APU 在全寿命周期内的性能满足要求。

3.3　功率增长设计

3.3.1　主要技术手段

1. 压气机性能增长

APU 和发动机一样,提高压气机进口空气流量是实现功率增长的有效手段。一般情况下,进口空气流量增加同功率增长基本呈 1∶1 的关系。如果不考虑压气机效率的改善以及燃气温度的变化,压气机流量的增加导致压气机功增加,需增加燃气涡轮的做功能力,这样燃气涡轮的膨胀比也同步增加。因此在单独进行压气机流量增长设计时,同样需进行其他部件的匹配设计。

如 ГТДЭ－117 系列燃气涡轮起动机,通过增加空气流量、提高压气机压比和效率,并对涡轮部件进行改进设计等手段,在安装和外廓尺寸保持不变的情况下,发动机输出功率增大了 25%,更好地满足了主发动机高温高原环境下的起动能力。

2. 燃气温度提高

燃气温度提高也是实现功率增长的有效手段。计算表明,燃气温度提高后,由于涡轮做功能力的增加,燃气涡轮膨胀比下降。APU 发动机设计时,一般考虑发动机的排气速度在一个合适的范围,在保证排气速度不变时,动力涡轮膨胀比增加,输出功率增加。燃气温度提高时,发动机涡轮部件导向器的流通能力需进行适应性调整,以达到发动机功率增长同时能保证气动稳定性的需求。需要指出的是,燃气温度提高的同时,需同步评估和改善冷却设计以确保热端部件的寿命。

国外发动机公司一般采用提高燃气温度、改进涡轮冷却设计来提高发动机性能,如普惠公司在 1975～1985 年对 PT6 系列发动机的燃气涡轮导叶采用不同冷却方案,冷却效果分别达到 50%和 70%,使燃烧室出口温度提高了 200℃。

3.3.2　功率增长设计方法

在 APU 研制中,为了满足飞机系列化发展以及拓宽应用市场的需求,通常利用已有平台系列化发展,该发展模式是国外 APU 研制的成功经验和发展趋势,其优势是能够缩短研制周期,减小技术风险,降低研制成本。

美国霍尼韦尔公司的 GTCP36 系列 APU,有 40 多种产品,功率从 96.9 kW 提升到 370 kW,广泛用于战斗机、运输机、直升机和民航客机上。霍尼韦尔公司在 GTCP85 型 APU 的基础上开发出了 100 多个系列型号,是世界范围内生产数量最大的系列产品,累计数量达到 33 000 余台。在民航客机市场上,霍尼韦尔公司推出了 GTCP131－9 系列等。另一家 APU 巨头为美国汉胜公司则研发出 T－62T 系列、APS500 系列、APS1000 系列、APS2000、APS3200、APS5000 等，其中 T－62T 系列发展了 30 余种型号，功率从 20 kW 增加到 233 kW，引气流量从 0.27 kg/s 增加到 1.31 kg/s，可用于多种军机、民机及工业燃气轮机。

因此，APU 方案设计及工程设计时，应考虑将来功率增长进行系列化发展的需要，因进行以下裕度设计：

（1）APU 的总体结构布局应具备一定的适应性，多采用单元体结构形式，可通过局部改进提升其输出功率或适应不同飞机对 APU 的安装需求等；

（2）主要承力构件强度应留有一定储备，如叶片、轮盘、连接轴、输出轴、机匣、安装节等，能够适应将来增加功率时热负荷、机械负荷、气动负荷等增加带来的影响；

（3）轴承、齿轮等转动件能在宽广条件下工作并具备一定的寿命储备，能够承受转速、温度、压力等一定幅度的变化调整；

（4）高温部件的选材留有一定的余量，其材料的承温极限具备一定的裕度，能够满足将来提高温度的需要。

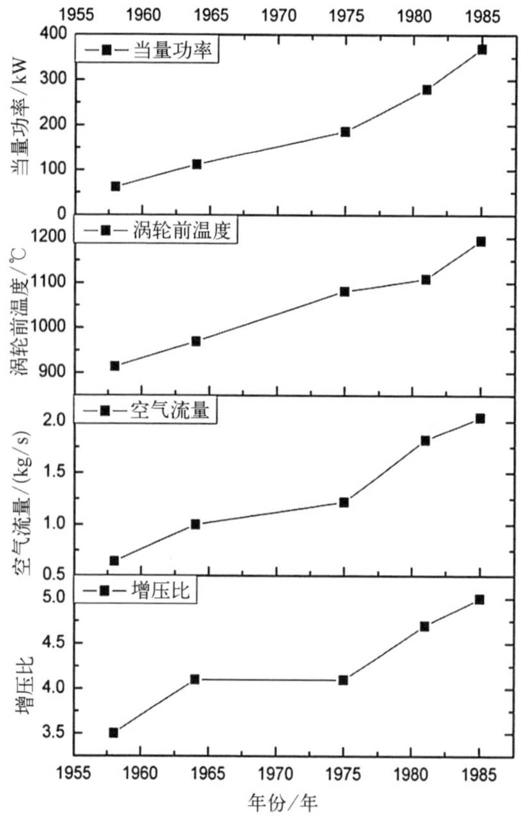

图 3.3　T－62T 系列主要技术参数发展趋势

3.3.3　功率增长实例

1958~1985 年，加拿大普惠公司的 T－62T 系列 APU，通过改进改型，压比从 3.5 增大到 5，引气空气流量从 0.64 kg/s 提高到 2.04 kg/s，涡轮前温度从 914℃ 提高到 1 194℃，当量功率则从 62 kW 提高到 370 kW。图 3.3 给出了 T－62T 系列 APU 主要技术参数的发展趋势，表 3.2 为 T－62T 系列军、民用型号用途。T－62T 系列型号规模大，广泛应用于各类飞机以及地面气源车和便携式发电设备。通过系列化发展，T－62T 系列成为最成功的 APU 项目之一，并获得了国际市场广泛认可，德国 MTU 航空发动机公司和日本三菱重工业公司争相为加拿大普惠公司生产该系列产品。

表3.2　T－62T系列型号及用途

序号	T－62T系列型号（军用）	用　途	序号	T－62T系列型号（民用）	用　途
1	T－62T－2A1	波音直升机公司CH－47A/B/C	1	T－62T－20G10C3/4	利尔喷气机公司利尔喷气55B/60
2	T－62T－2B	波音直升机公司CH－47D/E	2	T－62T－39	洛克希德·马丁公司喷气星
3	T－62T－11	波音直升机公司CH－46、113	3	T－62T－40C2	湾流航宇公司G－Ⅱ
4	T－62T－16B/B1	西科斯基飞机公司H－3/VH－3D	4	T－62T－40C3	达索飞机制造公司隼200
5	T－62T－27	西科斯基飞机公司CH－53E	5	T－62T－40C3A/A1	赛斯纳飞机公司奖状Ⅵ、Ⅶ
6	T－62T－40－1	西科斯基飞机公司H－60	6	T－62T－40C7A	赛斯纳飞机公司奖状Ⅲ
7	T－62T－40－8	洛克希德·马丁公司F－16	7	T－62T－40C7B/D	德·哈维兰公司DHC－8－100/200/300
8	T－62T－40－C7EH	阿古斯塔·韦斯特兰公司EH101	8	T－62T－40C7E1	巴西航空工业公司EMB－120
9	T－62T－40LC－2	波音公司C/K－135	9	T－62T－40C7E2	达索飞机制造公司隼20
10	T－62T－46－2	贝尔直升机公司/波音公司V－22	10	T－62T－40C8D/D1	雷神公司霍克125－800
11	T－62T－46－C16	洛克希德·马丁公司/阿莱尼亚飞机制造公司C27J	11	T－62T－40C9	喷气式公务机
12	T－62T－46LC－1	萨伯集团JAS－39鹰狮	12	T－62T－40C11	庞巴迪宇航集团ERJ 135/140/145
13	T－62T－46LC－2	三星宇航有限公司T/A－50	13	T－62T－40C14	庞巴迪宇航集团ERJ 135/140/145
14	T－62T－46C14	巴西航空工业公司EMB－145	14	T－62T－46C1	福克公司福克50
			15	T－62T－46C3	英国航宇公司RJ系列飞机
			16	T－62T－46C7	萨伯集团萨伯2000

续 表

序号	T-62T 系列型号（军用）	用 途	序号	T-62T 系列型号（民用）	用 途
			17	T-62T-46C12	德·哈维兰公司 DHC-8
			18	T-62T-47C1	波音公司 B737

3.4 对飞机的反约束

3.4.1 短舱要求

1. 短舱位置要求

在飞机设计的初始阶段，负责飞机总体、动力和系统设计的工程技术人员应与 APU 的设计人员反复磋商、协调，确定 APU 在飞机上的安装位置，即短舱位置。主要考虑以下因素。

1）安全性

APU 是一台燃气涡轮发动机，同时容纳燃油与火源，被归纳为“火区”。因此，一般不应将 APU 安装在飞机的增压舱内，而应安装在非增压舱区域内。另外，APU 舱应对非包容转子损坏甩出的高能量碎片有承受能力，以防止这些碎片损坏飞机的主体结构、燃油箱和飞机的各操作系统。

2）飞机重心

在飞机的设计过程中，应考虑 APU 安装位置对飞机重心的影响，避免飞机俯仰稳定性的降低。

3）APU 进、排气口的压差

在 APU 工作包线内，要保持 APU 进气口处的压力略高于排气口处的压力，即要求 APU 进、排气口间存在不大的正压差，确保 APU 的转子以正的、数值合适的风车转速转动。正风车转速产生正的起动力矩，可缩短空中起动时间。但正压差值较大时，风车转速过大，APU 在起动过程中的供油范围狭窄，难以维持燃烧；油气比变化太大，燃烧不稳定，还会造成滑油池积油等故障。当 APU 在空中不工作时，正、反向风车转速都将引起飞机的阻力增大，加速 APU 封严部位和轴承的磨损。APU 以反向风车转速转动时不但因负的气动力矩使空中起动的时间增长，可能还会引起 APU 涡轮前的温度超温；如采用拖转式电机的起动发电机，反向风车转速还会加速电刷磨损，造成电机故障。

为确保进、排气口有一个适当正压差，除考虑设计布局外，还要求飞机试飞中实地测量。

4）进气门位置

应确保 APU 具有良好的进气条件，其进气道流畅。

进气门的位置应避免在地面和空中可能吸入 APU 本身排出的和主发动机排出的废气、液体和固体颗粒。这里所指的液体通常包括机身内的排泄物、燃油箱漏出的油、通风系统释放的油污、液压系统排放的废液、起飞和着陆过程中机轮扬起的地面渍水等。吸入废气和废液将减少空气吸入量，影响正常燃烧，严重时压气机喘振。油污附着在气流通道上，特别是附着在叶片上，将恶化部件性能。

进气口应避免开在机身的底部，此时最易吸入废液和固体颗粒。另外，应尽可能使进气口的气流朝上流动，这样可借重力作用清除部分较重的砂石、碎片和颗粒。防止吸入固体颗粒的最有效方法是装进气防护网。

5）排气门位置

排气门不应安排在主发动机进气门的前方，以免它排出的废气被主发动机吸入。排气门也不应位于起落架的前方，以免排出的灼热的燃气进入起落架舱。

6）各系统管路、线路的长度

APU 的安装位置，除考虑上述因素外，应尽可能靠近主发动机和飞机空调系统的进气口，以减少各系统管路、线路的长度，从而减少损失和重量。

通往空调系统进气口和主发动机的供气管一般直径较大，过长则引起重量增加；管路过长，或急弯过多，使压力损失增大。

如果燃油供油管太长，为确保一定供油预压、克服管道压力损失，可能要额外增加一个增压泵，使系统复杂，重量增加。

从 APU 的起/发电机到飞机各系统之间的电源电缆均为屏蔽电缆，线径很大，如果电缆过长，则重量增人。

7）可达性

APU 在飞机上安装位置受空间的制约，对要求进行例行维护、检查的部位应易于到达，以提高飞机的维修性。对外场可换件，需拆卸和更换的附件应有良好的可达性。APU 的整机应易于拆卸和安装，要确保拆卸、安装所用的专用工具和设备数量尽可能少。

在飞机设计初期阶段，就应对 APU 的安装位置进行论证和协调。在确保总体布局的前提下，就安全、重量、重心、进排气损失、噪声、可达性和维修性诸方面因素进行多方案筛选、折中、权衡，以得到最佳安装位置。

2. APU 舱设计要求

1）防火

出于安全考虑，APU 舱应视为“火区”，应满足防火要求。如果 APU 安装在飞机的短舱内，则必须采取措施将它与飞机的其他区域隔开。为此，可在 APU 舱专门设置一道防火墙；也可以将整个 APU 舱壁设计成防火的，即防火罩形式。

APU 的防火罩通常有两种形式：一是所谓的“茧”式，就是沿 APU 的外形裹上一层防火的“茧壳”。这种结构紧凑、占有空间小，也存在以下缺点：形状不规则，制造困难，成本高；安装、检查和维修的可达性差；导管、管路的引出和导出困难；自身难以充分冷却。二是屏蔽式防火罩，它将 APU 的单个组件或系统，如压气机/涡轮、减速传动箱、燃烧室/尾喷管组件、燃油系统等，用防火罩屏蔽起来；这种屏蔽式防火罩已成功地应用于很多民用 APU 上。

图 3.4 给出了一种“茧”式防火罩示例。这种 APU 用在已经生产并投入使用的飞机上，安装在飞机的后轮舱中，防火设计受到限制。

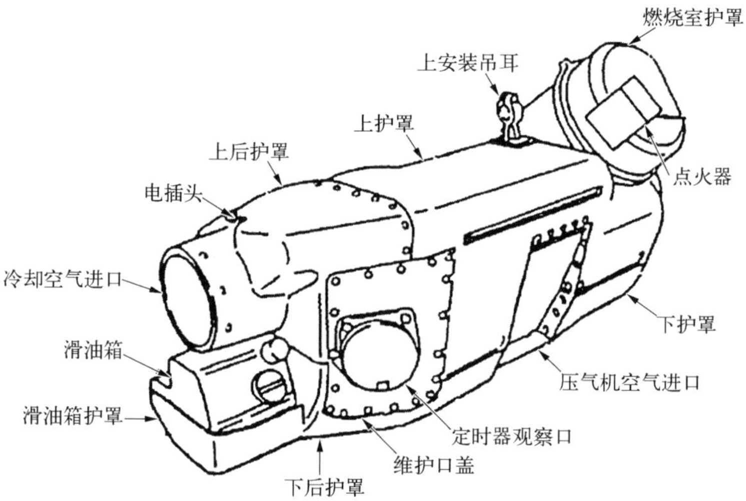

图 3.4　APU“茧”式防火罩

图 3.5 给出了整个 APU 舱防火的示例，它用一道防火墙将 APU 舱与飞机的其他区域隔开。

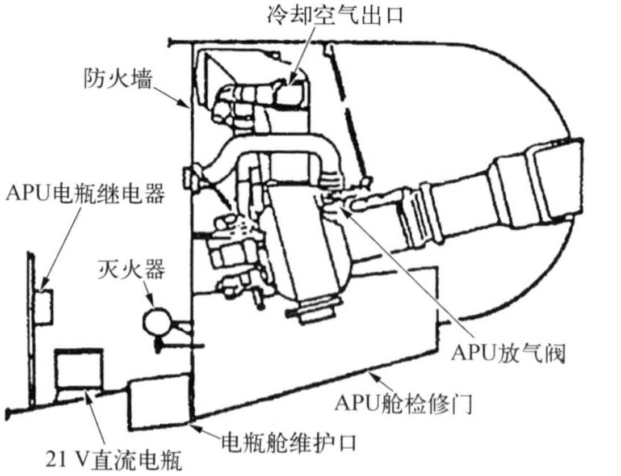

图 3.5　APU 舱防火示例

APU 舱、护罩、检修门、铰链和手柄的材料均应是防火的。APU 护罩应能承受短舱失火、通风管道破裂、喷灭火剂时引起的高温和高压。APU 舱壁尽可能没有竖立的框架、隔板或其他构件，以免滞留燃烧液体而妨碍灭火工作，如图 3.6 所示。

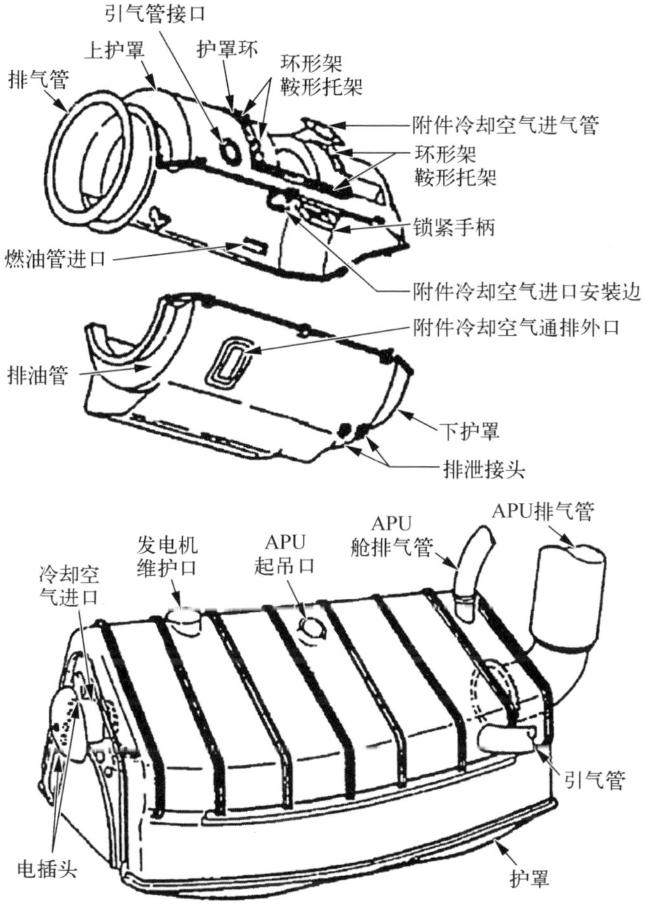

图 3.6　现有舱内安装规则形状防火护罩示例

2）通风与冷却需求

APU 舱及 APU 需进行通风与冷却，以保证安装在 APU 舱内的飞机附件和安装在 APU 上的附件在其允许的工作极限温度内能正常工作，通风与冷却系统需要有进气系统和排气系统，APU 舱及 APU 通风与冷却结构设计应考虑以下六方面内容：

（1）冷却风扇的冷却空气可由单独的进气管引入，或从 APU 的进气道抽出；当冷却风扇的空气从 APU 进气道抽吸时，应防止火苗传播；

（2）舱外的冷却空气管应是防火的，舱内的冷却空气管应是耐火的；如果

APU 舱的冷却空气管通往机外,冷却空气管及管子出口处之后的飞机表面应由防火材料构成(符合防火墙要求),因为舱内的火苗可能由冷却空气出口导管排往机外;

(3) 如果冷却空气是从飞机的其他舱获得或输送过来,则应在靠近舱壁处的冷却空气进气管上安装防火单向阀,并视情安装断流阀,以防止 APU 舱的火焰蔓延到其他区域;

(4) 如果安装了空气冷却的直流发电机或交流发电机,则应安装套管,以便将用过的冷却空气直接导出机外或进入排气系统,套管应由防火材料制造;

(5) 滑油散热器排出的空气应能直接引到机外,或通到 APU 舱,或通到 APU 的排气管/排气罩处;

(6) 散热器进出口间必须保持一定的压差(即进口压力高于出口压力)。

3) APU 舱的接线

按功能分类,APU 舱的导线通常有以下三种:

(1) 控制线;

(2) 通往或引自 APU 起动系统的直流电源线;

(3) 监视和检测线。

在 APU 舱内或护罩内布线的原则和要求与主发动机舱内的布线要求一样,所布导线可以在液压管的上方或下方,但导线离高温气管、涡轮通风管、喷管及其他高温表面应有足够的距离,以防导线的绝缘材料提早老化和损坏。

4) APU 舱或护罩材料

APU 舱或护罩及锁扣的材料必须是防火的,不允许使用铝、镁合金。可以在舱壁衬一层或涂一层防火材料,以达到防火目的。

5) 卸压装置

当 APU 舱失火和气压元件损坏时,将造成舱内压力增高,需要向大气卸压。否则舱壁破裂,火焰蔓延到飞机的非防火区。因此,应设置铰链式卸压门或卸压板进行卸压。

6) 通风和冷却

APU 舱应进行通风和冷却。一般 APU 应带一台大功率风扇,以驱动冷却空气冷却起动电机、滑油散热器,冷却燃烧室和涡轮等热端部件的机匣。除在前端设置冷却风扇外,APU 还可利用自身喷管排出气流的引射作用加强 APU 舱的通风和冷却。图 3.7 给出了既有冷却风扇、引射器进行通风和冷却的 APU 的典型示例。所有通风管道的材料应是耐火的,冷却起动发电机和滑油散热器的空气应排入排气系统或直接排到机外。如果冷却空气是从飞机的其他舱引来的,则应在冷却空气进口处的舱壁上,特别安装防火单向阀,以防 APU 舱失火时,火焰反窜到飞机的其他区域。

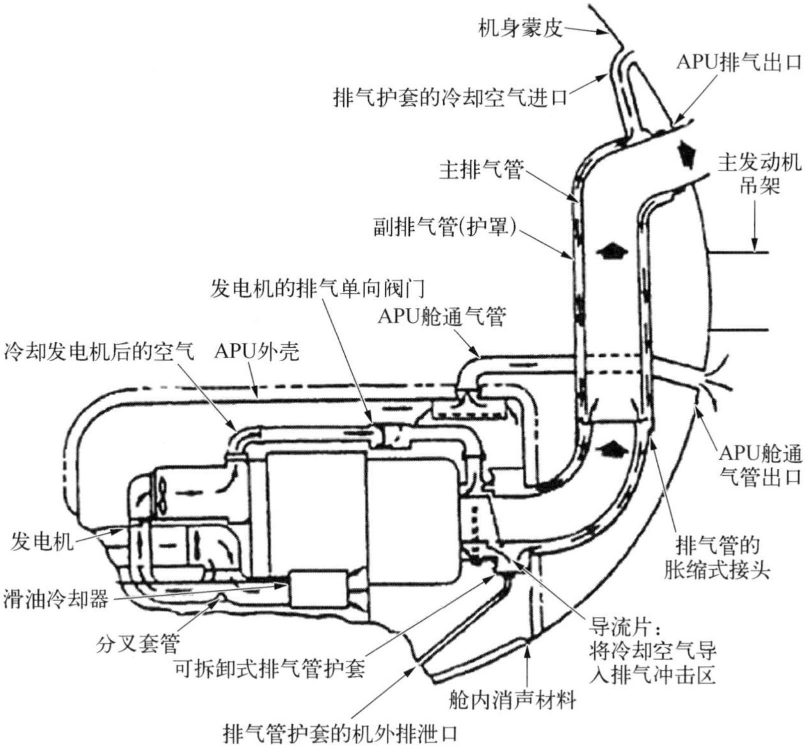

图 3.7　APU 舱的通风和冷却示例

7）维修性

飞机的维修性成本是飞机使用成本的主要组成部分。APU 设计应提高维修性,降低维修成本。在飞机设计阶段,应根据 APU 模型,建立 APU 舱安装模型,有利于可达性和可拆卸性的确定。

3.4.2　安装影响

APU 安装到飞机后,不可避免带来安装损失,如进、排气损失等,这些损失要降低 APU 的输出性能。

1. 进气损失

进气损失对 APU 性能的影响主要体现在以下两方面。

(1) 压力损失。APU 所发出的功率正比于所吸入的空气量。因此,进气压力损失将直接降低 APU 的输出功率。在 APU 的型号规范或安装手册中,应对进气损失允许最大值予以规定;在设计进气装置时,应使该损失尽可能小。

(2) 压气机进口流场不均匀。由于受飞机安装位置的限制,APU 进气流场可能不均匀。因此,要求 APU 本身具有良好的抗畸变能力。

2. 排气损失

一般来说，对具有引射功能的排气段设计得长一些，能使气流掺混充分，防止过大的压力梯度，提高引射效果并降低噪声。但排气段长会带来排气损失增加。

结构上，排气管内表面力求光滑，无急剧拐弯，以减少压力损失。排气损失对APU性能的影响应在型号规范中规定。

3.4.3 负载匹配

1. APU与主发动机的空气涡轮起动机匹配工作计算

APU输出的压缩空气可输入主发动机的空气涡轮起动机的涡轮及飞机空调系统的空气涡轮。涡轮型式无论是径向或是轴向、多级或单级、冲击式或反力式、全供气或部分供气，从与APU匹配工作的角度看，这些涡轮具有共同的特征，即经过涡轮的换算空气流量 $W_{oa.c}$ 保持不变。

$$W_{oa.c} = W_{oa}\sqrt{\theta_0}/\delta_0 = 常数 \tag{3.1}$$

式中，W_{oa} 为流经涡轮的空气流量，单位为kg/s；$\theta_0 = T_0/288$；T_0 为涡轮前的空气温度，单位为K；$\delta_0 = p_{ot}/101\ 325$；$p_{ot}$ 为涡轮前的空气压力，单位为Pa。

现以APU与主发动机的空气涡轮起动机的涡轮匹配工作为例，介绍匹配工作的原理。

图3.8为APU与主发动机的空气涡轮起动机匹配工作示例图。图中空气发生器是一台纯喷气的燃气涡轮发动机，从压气机出口经文氏管引出具有一定流量、压力和温度的压缩空气，驱动空气涡轮起动机的单级涡轮转子旋转，经减速器减速后带转主发动机转子。为了确保空气发生器自身的起动，还需要有一个电子控制装置（图中未示出）。当按下空气发生器起动按钮后，电子控制器装置可自动完成空气发生器的起动，并使它在空载状态稳定工作。继而按下主发动机的起动按钮，空气涡轮起动机的进气活门打开，气动关闭卸载活门，自动

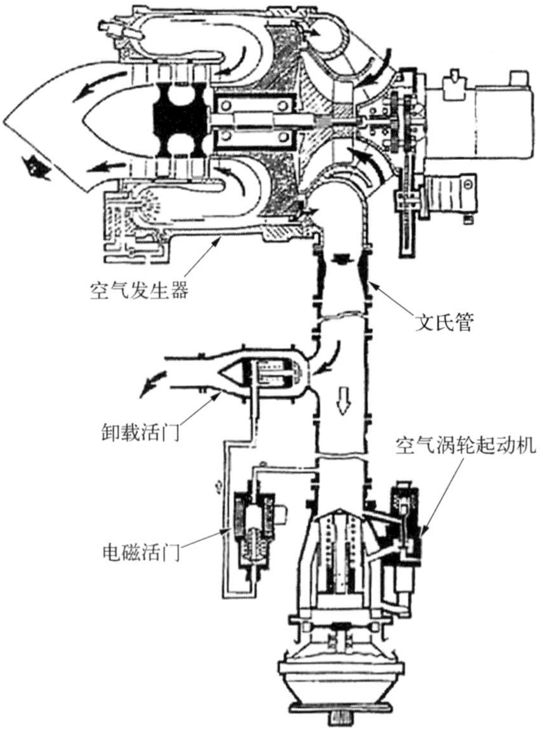

图3.8 APU与空气涡轮起动机配套示例图

控制装置控制空气发生器进入引气起动主发状态以满足主发动机的工作需求。

图3.9给出了计算APU与空气涡轮起动机匹配工作的“APU－空气管路–空气起动机”系统简图，图中符号如下。

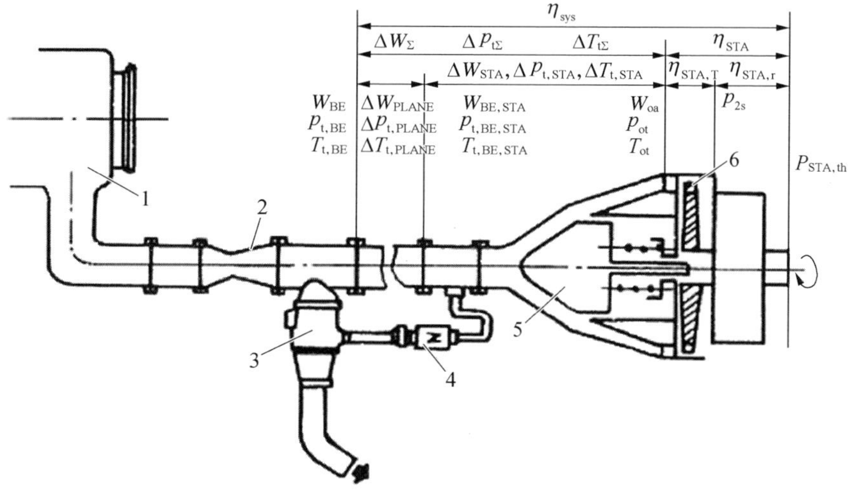

图3.9　“APU－空气管路–空气起动机”系统匹配工作简图

1. APU；2. 文氏管；3. 卸载阀；4. 电磁阀；5. 起动机的调节阀；6. 涡轮

1）APU输出压缩空气参数

W_{BE}为质量流量，单位为kg/s；$p_{t,BE}$为输出压缩空气总压，单位为Pa；$T_{t,BE}$为输出压缩空气总温，单位为K。

2）飞机管路损失

$\Delta p_{t,PLANE}$为压力损失，单位为Pa；$\Delta T_{t,PLANE}$为热损失，单位为K；ΔW_{PLANE}为质量流量损失，单位为kg/s。

3）空气涡轮起动机进口参数

$W_{BE,STA}$为质量流量，单位为kg/s；$p_{t,BE,STA}$为空气总压，单位为Pa；$T_{t,BE,STA}$为空气总温，单位为K；P_{STA}为功率，单位为kW。

4）起动机进口到涡轮进口的损失

ΔW_{STA}为质量流量损失，单位为kg/s；$\Delta p_{t,STA}$为压力损失，单位为Pa；$\Delta T_{t,STA}$为热损失，单位为K。

5）空气涡轮进口截面参数

W_{oa}为空气流量，单位为kg/s；p_{ot}为空气总压，单位为Pa；T_{ot}为空气总温，单位为K。

6）空气涡轮后参数

p_{2s}为静压，单位为Pa。

7）空气涡轮起动机参数

$\eta_{STA,\ T}$ 为涡轮效率；$\eta_{STA,\ r}$ 为减速器效率；$P_{STA,\ sh}$ 为起动机轴功率，单位为 kW。

海平面静止、不同大气温度条件下，APU 的输出压力和温度随输出流量的变化如图 3.10 所示。

空气涡轮起动机特性线如图 3.11 所示，图中 n_{STA} 为空气涡轮起动机转速，单位为 r/min。

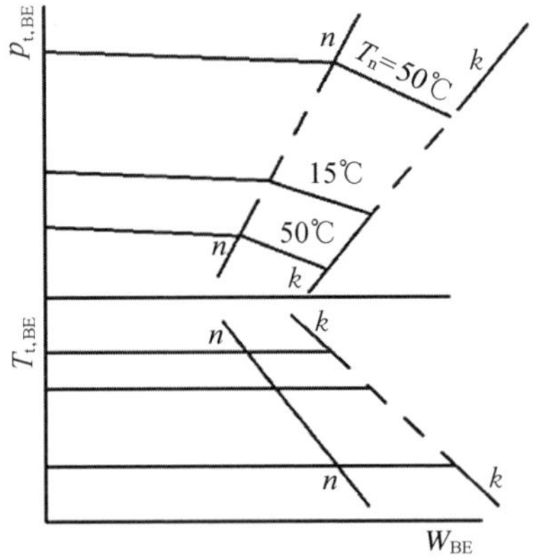

图 3.10　地面条件下的 APU 的特性曲线

nn 为卸载阀关闭线；*kk* 为引气线

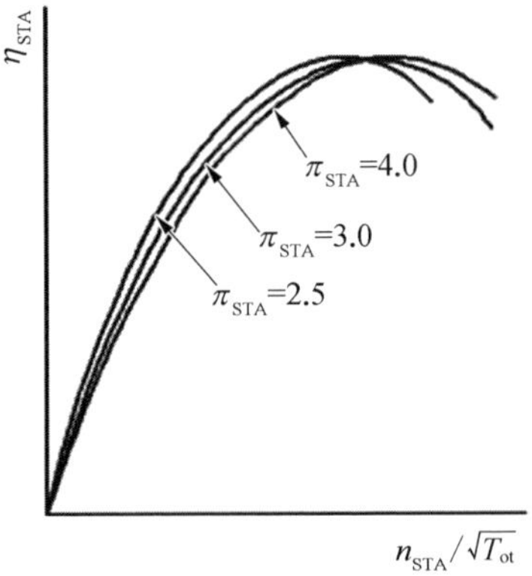

图 3.11　空气涡轮起动机涡轮特性曲线

空气涡轮起动机涡轮膨胀比：

$$\pi_{STA} = p_{ot}/p_{2s} \tag{3.2}$$

应计算 APU 出口到空气涡轮进口的三种损失：质量流量总损失 ΔW_{Σ}、压力总损失 $\Delta p_{t\Sigma}$、总的热损失 $\Delta T_{t\Sigma}$。

$$\Delta W_{\Sigma} = \Delta W_{PLANE} + \Delta W_{STA} \tag{3.3}$$

$$\Delta p_{t\Sigma} = \Delta p_{t,\ PLANE} + \Delta p_{t,\ STA} \tag{3.4}$$

$$\Delta T_{t\Sigma} = \Delta T_{t,\ PLANE} + \Delta T_{t,\ STA} \tag{3.5}$$

（1）给定海平面和不同大气温度，按图 3.10 所示 APU 的特性线选取数个 W_{BE} 值，并查出相应的 $p_{t,\ BE}$ 和 $W_{t,\ BE}$。

（2）确定压力总损失 $\Delta p_{t\Sigma}$：

$$\Delta p_{t\Sigma} = \frac{8R_a}{\pi^2 d_{TUBE}^4}\zeta_{\Sigma}\frac{1}{\varepsilon(\lambda)}\frac{W_{BE}^2 T_{t,\ BE}}{p_{t,\ BE}} \tag{3.6}$$

式中，R_a 为空气气体常数；d_{TUBE} 为引气管道直径，单位为 m；ζ_Σ 为引气管道总流阻系数；$\varepsilon(\lambda)$ 为气动函数，$\varepsilon(\lambda)=\left(1-\frac{k_a-1}{k_a+1}\lambda^2\right)^{\frac{1}{k_a-1}}$。

ζ_Σ 由飞机设计单位根据其所选用的引气管道的具体情况给出。$\varepsilon(\lambda)$ 设定为 1.0 时，计算出的 $\Delta p_{t\Sigma}$ 误差小于 2%。

对所选取的各 W_{BE} 值，计算出起动机空气涡轮进口空气参数 W'_{oa}、T'_{ot}、p'_{ot}：

$$W'_{oa}=W_{BE}-\Delta W_\Sigma \tag{3.7}$$

$$T'_{ot}=T_{t,BE}-\Delta T_{t\Sigma} \tag{3.8}$$

$$p'_{ot}=p_{t,BE}-\Delta p_{t\Sigma} \tag{3.9}$$

式中，ΔW_Σ 由飞机设计单位给出，或由 APU 设计单位提出，要求飞机设计单位保证的值；$\Delta T_{t\Sigma}$ 也由 APU 设计单位提出，要求飞机设计单位保证的值，可在装机实测后修正。

如果 p'_{ot} 大于起动机空气涡轮前的允许值，则可在起动机进口前设置可调节气门调节，使其算出的 p'_{ot} 符合需求。

（3）按流经空气涡轮的换算流量不变，即为设计状态的值，确定流经空气涡轮的物理流量 W''_{oa}：

$$W''_{oa}=W_{oa,c}\frac{p'_{ot}}{\sqrt{T'_{ot}}} \tag{3.10}$$

（4）按 W''_{oa} 与 W'_{oa} 相等，确定出"APU－空气管路－空气起动机"系统匹配工作点的 W_{BE}，如图 3.12 所示。

（5）按 W_{BE} 确定系统共同工作点的所需系数，如 APU 输出压缩空气的 W_{BE}、$p_{t,BE}$、$T_{t,BE}$ 及空气涡轮起动机进口参数 W_{oa}、p_{ot}、T_{ot}。

（6）计算空气涡轮起动机在不同物理转速 n_{STA} 工作时输出的轴功率：

$$p_{STA,sh}=W_{oa}l_{Tad}\eta_{STA} \tag{3.11}$$

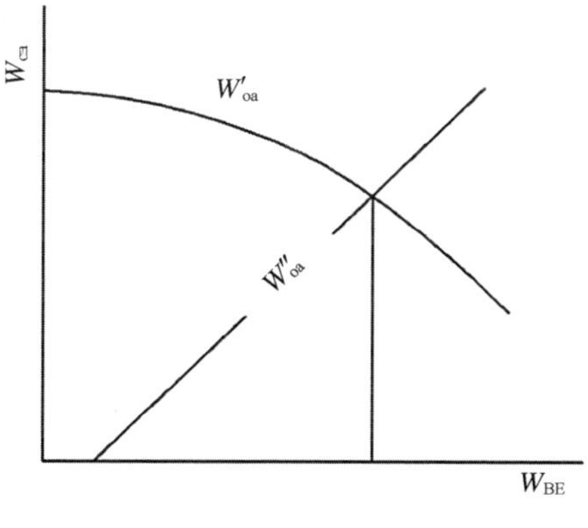

图 3.12　确定系统共同工作点示意图

$$l_{Tad}=\frac{k_a}{k_a-1}R_aT_{ot}\left(1-\frac{1}{\pi_{STA}^{\frac{k_a-1}{k_a}}}\right) \tag{3.12}$$

式中，$\pi_{STA}=p_{ot}/p_{2s}$ 为空气涡轮起动机膨胀比，p_{2s} 为空气涡轮起动机涡轮后压力，因排气管路中有损失,应等于或稍大于大气压;l_{Tad} 为单位流量压缩空气的理想做功量;η_{STA} 为起动机效率,按换算转速和 π_{STA} 由空气涡轮起动机的特性线(图3.11)查出。

(7) 确定空气起动机系统效率:

$$\eta_{sys} = P_{STA,\ sh}/P_{equ,\ a} \tag{3.13}$$

式中,$P_{equ,\ a}$ 为 APU 输出压缩空气的当量空气功率,按下式计算:

$$P_{equ,\ a} = W_{BE}\frac{k_a}{k_a - 1}R_a T_{BE}\left(1 - \frac{1}{\pi_{BE}^{\frac{k_a-1}{k_a}}}\right) \tag{3.14}$$

2. 输出轴功率时的匹配工作计算

图3.13是单转子燃气发生器、负载压气机输气及输出轴功率APU的示意图。燃气发生器的前端输出一根轴,首先驱动负载压气机,负载压气机的压缩空气为起动主发动机和飞机座舱空调所用,其出口参数由负载压气机进口导向器进行调整。负载压气机的前端又伸出一根轴,带动齿轮箱。齿轮箱再伸出几根轴,分别驱动冷却风扇、液压泵、交流或直流发电机等附件。

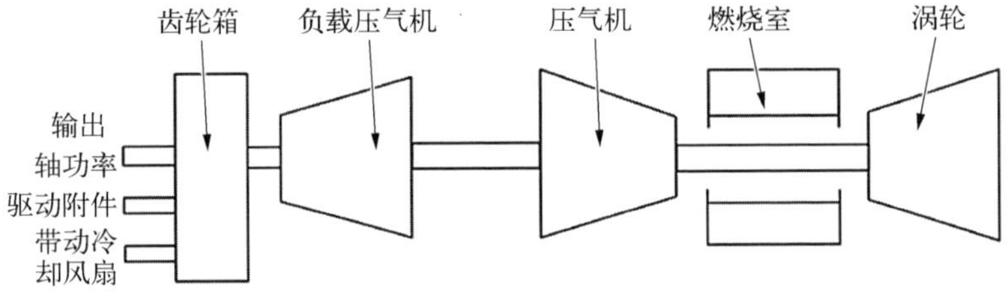

图3.13 单轴等转速输出轴功率负载压气机输气的APU简图

这种类型APU涡轮输出的轴功率用于带动负载压气机和输出轴功率 P_{sh},该 P_{sh} 应包含

$$P_{sh} = (P_{HLP} + P_G + P_{CLE})/\eta_t \tag{3.15}$$

式中,P_{sh} 为燃气发生器输出轴功率,单位为kW;P_{HLP} 为液压泵需用功率,单位为kW;P_G 为交流发电机或直流发电机需用功率,单位为kW;P_{CLE} 为冷却风扇需用功率,单位为kW;η_t 为减速齿轮箱效率。

第 4 章
燃气涡轮辅助动力装置总体性能设计

4.1 设计点循环分析

进行 APU 性能设计之前,首先要确定设计点及其性能。对 APU 的性能要求不同,APU 构型、循环参数、部件性能水平和尺寸则不同,要达到上述性能要求的研制难度就会有所不同,从而影响 APU 最终设计方案。合理地选取 APU 设计点,能够简化设计参数的迭代过程,缩短产品设计周期,提高产品设计成功率。全新研制一台 APU 时,其热力循环参数的选择不仅取决于用户的需求,还取决于当前的部件设计、材料和制造工艺等技术水平。

4.1.1 设计点选取

APU 本质是一台燃气涡轮发动机,因此设计点的选取和燃气涡轮发动机类似。一般来说,APU 设计点选取在海平面静止、标准大气条件或外场使用大气温度较高的工作点上。

对于仅用于起动主发动机的 APU 而言,APU 的设计点选择在处于起动主发动机状态。对于既有起动主发动机需求又有环控需求的 APU 而言,由于追求设计目标的不同,APU 设计点的选取一般是在起动主发动机或环控两个状态中选取一个,另外一个状态作为性能校核点。如果追求 APU 起动主发能力,则选择起动主发动机状态作为设计点;如果强调经济性,由于 APU 在环控引气状态的工作时间较长,则一般选取环控引气状态作为设计点。

另外,如果 APU 所配装的飞机主要飞行于高原机场,则可以选择飞机某常驻机场的海拔高度、起动主发动机状态作为设计点。

4.1.2 热力循环参数选择

APU 热力循环参数的选取和其结构特点密切关联。APU 尺寸较小,进口空气流量也较小。为了保持一定的圆周切线速度(即做功能力),转速要比涡轴涡桨发动机高很多,结构设计时容易出现高速转子的临界转速问题。采用离心压气机后,轴向尺寸缩短,加上回流式燃烧室,会使得 APU 转子支点跨度大大减小,为解决临界转速问题提供了有利条件。

1. 压气机

APU 广泛采用单级离心压气机。这是因为 APU 进口空气质量流量相对涡轴和涡桨发动机较小,气流通道尺寸较小。在小流量条件下,离心压气机效率并不比轴流压气机低,而且离心压气机具有结构简单、轴向尺寸小、零件数量少、成本低、使用可靠等特点。

压气机的主要参数有增压比 π_c 和绝热效率 η_c,η_c 根据当时的设计技术水平和工艺技术水平而定。由于 APU 输出的轴功率远小于主发动机功率,占飞机使用成本的比例也不高,一般不追求高压气机效率。APU 动力段压气机绝热效率 η_c 一般为 0.74~0.82,对于输出压缩空气流量在 0.4~1.5 kg/s 范围内的负载压气机,它的效率 η_{Lc} 一般为 0.74~0.79。

增压比 π_c 的选取与 APU 的方案有关。单转子燃气发生器、从动力段压气机后引气式 APU 的压气机方案设计中,增压比受输出压缩空气压力的限制,用户需求的压缩空气压力在 2.4×10^5~4.8×10^5 Pa、温度 400~500 K 时,π_c 一般在 2.5~5.0 范围内选取。带负载压气机 APU 方案设计时,其负载压气机的增压比 π_{Lc} 由用户需要的输出压缩空气的压力决定。而动力段压气机增压比 π_c,则在获得最小安装重量与尽可能保持低燃油消耗之间折中选取。高增压比虽然能获得较低耗油率,但增压比超过一定值时,燃烧室容积的减小所获得的重量减轻不能补偿因压气机和涡轮级数增多带来的重量增加。

在 APU 设计中,空气绝热系数 k_a 一般取 1.40,燃气绝热系数 k_g 一般取 1.33。这时,若燃烧室总压恢复系数 σ_B 取值 0.95,转子机械效率 η_m 取值 0.99,则得出动力段压气机压比的计算公式如下:

$$\pi_{c,\,opt} = \left(1.003 \cdot \eta_c \eta_T \frac{T_4}{T_1}\right)^{1.873} \tag{4.1}$$

图 4.1 给出了最佳增压比和压气机效率、涡轮效率及温升比的关系。由图可见,即使温升比为 4.0,$\pi_{c,\,opt}$ 也要接近 6.0,这样高的压比在单转子燃气发生器、从压气机后引气形式 APU 方案中不宜采用。分析认为,用户需求的限制会使得输出压缩空气的高温高压不能充分得到利用,过高的压比还会增加空气涡轮起动机的控制和强度负担;若采用多级压气机从中间级引出压力、温度适度的压缩空气,又会导致压气机在引气范围内流量不匹配。如采用变结构的压气机来解决流量匹配问题,又会导致结构复杂和重量增加。

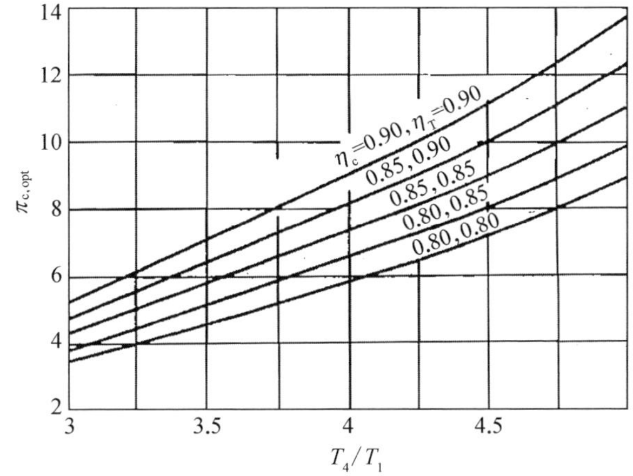

图 4.1　最佳增压比 $\pi_{c,opt}$ 和压气机效率 η_c、涡轮效率 η_T、温升比 $\frac{T_4}{T_1}$ 的关系

2. 燃烧室

APU 多选用环形回流燃烧室。采用离心压气机后，轴向尺寸缩短，加上采用环形回流燃烧室，会使得 APU 的转子支点跨度减小，对解决临界转速问题有利。

燃烧室主要参数有总压恢复系数 σ_B 和燃烧室进口速度系数 ε_B。

σ_B 取决于燃烧室中的流阻损失和燃烧室进口相对速度系数。图 4.2 给出了总压恢复系数和燃烧室进口相对速度系数 $\overline{\lambda}_3$ 的关系。环形回流燃烧室中的 σ_B 一般取值 0.94~0.97。

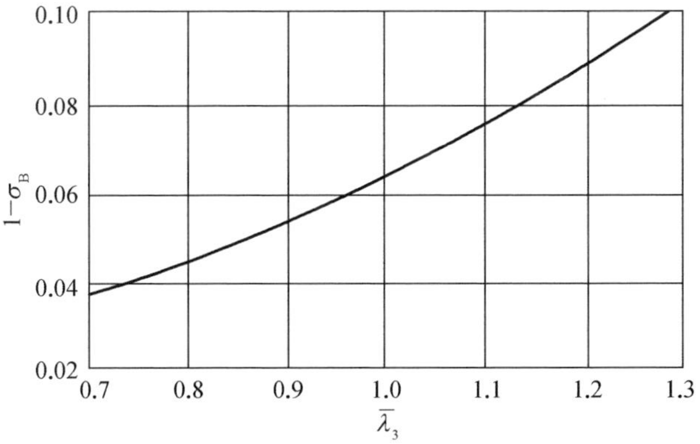

图 4.2　燃烧室的总压恢复系数 σ_B 和进口相对速度系数 $\overline{\lambda}_3$ 的关系

ε_B 取决于余气系数、燃烧室进口空气温度和速度。对于中等热容量 1 000~2 000 kJ/(m^2 · Pa) 的燃烧室，可以认为 ε_B 只取决于混气成分，且对于环形回流燃烧室，在宽广的余气系数范围内，ε_B 取值 0.97～0.98。

3. 涡轮

APU 多采用向心涡轮或双级轴流涡轮。涡轮主要参数有进口燃气温度 T_{t4} 和涡轮效率 η_T。

T_{t4} 受涡轮叶片材料承受的温度限制。在 APU 中，空气流量不大，可有效使用的流道尺寸小，很少采用气冷涡轮叶片。因此，为了提高寿命、可靠性及经济性，涡轮前温度一般不高，初期为 1 100～1 200 K，现在已提高至 1 400 K 左右。

η_T 是用来评估涡轮膨胀过程中输出功的有效利用程度，而轴流涡轮效率通常高于向心涡轮效率，但对于空气流量小（小于 3 kg/s）、增压比小于 4.0 的 APU，向心涡轮效率和轴流涡轮效率相当，甚至还高些。

4.1.3 设计裕度选取

APU 性能设计技术是其研制的核心技术，需综合考虑材料、工艺、冷却等技术基础，以保证 APU 在全寿命周期内的性能满足用户需求。

APU 使用过程中存在性能退化的问题。性能退化一般分为可恢复的退化和不可恢复的退化。可恢复的退化是暂时的，通常是由污垢沉积在 APU 的气流通道和转静子叶片表面引起，这种方式引起的性能退化可采用清洗的方法得以恢复。第二种类型退化是不可恢复的退化。这种退化是由 APU 内部零件的磨损和损坏引起的，包括部件腐蚀、零件变形、转动部件摩擦、涡轮叶片变形或磨损等；也包括由于外来物的损伤及其引起的静子和转子叶片的裂纹等导致的退化。这些因素引起的退化，只能通过分解 APU 更换损伤件来恢复。技术水平比较先进的 APU，如霍尼韦尔的 GTCP131－9 系列、汉胜公司的 APS 系列辅助动力装置等，首翻期寿命可达数千小时。因此，不可恢复的性能退化就变成一个很重要的因素。使用经验表明，由于设计和环境因素，APU 在外场工作一个翻修寿命间隔期后，功率可能会损失 10%左右。因此，为确保 APU 满足翻修寿命周期内的规定性能要求，APU 设计时需要预留一定的衰减裕度。

APU 批生产过程中，由于加工公差和装配的影响，性能会有所差异，为保证绝大多数 APU 达到规范规定的最低性能要求，APU 平均性能需比最低出厂性能高，因此 APU 设计时需要考虑预留一定的性能裕度。一般来说，当量功率越小的 APU 预留的达标裕度相对越大，如汉胜公司设计的某小型 APU 平均性能裕度有 12%左右。

在 APU 设计中，如果性能裕度不充分，APU 可能因性能衰减不满足用户需求而提前返修。如果性能裕度过大，则 APU 结构、尺寸和重量会加大。据资料显示，霍尼韦尔公司在 Model 36 系列辅助动力装置设计时，把 APU 动力段可用性能的 6%作为性能退化的允许值。

4.1.4　性能计算

设计点性能计算是指对选定的 APU 工作过程参数和部件效率(压力损失),计算 APU 各截面气流参数。计算从 APU 进口开始,由前向后一个部件接一个部件进行。下面以两种典型结构形式的 APU 为例介绍 APU 的设计点性能计算过程。

1. 单转子燃气发生器、带负载压气机构型 APU

单转子燃气发生器、带负载压气机构型 APU 组成示意如图 4.3 所示。

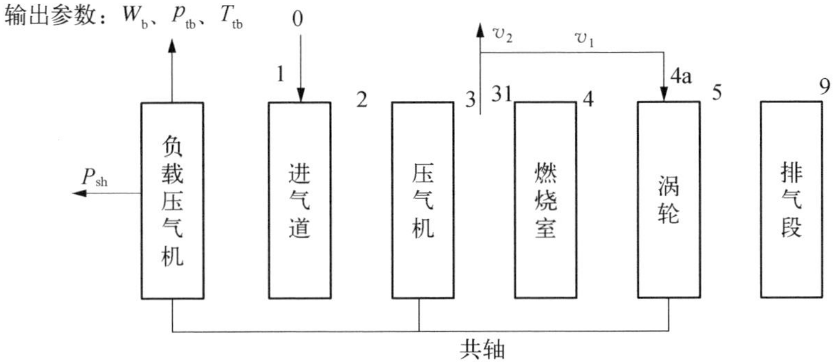

图 4.3　单转子燃气发生器、带负载压气机构型 APU 组成示意图

已知参数：输出轴功率 P_{sh},输出压缩空气流量 W_b、引气压力 p_{tb}、引气温度 T_{tb}。

选取参数：设计点上各部件效率、动力段压气机增压比 π_c、涡轮前燃气温度 T_4、负载压气机增压比 π_{Lc} 和效率 η_{Lc}。

外部条件：飞行高度 H 和飞行速度 V。

为使 APU 的性能、尺寸和重量等参数满足规定要求,需按要求详细地进行热力循环分析。

(1) 1 截面参数计算。按给定的飞行高度 H 由标准大气表查出相应的大气压力 p_{s0} 和温度 T_{s0},按照 2.2.1 节中式(2.8)~式(2.11)计算得到进气道进口的气流总压 p_{t1} 和总温 T_{t1}。

由给定的飞行速度 V 确定飞行马赫数 Ma:

$$Ma = \frac{V}{\sqrt{k_a R_a T_{s0}}} \tag{4.2}$$

式中,R_a 为空气气体常数。

(2) 2 截面参数计算。根据 Ma 和选取的 APU 进气道的总压恢复系数 σ_d,确定 APU 动力段压气机进口的气流总压和总温:

$$p_{t2} = \sigma_d p_{t1} = \sigma_d p_{s0}\left(1 + \frac{k_a - 1}{2}Ma^2\right)^{\frac{k_a}{k_a - 1}} \tag{4.3}$$

$$T_{t2} = T_{t1} = T_{s0}\left(1 + \frac{k_a - 1}{2}Ma^2\right) \tag{4.4}$$

（3）3 截面参数计算。由选定的动力段压气机增压比 π_c、绝热效率 η_c 以及压气机出口流量 W_3，确定压气机中的温升 ΔT_c、压气机消耗功 L_c、压气机出口截面的总压 p_{t3} 和温度 T_{t3}：

$$\Delta T_c = T_{t2}(\pi_c^{\frac{k_a-1}{k_a}} - 1)/\eta_c \tag{4.5}$$

$$L_c = W_3 \frac{k_a}{k_a - 1}R_a\Delta T_c \tag{4.6}$$

$$T_{t3} = T_{t2} + \Delta T_c \tag{4.7}$$

$$p_{t3} = p_{t2}\pi_c \tag{4.8}$$

（4）31 截面参数计算。由选定的负载压气机增压比 π_{Lc}、绝热效率 η_{Lc} 和负载压气机的流量 W_{Lc3}，确定负载压气机中的温升 ΔT_{Lc}、负载压气机消耗 L_{Lc}、负载压气机出口截面的总压 p_{Lct3} 和温度 T_{Lct3}：

$$\Delta T_{Lc} = T_{t2}(\pi_{Lc}^{\frac{k_a-1}{k_a}} - 1)/\eta_{Lc} \tag{4.9}$$

$$L_{Lc} = W_{Lc3} \frac{k_a}{k_a - 1}R_a\Delta T_c \tag{4.10}$$

$$T_{Lct3} = T_{t2} + \Delta T_c \tag{4.11}$$

$$p_{Lct3} = p_{t2}\pi_{Lc} \tag{4.12}$$

（5）输出压缩空气参数 W_b、T_{tb}、p_{tb} 和 31 截面参数的关系。由于引气管路上的损失比较固定，因此负载压气机出口流量 W_{Lc3}、π_{Lc} 应根据用户需求选定。引气管路上压力损失为（引气蜗壳等）Δp_{tb}、温度损失为 ΔT_{tb}，则

$$p_{tb} = p_{Lct3} - \Delta p_{tb} \tag{4.13}$$

$$T_{tb} = T_{Lct3} - \Delta T_{tb} \tag{4.14}$$

$$W_b = W_{Lc3} \tag{4.15}$$

（6）4 截面参数计算。根据选取的燃烧室总压恢复系数 σ_B，确定燃烧室出口截面的总压 p_{t4}：

$$p_{t4} = \sigma_B p_{t3} \tag{4.16}$$

由燃烧室能量平衡关系得

$$c_{pg}(W_{31}+W_{\mathrm{f}})T_{\mathrm{t4}}=c_{pg}W_{31}T_{\mathrm{t3}}+\eta_{\mathrm{b}}W_{\mathrm{f}}H_{\mathrm{u}} \tag{4.17}$$

式中，$W_{31}=W_3(1-v)$。

由此可计算得到油气比：

$$f=\frac{c_{pg}T_{\mathrm{t4}}-c_pT_{\mathrm{t3}}}{\eta_{\mathrm{b}}H_{\mathrm{u}}-c_{pg}T_{\mathrm{t4}}} \tag{4.18}$$

(7) 涡轮进口参数计算(4a 截面参数计算)。

冷却涡轮的空气从压气机后引出，如图 4.4 所示。冷却空气质量流量为 W_3v_1，这部分空气用来冷却涡轮导向器。热力计算时，假设冷却空气流量和主流在混合器中混合后进入涡轮转子做功，混合后的气流总温由能量平衡计算得到。

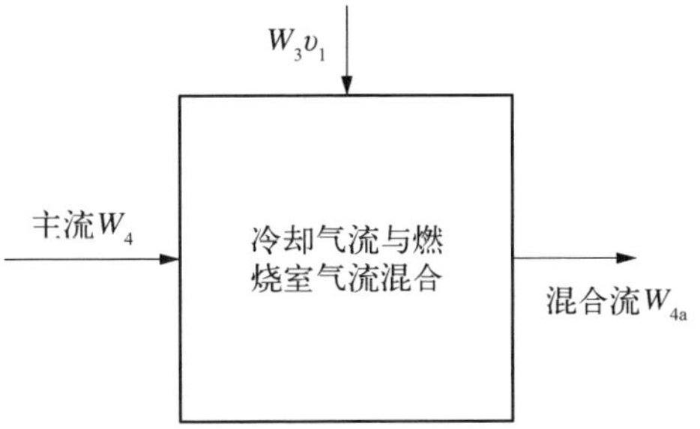

图 4.4　涡轮冷却掺混后的空气流量

混合前后的能量平衡关系为

$$c_{pg}W_{\mathrm{4a}}T_{\mathrm{t4a}}=c_pW_3v_1T_{\mathrm{t3}}+c_{pg}W_4T_{\mathrm{t4}} \tag{4.19}$$

因此：

$$T_{\mathrm{t4a}}/T_{\mathrm{t4}}=\frac{(1-v_2-v_1)(1+f)+c_pv_1T_{\mathrm{t3}}/(c_{pg}T_{\mathrm{t4}})}{(1-v_2-v_1)(1+f)+v_1} \tag{4.20}$$

由上式求计算得到涡轮导向器出口的气流总温 T_{t4a}。

涡轮导向器出口的气流总压：

$$p_{\mathrm{t4a}}=p_{\mathrm{t4}} \tag{4.21}$$

(8) 5 截面参数计算。根据涡轮导向器出口的气流总压，选取涡轮出口气体总压 p_{t5}，确认涡轮膨胀比 π_{T}：

$$\pi_{\mathrm{T}}=\frac{p_{\mathrm{t4a}}}{p_{\mathrm{t5}}} \tag{4.22}$$

流经涡轮的燃气流量 W_5：

$$W_5=W_3[(1-v_2)(1+f)+v_1] \tag{4.23}$$

涡轮膨胀功 L_{T}：

$$L_{\mathrm{T}}=W_5c_{pg}T_{\mathrm{t4a}}\left(1-\frac{1}{\pi_{\mathrm{T}}^{\frac{k_{\mathrm{g}}}{k_{\mathrm{g}}-1}}}\right)\eta_{\mathrm{T}} \tag{4.24}$$

排气温度 T_{t5}：

$$T_{t5} = T_{t4} - \frac{k_g - 1}{k_g R_g}\frac{L_T}{W_4} \tag{4.25}$$

式中，R_g 为燃气气体常数。

（9）由涡轮功、动力段压气机耗功及负载压气机耗功，可计算得到动力段的输出轴功率 P_{sh}：

$$P_{sh} = L_T - L_c - L_{Lc} \tag{4.26}$$

2. 从压气机后引气的单转子燃气发生器构型 APU

从压气机后引气的单转子燃气发生器构型 APU 组成示意图如图 4.5 所示。

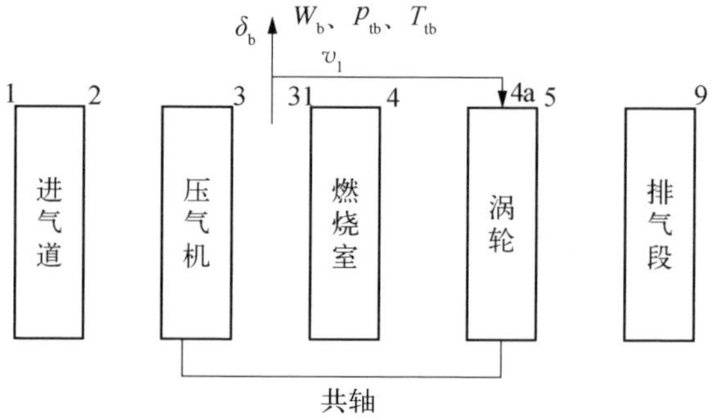

图 4.5　从压气机后引气的单转子燃气发生器构型 APU 示意图

已知参数：输出轴功率 P_{sh}、输出压缩空气流量 W_b、引气压力 p_{tb}、引气温度 T_{tb}。

选取参数：设计点各部件效率、压气机增压比 π_c、涡轮前燃气温度 T_{t4}。

外部条件：飞行高度 H 和飞行速度 V。

（1）1 截面参数计算。按给定的飞行高度 H 由标准大气表查出相应的大气压力 p_{s0} 和温度 T_{s0}，再由给定的飞行速度 V 确定飞行马赫数 Ma，计算方法同式(4.2)。

（2）2 截面参数计算。根据 Ma 和选取的 APU 进气道总压恢复系数 σ_d，确定 APU 动力段压气机进口截面参数，计算方法同式(4.3)和式(4.4)。

（3）3 截面参数计算。由选定的压气机增压比 π_c、绝热效率 η_c、压气机出口流量 W_3，确定压气机中的温升 ΔT_c、压气机消耗功 L_c、压气机出口截面的总压 p_{t3} 和温度 T_{t3}，计算方法同式(4.5)～式(4.8)。

（4）输出引气参数和 3 截面参数的关系。引气管路上压力损失为(引气蜗壳等)Δp_{tb}、温度损失为 ΔT_{tb}，选定的压气机设计点流量为 W_3，p_{tb}、T_{tb} 计算方法同式(4.13)和式(4.14)。W_b 按式(4.27)计算：

$$W_b = W_3\delta_b \tag{4.27}$$

式中，δ_b 为引气流量百分比。

(5) 4 截面参数计算。据选取的燃烧室总压恢复系数 σ_B，确定燃烧室出口截面总压 p_{t4}。p_{t4} 计算公式同式(4.16)。油气比计算公式同式(4.18)。

(6) 涡轮进口参数计算(4~4a 截面参数计算)。

可由燃气和冷却气的混合前后能量平衡关系得出：

$$T_{t4a}/T_{t4} = \frac{(1 - v_1 - \delta_b)(1 + f) + c_p v_1 T_{t3}/(c_{pg} T_{t4})}{(1 - v_1 - \delta_b)(1 + f) + v_1} \tag{4.28}$$

由上式计算得到涡轮导向器出口气流总温 T_{t4a}。涡轮导向器出口气流总压 p_{t4a} 计算公式同式(4.21)。

(7) 5 截面参数计算。根据掺混后的气流总压，选取涡轮出口总压 p_{t5}，确认涡轮膨胀比 π_T。π_T 计算公式同式(4.22)。

流经涡轮的燃气流量 W_4：

$$W_4 = W_3(1 - v_1 - \delta_b)(1 + f) = W_{31}(1 + f) \tag{4.29}$$

涡轮膨胀功 L_T 按式(4.24)计算。

排气温度 T_{t5} 按式(4.25)计算。

(8) 由 APU 涡轮功、压气机耗功，可计算得到 APU 输出轴功率 P_{sh}：

$$P_{sh} = L_T - L_c \tag{4.30}$$

4.2 流道尺寸确定和部件重量估算

4.2.1 流道尺寸确定

以 APU 常用的离心压气机和向心涡轮部件为例，介绍 APU 部件流道尺寸计算方法。

1. 离心压气机

1) 离心压气机速度三角形

离心压气机的初步设计方法与轴流压气机有很大不同，本节采用一维、平均流分析方法进行离心压气机初步设计。

图 4.6 为典型离心压气机结构示意图。图 4.7 给出了转子进口轮毂和叶尖部位的速度图，从轮毂到叶尖相对气流角有较大增加。图 4.8 给出了离心压气机叶轮出口速度图，包含了两种设计方案：直叶片和后弯叶片。在给定叶尖速度时，直叶片能够比后弯叶片获得更高的压比，但是会使扩压器进口马赫数更高，扩压器损失会相对增加。后弯叶片可以降低出口马赫数，但是在高转速离心压气机应用中也经常出现弯曲应力相关的问题。

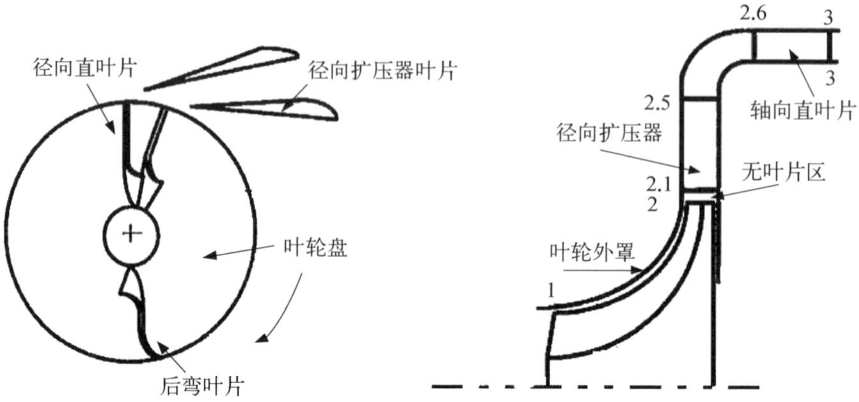

图 4.6　离心压气机结构

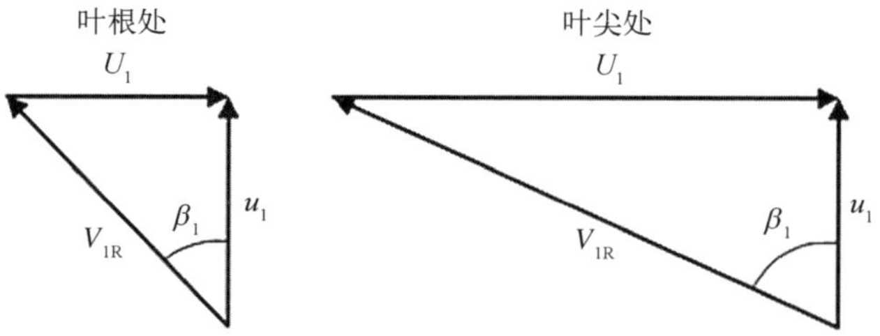

图 4.7　离心叶轮进口速度三角形

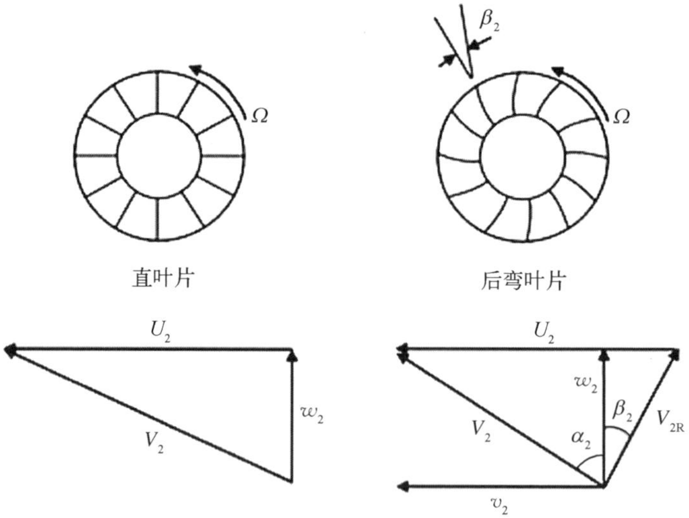

图 4.8　离心叶轮出口速度三角形

注：V_{1R} 为离心叶轮进口相对速度；u_1 为离心叶轮进口轴向速度；U_1 为离心叶轮进口圆周速度；β_1 为离心叶轮进口相对速度角；V_2、V_{2R} 分别为离心叶轮出口绝对速度和相对速度；W_2 为离心叶轮出口径向速度；U_2 为离心叶轮出口圆周速度；α_2、β_2 分别为离心叶轮出口绝对速度角和相对速度角

为了方便表示,图4.8中使用了两个参考坐标系:绝对坐标系,固定于发动机机匣;相对坐标系,固定于转子,下标“R”。离心压气机基元级截面进行如下划分:离心叶轮盘进口截面为1截面;离心叶轮盘出口为2截面;扩压器出口截面为3截面,其他截面划分如图4.6所示。

气流速度矢量用 V 表示;圆周方向速度矢量用 U 表示;气流速度在轴向方向投影值用 u 表示;流速度在圆周方向投影值用 v 表示;径向速度用 w 表示;绝对气流角用 α 表示;相对气流角用 β 表示。

2) 设计参数分析

通过以下简单假设可以减小设计过程的计算复杂度,同时保证足够的精度和满足细节设计要求,提高设计效率:

(1) 离心叶轮进口气流为轴向均匀的;

(2) 扩压器中的气体为绝热流动;

(3) 扩压器的宽度为恒定的;

(4) 理想气体性质参数 k 和 R 已知。

与轴流压气机设计一样,离心压气机也有许多设计参数,且具有其特有的形式。

使用理想气体欧拉方程建立的级功率与转速的关系式:

$$(T_{t3} - T_{t1}) = \frac{v_2 U_2}{c_p} \tag{4.31}$$

式中,v_2 和 U_2 分别为离心叶轮出口的切向速度和圆周速度。由于扩压器中为绝热流动($T_{t3}=T_{t2}$)并且假设为轴向进气,可重新整理为级总温比(τ_s)的形式:

$$\tau_s = \frac{T_{t3}}{T_{t1}} = \frac{T_{t2}}{T_{t1}} = 1 + (k-1)\frac{U_2^2}{a_{t1}^2}\left(1 - \frac{w_2}{U_2}\tan\beta_2\right) \tag{4.32}$$

式中,$a_{t1} = \sqrt{kRT_{t1}}$ 为离心叶轮进口总温对应的声速;β_2 为离心叶轮出口气流角;w_2 为离心叶轮出口径向速度。

级压比(π_s)表示形式如下:

$$\pi_s = \frac{p_{t3}}{p_{t1}} = \left[1 + \frac{T_{t3} - T_{t1}}{T_{t1}}\right]^{k\eta_{pc}/(k-1)} \tag{4.33}$$

式中,η_{pc} 为离心压气机多变效率。

滑移因子(ε)为离心叶轮出口处气流切向速度和轮盘圆周速度之比:

$$\varepsilon = \frac{v_2}{U_2} \tag{4.34}$$

滑移因子与轮盘叶片数目有关，随着叶片数目的增加，气流和转子的滑移将减小，滑移 ε 趋向于 1。但是增加叶片数目也会导致气流和离心叶轮叶片的摩擦损失增加。下式为滑移因子与叶片数目(n_b)以及叶片后弯角(β_{2b})之间的经验关系式：

$$\varepsilon = 1 - \left(\frac{\sqrt{\cos\beta_{2b}}}{n_b^{0.7}}\right) \tag{4.35}$$

滑移因子在概念设计阶段一般取值为 0.9，这样能保证较低的速度滑移和摩擦损失。

流量系数(Φ)是指离心叶轮出口气流径向速度 w_2 与离心叶轮出口轮缘速度 U_2 的比值：

$$\Phi = \frac{w_2}{U_2} \tag{4.36}$$

应用以上假设和合理给定部分设计参数值，就可以进行离心压气机概念设计，通过分析设计参数对离心压气机性能的影响，就可以深刻理解怎样选择设计参数以获得所要求的离心压气机性能水平。

3）轴旋转速度和离心叶轮进口几何尺寸

根据离心压气机设计压比 π_c，离心叶轮转子出口的圆周速度 U_2 由下式计算：

$$U_2 = \sqrt{\left(\frac{c_p T_{t1}}{\varepsilon}\right)\left(\pi_c^{\frac{k-1}{k\eta_{pc}}} - 1\right)} \tag{4.37}$$

式中，η_{pc} 为离心压气机多变效率。

图 4.9 给出了三种不同多变效率时叶尖转速与压比的关系。计算出来的叶尖转速 U_2 要小于应力限制时的最大叶尖转速。

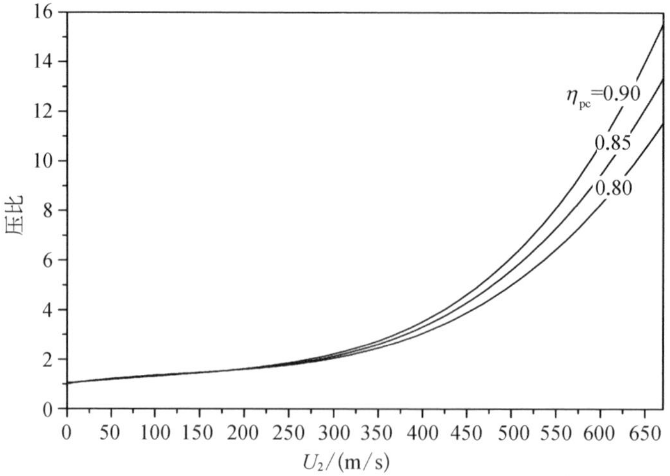

图 4.9　离心压气机压比与转子出口叶尖转速的关系

叶尖速度建立后，由气动设计的最大允许转速(n)就可以确定离心压气机进口尺寸。这里必须考虑与离心压气机共轴的高压涡轮的最大允许转速。

图 4.10 给出了海平面、标准大气条件下的趋势分析结果。通过趋势分析，可以综合获得较好的压气机设计应用参数。选择合适的 β_{1t}、Ma_1、ζ 值，对确定离心压气机的性能和部件尺寸有着非常重要的作用。如果最大允许转速(n)由燃气涡轮设计确定，β_{1t} 和 Ma_{1R} 的值就要在合适的限制范围内。

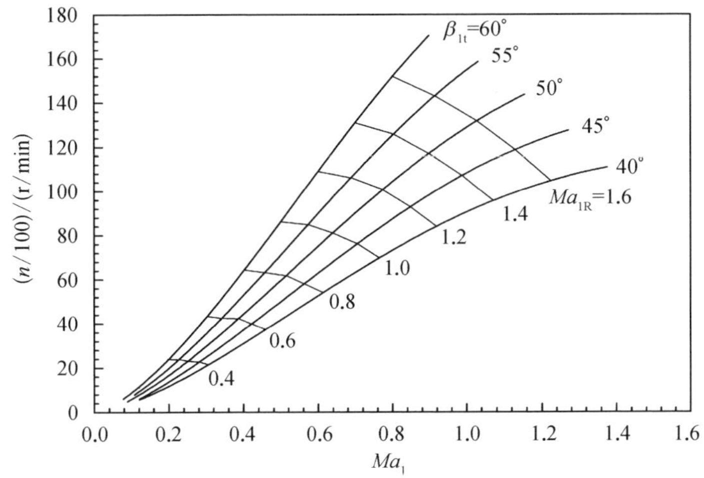

图 4.10　海平面、标准大气条件下的转子进口设计参数

4）离心叶轮出口轴向几何尺寸

离心叶轮出口的圆周速度 U_2 和轴旋转速度 ω 确定后，离心叶轮出口几何直径 D_2 由式(4.38)计算：

$$D_2 = \frac{2U_2}{\omega} \tag{4.38}$$

式中，$\omega = (\pi n)/30$ 为轴旋转角速度，单位为 rad/s。

离心叶轮叶片出口的轴向宽度(b_2)通过式(4.39)计算：

$$b_2 = D_2 \left\{ \frac{\left(\frac{k+1}{2}\right)^{\frac{1}{\gamma-1}} (1-\xi^2) \left(\frac{D_{1t}}{D_2}\right)^2}{4\left[1 + \left(\frac{1+\eta_{pc}}{2}\right)\left(\frac{k-1}{2}\right)\left(\frac{U_2}{\sqrt{RT_{t1}}}\right)^2 \varepsilon\right]^{1/(k-1)}} \right\} \tag{4.39}$$

离心叶轮的轴向长度(L)为离心叶轮进口和出口径向尺寸的函数，计算式如下：

$$L = k_L \times [R_2 - (R_{1t} + R_{1h})/2] \tag{4.40}$$

式中，R_2 为离心叶轮出口的半径；R_{1h}、R_{1t} 分别为离心叶轮进口轮毂和叶尖半径；k_L 为系数，取值范围 1.1～1.3。

5）扩压器几何尺寸

扩压器的作用是把从离心叶轮出来的气流动压转化为静压，同时降低气流速度和减小气流旋流角，为燃烧室提供一个良好的燃烧环境。

无叶片区是指离心叶轮出口到扩压器叶片前缘这段区域。在该区域，气流可以自由减速增压，降低气流进入扩压器叶片的马赫数。但是，如果该区域过长就会增加扩压器的尺寸和重量。

扩压器出口平均半径 R_{3m} 决定了扩压器的最大径向尺寸。该尺寸的选择是由扩压器效率与扩压器尺寸和重量综合考虑决定的。扩压器出口平均半径 R_{3m} 与离心叶轮出口半径 R_2 的关系式如下：

$$R_{3m} = k_R \times R_2 \tag{4.41}$$

式中，比例系数 k_R 取值范围 1.4～1.7。为了获得较高的扩压效率，该系数可尽量取较大值，但不能超过发动机径向限制值。

在概念设计阶段，扩压器出口叶片高度保持与离心叶轮出口叶片高度（b_2）一致，但必须校核扩压器出口马赫数是否满足燃烧室进口条件要求。

扩压器出口内径 R_{3in} 和外径 R_{3out} 尺寸由下式计算：

$$R_{3in} = R_{3m} - 0.5 \times b_2 \tag{4.42}$$

$$R_{3out} = R_{3m} + 0.5 \times b_2 \tag{4.43}$$

2. 向心涡轮

向心涡轮在小型航空发动机中经常用到，特别是涡轮进口燃气换算流量小于 0.05（kg/s）·（$\sqrt{K}$/kPa）的，如辅助动力装置。向心涡轮中的气流由径向方向进入，从轴向方向流出，其单级膨胀比可达到 8.0 左右，比单级轴流涡轮大很多。同样在涡轮进口燃气流量小于 0.05（kg/s）·（$\sqrt{K}$/kPa）时，向心涡轮部件效率比轴流涡轮效率高。

1）结构和速度三角形

图 4.11 给出了典型向心涡轮结构示意图。进口导流叶片的轴向宽度基本保持不变，但由于半径的减小，进口

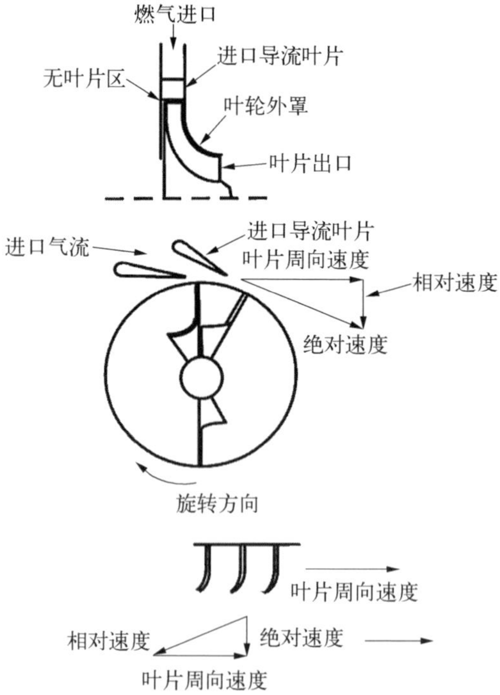

图 4.11　向心涡轮结构示意图和速度三角形

导流叶片的径向流通面积不断变小，燃气加速流过进口导流叶片。该过程没有做功和热量的传递，仅由摩擦和湍流造成小的压力损失。总温保持不变，静温和静压由于气流加速而减小。气流通过旋流速度的改变对转子叶片做功，导致气流的总温和总压降低。

图 4.12 给出了向心涡轮尺寸标注示意图。图中 H、R_{in_ngv}、R_{out_ngv} 分别表示进口导叶高度、进口半径、出口半径；R_{in}、R_{out_tip}、R_{out_hub} 分别表示向心涡轮转子的进口半径、出口叶尖半径、出口轮毂半径；L 表示向心涡轮转子轴向长度。

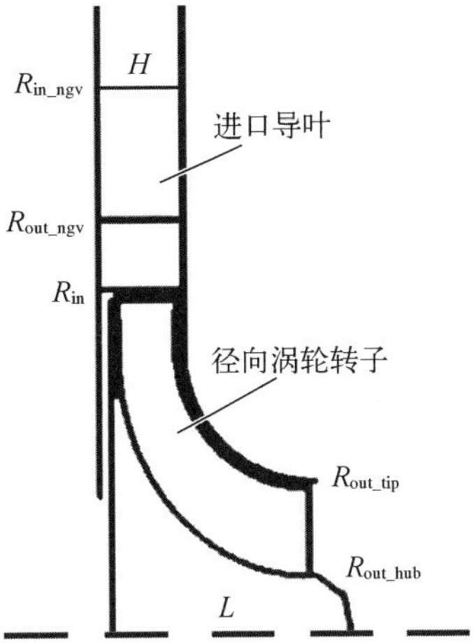

图 4.12　向心涡轮尺寸标注示意图

2）设计参数

a）效率

向心涡轮效率定义式与轴流涡轮效率定义式相同。在不同的导叶出口气流角情况下，向心涡轮的绝热效率与比速度的关系如图 4.13 所示。图中分别给出了总参数-总参数效率与比速度（实线）、总参数-静参数效率与比速度（虚线）的关系。总参数-静参数效率是考虑了动压头损失，使用出口静压进行效率计算的。虽然总参数-总参数效率更适合用于循环分析计算，但在出口高马赫数时，不可避免地会造成压力损失，所以总参数-静参数效率更适用于向心涡轮设计。

由图 4.13 可知，效率最佳时对应的比速度约为 0.6，而向心涡轮的质量流量和

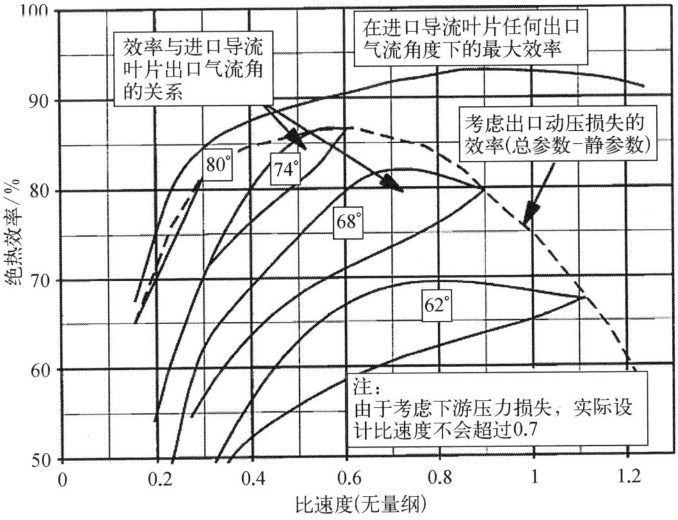

图 4.13　向心涡轮与比速度和进口导叶出口气流角的关系

62°、68°、74°、80°为进口导叶出口气流角度

膨胀比是给定的,这样就可以计算向心涡轮的体积流量和焓变量。在设计过程中,可以通过向心涡轮的转速的调整,改变比速度值,以获得较好的效率。

b) 比速度

比速度(NS)是一个无量纲参数,是反映向心涡轮效率的一个重要参数。其定义式如下:

$$NS = \frac{n \cdot 0.1047 \cdot (W_4 \cdot T_{t4} \cdot 10131.2/p_{t4})^{0.5}}{[c_{p45} \cdot 10.718 \cdot (T_{t4} - T_{t5})/\eta_4]^{0.75}} \tag{4.44}$$

式中,n 为向心涡轮转速,单位为 r/min;W_4、T_{t4}、p_{t4} 分别为向心涡轮进口截面的流量、总温、总压,对应的单位分别为 kg/s、K、kPa;T_{t5} 为向心涡轮出口截面总温,单位为 K;c_{p45} 为向心涡轮进出口平均温度比热容,单位为 J/kg;η_4 为向心涡轮效率。

c) 进出口马赫数

为了减小压力损失和确保气流沿进口导叶表面加速流过,向心涡轮进口马赫数(Ma_4)应该不大于 0.2,但还要与燃烧室出口气流马赫数相匹配。向心涡轮出口马赫数(Ma_5)一般在 0.3 左右,能够获得较好的性能。由于受结构尺寸以及强度等因素的限制,设计过程可能取更高的值,但最大值不超过 0.55,因为大于这个值就会造成出口气流很大的损失。

3) 向心涡轮尺寸计算

a) 转子进口叶尖速度和尺寸

转子进口叶尖速度(U)由涡轮进出口截面总温、总压和涡轮效率等参数决定,涡轮转子转速确定后,转子的进口半径(R_{in})通过下式计算:

$$R_{in} = \frac{U}{\omega} \tag{4.45}$$

式中,ω 为向心涡轮转子转速,单位为 rad/s。

b) 转子出口尺寸和长度

图 4.14 给出了向心涡轮最佳转子出口叶尖直径与转子进口直径比同无量纲比速度的关系图。转子出口叶尖半径(R_{out_tip}):

$$R_{out\_tip} = \left(\frac{R_{out\_tip}}{R_{in}}\right)_{opt} \cdot R_{in} \tag{4.46}$$

式中,$(R_{out\_tip}/R_{in})_{opt}$ 为比速度的函数式。

当给定转子出口截面处的总温 T_{t5}、总压 p_{t5}、马赫数 Ma_5、质量流量 W_5 以及出口气流角 α_5,可以计算出 5 截面的面积 A_5,然后计算转子出口轮毂半径(R_{out_hub}):

$$R_{out\_hub} = \sqrt{R_{out\_tip}^2 - \frac{A_5}{\pi}} \tag{4.47}$$

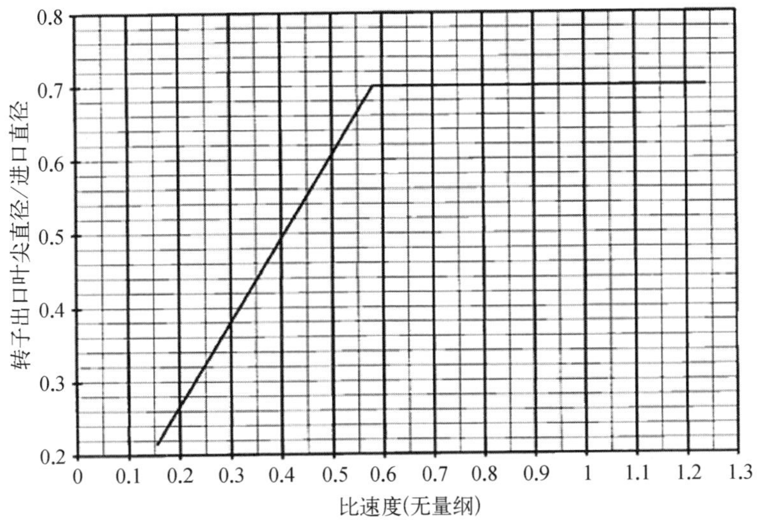

图 4.14　转子出口叶尖直径与进口直径比同比速度关系

计算转子出口轮毂半径(R_{out_hub})后,对转子出口轮毂比(R_{out_hub}/R_{out_tip})进行计算,转子出口轮毂比应该大于 0.4,以减小叶尖间隙对性能的影响。若转子出口轮毂比不满足要求,可以调整转子出口马赫数(Ma_5),重新进行计算,直到满足要求。

转子轴向长度(L)由下式计算:

$$L = \mathrm{LP} \cdot [R_{in} - (R_{out\_tip} + R_{out\_hub})/2] \tag{4.48}$$

式中,LP 为比例系数,向心涡轮转子设计中其取值范围 1.0~1.3,在初始计算中可取值 1.2。

c) 进口导流叶片尺寸

图 4.15 给出了向心涡轮最佳进口导叶高度(H)与转子进口直径比同比速度的关系。根据设计的比速度,进口导流叶片高度由图中关系曲线确定。但考虑到摩擦损失的影响,进口导叶高度与转子进口直径比值应该不小于 0.04。

进口导流叶片出口至转子进口为无叶片区,进口导流叶片出口半径(R_{out_ngv})与转子进口半径(R_{in})比值约 1.1,即

$$R_{out\_ngv} = 1.1 \cdot R_{in} \tag{4.49}$$

进口导流叶片进口与出口半径比值一般为 1.35~1.45,初步计算时可取值 1.4,即

$$R_{in\_ngv} = 1.4 \cdot R_{out\_ngv} \tag{4.50}$$

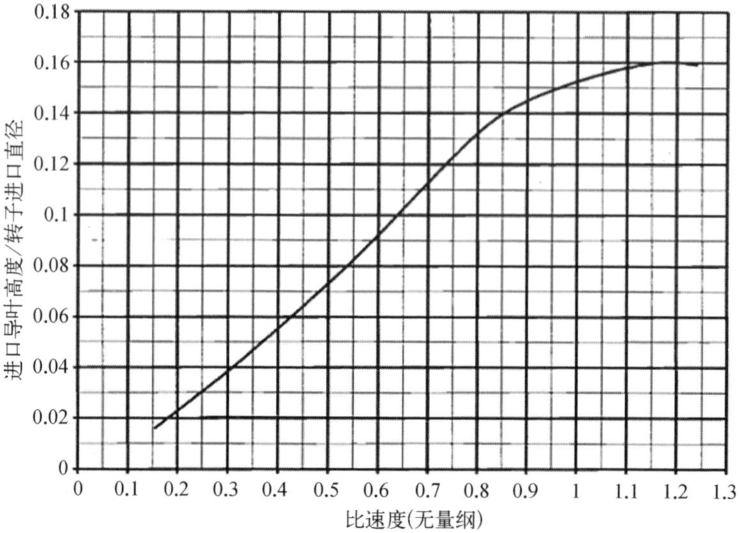

图 4.15　进口导叶高度与转子进口直径比同比速度关系

4.2.2　部件重量估算

以离心压气机和向心涡轮为例，介绍 APU 部件重量估算方法。

1. 离心压气机

图 4.16 给出了离心压气机的构造简图。

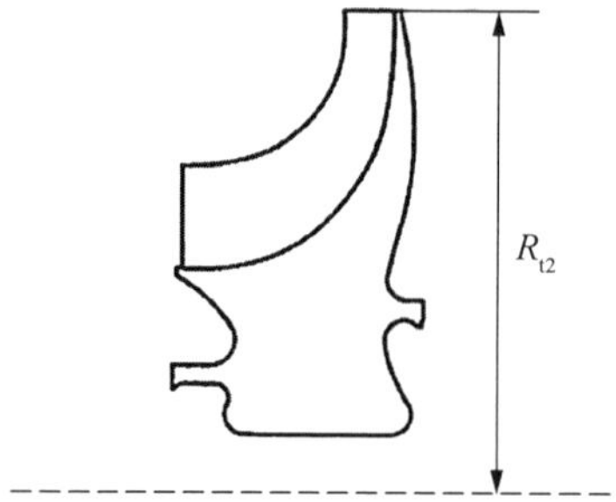

图 4.16　离心压气机简图

离心压气机重量包括离心叶轮、扩压器以及离心压气机机匣重量，采用统计数据和经验公式计算离心压气机重量。钛合金离心压气机重量的估算曲线估算图 4.17 所示，离心叶轮重量估

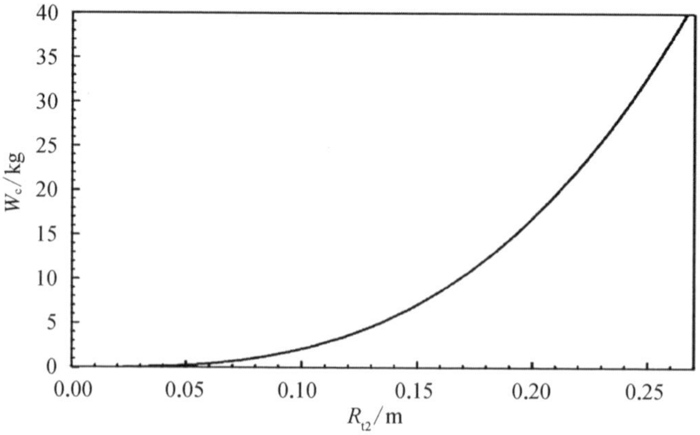

图 4.17　钛合金离心压气机重量

算模型如下：

$$W_c = 2\ 113 \frac{\rho}{\rho_{Ti}} R_{t2}^3 \tag{4.51}$$

式中，R_{t2} 为离心叶轮出口半径，单位为 m；W_c 为离心压气机总重量，单位为 kg；ρ 为轮盘材料密度；ρ_{Ti} 为钛合金密度。

叶轮罩重量估算模型如下：

$$W_Z = \rho_Z S_Z t_Z \tag{4.52}$$

式中，S_Z 为叶轮罩内表面积；t_Z 为叶轮罩厚度；ρ_Z 为叶轮罩材料密度。

扩压器重量可简化为按径向扩压段和轴向导气段两部分计算，其中径向扩压段重量为

$$W_{RK} = 2\pi\rho_K (R_K^2 - R_{TE}^2) t_K \tag{4.53}$$

式中，ρ_K 为径向扩压段材料密度；R_K 为扩压器外径；R_{TE} 为扩压器内径；t_K 为径向扩压段厚度。

轴向扩压段重量为

$$W_{AK} = 2\pi\rho_K R_K L_K t_K \tag{4.54}$$

式中，ρ_K 为轴向扩压段材料密度；R_K 为扩压器外径；L_K 为轴向扩压器长度；t_K 为径向扩压段厚度。

包含扩压器的离心压气机单级重量如下式所示：

$$W_{CC} = W_C + W_Z + W_{AK} + W_{RK} \tag{4.55}$$

2. 向心涡轮

向心涡轮重量包括向心涡轮盘、叶轮外罩的重量，根据向心涡轮盘的重量与向心涡轮轮盘进口半径尺寸的关系曲线计算向心涡轮盘重量，如图 4.18 所示。向心涡轮盘重量估算模型如下：

$$W_{TD} = 5\ 536\rho R_{t2}^3 \tag{4.56}$$

向心涡轮叶轮外罩重量计算模型如下：

$$W_{shroud} = 0.\ 175\ 5\rho\left(\frac{R_{out\_hub} + R_{in}}{2}\right)^3 \tag{4.57}$$

向心涡轮总重量计算模型为

$$W_T = W_{TD} + W_{shroud} \tag{4.58}$$

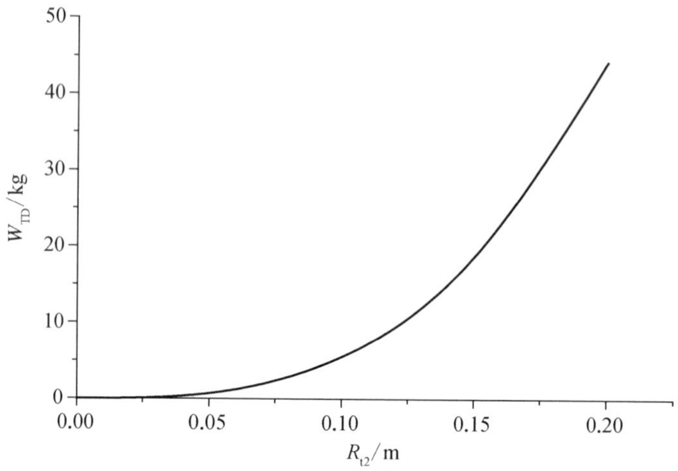

图 4.18　向心涡轮轮盘重量

4.3　非设计点性能分析

4.3.1　通用非设计点特性

APU 特性是以换算参数表现的，确定一组换算参数就可以确定其他参数，随着功率的变化，换算参数组沿着唯一的一条工作线或者一组工作线移动，且不随大气环境变化。对于某个非设计状态，性能参数则可以根据实际的进口压力和温度来计算。

4.3.2　非设计点性能计算方法

APU 部件几何尺寸一旦确定，其特性图也唯一确定。对于给定工况和 APU 工作状态，由于各个部件之间相互关联与匹配，因此各个部件的工作点是唯一的。

通过数值模拟可以确定每一个部件的工作点，通常称匹配过程。匹配过程具有迭代性质，需要对各个部件的工作点进行假设，然后通过迭代，不断地更新假设值，直到满足匹配要求为流量平衡和功率平衡，同时也获得功率、耗油率和各个截面总温总压等参数。

非设计状态的匹配计算采用程序完成，各截面的气动热力参数均基于上游部件的计算结果。迭代求解方法通常采用矩阵算法，自变量个数与匹配约束个数必须相等才能使得迭代矩阵为方阵(具体的因变量与残差选择如表 4.1 所示)，方阵采用偏微分数值方法求解获得，计算流程图如图 4.19 所示，具体的计算方法如下：

(1) 猜测一组自变量的初值 X；

(2) 依次进行各个部件计算，并获得所选择残差的计算值 E；

表 4.1　APU 非设计点计算变量与残差的选择

部　件	已知条件	自变量 X_i	残差(平衡条件) E_i
辅助动力装置	Ma、T_{s0}、p_{s0}		
进气道			
压气机	n	Z_C 或者 β_C	
负载压气机	n	Z_{LC} 或者 β_{LC}	
燃烧室		T_{t4}	
涡轮		Z_T	$E_1 = \frac{\psi_T - \psi_{T,\ map}}{\psi_T}$, $E_2 = \frac{\Delta H_C + \Delta H_{LC} + P_{sh} - \Delta H_T}{\Delta H_T}$
尾喷管			$E_3 = \frac{p_{t9} - p_{9,\ p}}{p_{t9}}$

注：$\psi = W_4\sqrt{T_{t4}}/p_{t4}$ 为涡轮进口流函数；Z_C、β_C 为在压气机换算转速线上的工作点位置；Z_T 为在涡轮折合转速线上的工作点位置；$p_{9,\ p}$ 为由尾喷管出口面积 A_9、出口静压 $p_{s9} = p_{s0}$ 和流量平衡计算出的总压；P_{sh} 为需求功率。

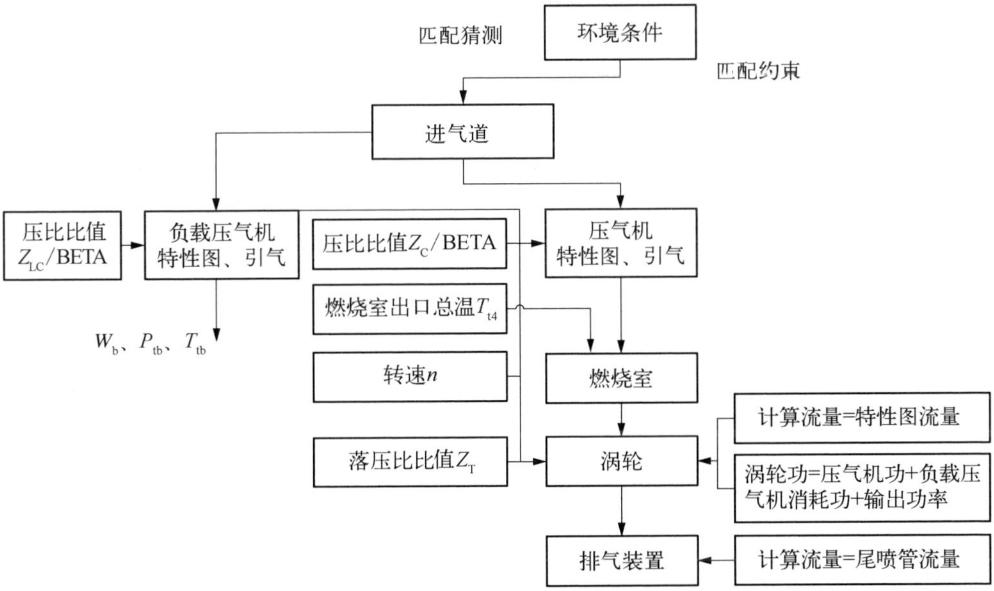

图 4.19　方程模式迭代匹配模型

(3) 微扰动各自变量,重复步骤(2),获得每个约束残差的调整量对自变量扰动的偏导数,最终组合得到一个偏导数矩阵 A;

(4) 采用标准的数值方法计算自变量的修正量 $A^{-1}E$,获得新的自变量 $X + A^{-1}E$,重复步骤(2)~(4),直到残差 E 中的每个元素均在容许残差带内,如 −0.01%~0.01%。

单转子燃气发生器、带负载压气机构型 APU 非设计点计算过程如图 4.19 所示。从压气机后引气的单转子燃气发生器构型 APU 非设计点计算过程可参考负载压气机构型 APU 的计算过程。

4.4 气动稳定性设计

APU 在使用过程中常遇到的问题之一是其压缩系统(主要为压气机)的气动不稳定工作。进气道出口流场的不均匀(总压畸变、总温畸变等)及总温的突升等会使 APU 压缩系统的稳定裕度显著降低。压缩系统的气动不稳定可造成 APU 失控、功率下降、进气道和本体机械的损坏、超温停车等问题,严重制约使用和飞行安全。

APU 的气动稳定性设计与发动机一样,因此下面借用发动机的气动稳定性设计理论,并针对 APU 的特点进行描述。

4.4.1 压缩系统的不稳定工作状态

压气机的不稳定工作状态通常有两种形式:旋转失速和喘振。

1. 旋转失速

压气机在台架上试验时,若进/出口没有稳压装置(体积较大的稳压容器),则不稳定工作状态呈现为旋转失速,如图 4.20(a)所示。在 A 点开始发生气流分离,压气机流量和出口压力迅速下降,而进口压力稍有增加,这是压缩过的气流通过分离区向压气机进口流动的结果。旋转失速形成后,各参数表现为幅值较低而频率较高的振荡。

2. 喘振

压气机在台架上试验时,若出口没有稳压装置,压气机的不稳定工作呈现喘振形式,压气机气流的压力和流量呈现低频大幅度的轴向振荡,如图 4.20(b)所示。

在 APU 整机中,压气机前面连接有进气道,后面有燃烧室、外涵道,这些部件容积并不太大,且对于不同型号其容积不尽相同,可能出现不同形式的不稳定工作。

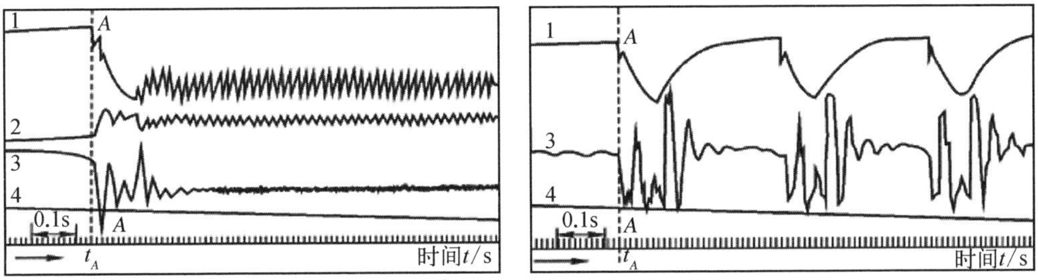

(a) 旋转失速　　　　(b) 喘振

图 4.20　压气机旋转失速时参数记录示意图

1. 压气机出口压力;2. 压气机进口压力;3. 空气质量流量;4. 节气门面积

4.4.2　稳定性裕度

在均匀进气条件下,压气机气动稳定边界上的参数与工作线上相应参数的相对差值称为可用稳定性裕度(图 4.21)。参数一般用增压比或增压比与换算空气质量流量的比值,参数一般取在等换算转速线上,有时也可取在等换算空气质量流量线上。其定义式如下:

$$\mathrm{SM}=\left(\frac{\pi_{\mathrm{c,s}}-\pi_{\mathrm{c,o}}}{\pi_{\mathrm{c,s}}}\right)_{W_{\mathrm{cor}}=\mathrm{const}} \tag{4.59a}$$

$$\mathrm{SM}=\left(\frac{\pi_{\mathrm{c,s}}-\pi_{\mathrm{c,o}}}{\pi_{\mathrm{c,s}}}\right)_{n_{\mathrm{cor}}=\mathrm{const}} \tag{4.59b}$$

$$\mathrm{SM}=\frac{\pi_{\mathrm{c,s}}/W_{\mathrm{cor,s}}-\pi_{\mathrm{c,o}}/W_{\mathrm{cor,o}}}{\pi_{\mathrm{c,s}}/W_{\mathrm{cor,o}}} \tag{4.59c}$$

式中,π 的下标中,s 为喘振边界上的值;o 为工作线上的值。

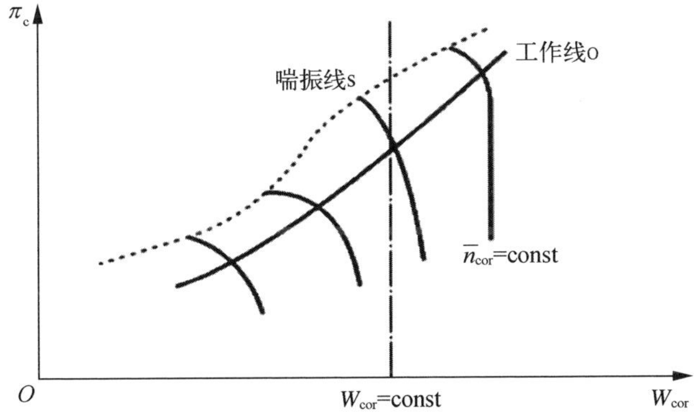

图 4.21　稳定裕度定义

采用式(4.59c)定义的可用稳定裕度,通常要求设计点的裕度为15%~25%。其中,APU通常大于20%。这是因为APU往往采用等物理转速控制规律,当大气温度一定时,压气机的工作点随状态的变化是沿着等转速线左右移动。同时由于采用等物理转速控制,当大气温度很低时,换算转速很高,本身的喘振裕度就会相对减小。

对于带有负载压气机的APU而言,负载压气机的设计中往往还要强调流量裕度,即堵点流量减去喘点流量后与堵点流量的比值,实际上就是要求压气机的特性比较平坦,如图4.22所示,避免因为用户用气量的大幅度变化导致压气机进入喘振边界。

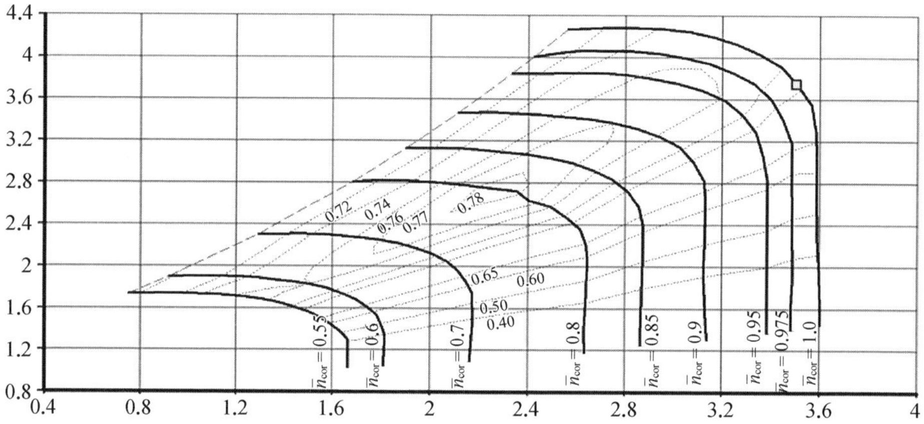

图4.22　负载压气机特性

APU在使用过程中,某些因素使压气机喘振边界下移或工作线上移,或两者同时都有。喘振边界下移,会引起稳定裕度损失,如图4.23所示。

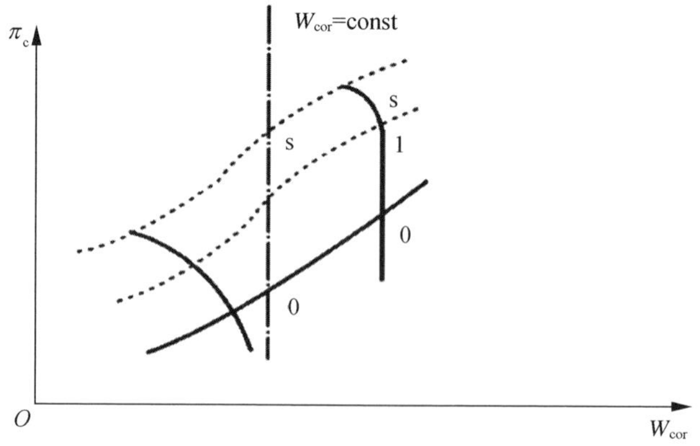

图4.23　稳定边界下移引起的稳定裕度损失

稳定性压力比损失：

$$\Delta PRS=\frac{\pi_{c,s}-\pi_{c,1}}{\pi_{c,s}} \tag{4.60a}$$

或

$$\Delta PRS=\frac{\pi_{c,s}/W_{cor,s}-\pi_{c,1}/W_{cor,1}}{\pi_{c,s}/W_{cor,s}} \tag{4.60b}$$

稳定裕度损失与稳定性压力比损失的关系为

$$\Delta SM=\Delta PRS(1+SM) \tag{4.61}$$

使压气机稳定裕度减小的因素称为降稳因子,降稳因子包括下述因素。

(1) 过渡工作状态。APU 过渡工作状态使工作线上移,使稳定裕度减小,如图 4.24 所示。

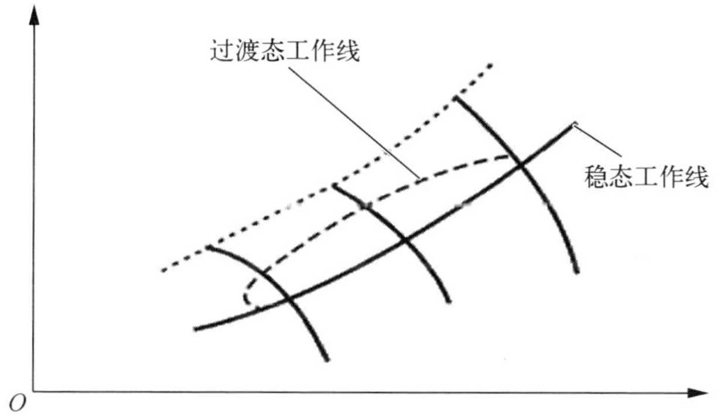

图 4.24　APU 过渡状态对稳定性的影响

(2) 制造公差。压气机转子叶片和导向叶片的表面质量、间隙、级间漏气等因素会引起喘振边界变化;尾喷管、涡轮导向器的面积公差、涡轮转子叶尖间隙因素等影响工作线的变化,特别是涡轮叶尖间隙对压气机工作线影响较大。

(3) 叶片损坏。工作叶片表面的砂石侵蚀、大气灰尘的沉积、轮毂间隙的磨损及转子尖部间隙在加速和减速过程中的摩擦,都会引起喘振边界变化。

(4) 控制允差。进口导流叶片和静子叶片的调节、燃油控制、防喘活门的控制等,均影响工作点或喘振边界线。

(5) 功率提取。

(6) 抽气。

(7) 雷诺数影响。

(8) 进气畸变影响。

4.4.3 进气总压畸变对稳定性的影响

根据是否与时间相关,进气总压畸变可分为稳态总压畸变和动态总压畸变,其中稳态总压畸变又可分为周向稳态总压畸变与径向稳态总压畸变。

1. 周向稳态总压畸变

如果进气道出口气流沿圆周方向的总压不均匀性与时间无关,则称之为周向稳态总压畸变。

1）周向稳态总压畸变影响 APU 压缩系统稳定性的原因

周向稳态总压畸变影响 APU 稳定性的原因可以采用平行压气机理论解释。假定有 180°的周向总压畸变,平行压气机理论的要点(图 4.25)是:

（1）将整个压气机沿周向分成工作于高压区和低压区的两个子压气机,子压气机具有与原压气机相同的特性曲线;

（2）子压气机各自独立工作,互不干涉;

（3）子压气机出口有相同静压;

（4）当一个子压气机喘振时即认为整个压气机喘振。

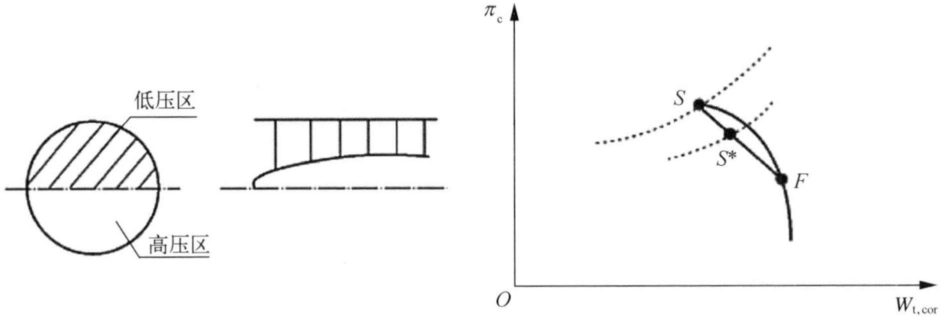

图 4.25 周向总压畸变的平行压气机模型

由于两个子压气机有相同的换算转速且出口静压相同,所以高压区的子压气机的工作点 F 位于等换算转速线的下方,而低压区的子压气机工作点位于等换算转速线上方。当低压区的子压气机上作点进入喘振边界 S 点时,整个压气机喘振。因此,这时整个压气机的喘振点是两个压气机工作点的平均点 S^*。这就是说,总压畸变使压气机的喘振边界下移,稳定裕度减小。其物理意义是,当进气均匀时,压气机进口第一级的每一个叶片的轴向速度是相同的,又因为切向速度相同,所以速度矢量三角形一样。如果进气总压不均匀,则低压区轴向速度小,攻角大。而低压区总压小到一定程度就会引起压气机不稳定。

APU 在飞机上使用时,进气道出口总压畸变可能导致 APU 压缩系统的不稳定工作。所以在研制中,必须给予压缩系统的稳定性以足够的重视,从理论和试验两个方面研究发动机对进气畸变的响应。

2）周向稳态总压畸变试验

进气周向稳态总压畸变试验是研究发动机压气机对进气畸变响应的主要手段，其目的在于定量地建立进气畸变与压气机稳定裕度损失的关系。

a）试验设备。

试验设备如图 4.26 所示。通过进气稳态周向畸变发生器，例如畸变网，产生压气机进口的畸变流场；测耙一般为"米"字形，每个半径上设 5 个探针，每个探针位于等环面积的中心来测取总压；测耙的轴向位置即测量平面，称为气动交界面。实际上气动交界面应尽量靠近发动机进口平面，在此平面上的空气流量全部进入发动机。测耙的设计不应影响到发动机的性能和稳定性。

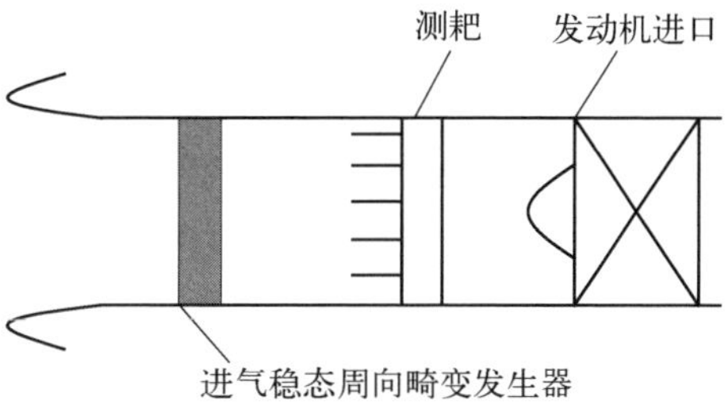

图 4.26　进气畸变试验示意图

b）畸变定量描述。

进气总压畸变有不同的描述方法，其中一种方法是用 3 个畸变元素来描述稳态周向畸变。

对于如图 4.26 所示的进气畸变试验，假定 5 个环面的任意一个环，测得总压的周向分布如图 4.27 所示，则定量描述畸变的畸变元素如下。

（1）周向畸变强度：

$$\left(\frac{\Delta PC}{p}\right)_i = \frac{(p_{AV})_i - (p_{AV,\,LOW})_i}{(p_{AV})_i} \tag{4.62}$$

式中，环面平均总压如下式定义：

$$(p_{AV})_i = \frac{1}{2}\int_0^{2\pi} p(\theta)_i \mathrm{d}\theta \tag{4.63}$$

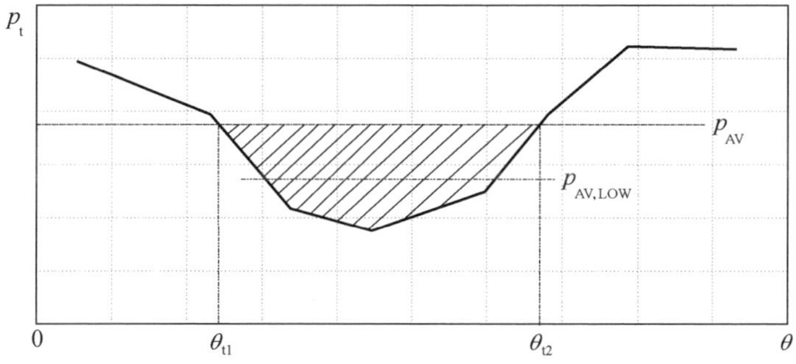

图 4.27　测量环面上的周向总压分布示意图

低压区平均总压如下式定义：

$$(p_{\mathrm{AV,\,LOW}})_i = \frac{1}{\theta_i^-}\int_{\theta_i^-} p(\theta)_i \mathrm{d}\theta \tag{4.64}$$

（2）畸变范围：

$$(\theta^-)_i = \theta_{2i} - \theta_{1i} \tag{4.65}$$

（3）低压区个数因子：

$$(\mathrm{MPR})_i = \frac{\sum_{k=1}^{Q}\left[\left(\frac{\Delta \mathrm{PC}}{p}\right)_{ik}\bar{\theta}_{ik}\right]}{\left[\left(\frac{\Delta \mathrm{PC}}{p}\right)_{ik}\bar{\theta}_{ik}\right]_{\max}} \tag{4.66}$$

式中，Q 为低压区的个数。

当低压区个数因子不低于 2 时，如果畸变范围小于 25°，则略去该低压区。

对于每周 1 个低压区的畸变为：$(\mathrm{MPR})_i = 1$，常见的是每周 1 个低压区的畸变。

c）总压畸变敏感系数。

用试验方法确定压缩部件喘振压力比损失与总压畸变元素之间的定量关系。其方法如下：

首先选一个参考畸变型，大多数情况下选择 1 个低压区范围等于 180°的畸变网所产生的畸变，作为参考畸变型。

（1）APU 在某个换算转速状态（$n_{\mathrm{cor}}=$ const）进行台架试验；

（2）由测得的每个环的总压周向分布，计算相应的畸变强度（$\Delta \mathrm{PC}/p$）$_i$，$i=1$，2，3，4，5；

（3）对压缩部件出口进行节流，即增加其出口压力使工作点上移，直到出现气动不稳定状态。进口畸变时的喘振点总是低于均匀进气时的喘振点，如图 4.28 所示。由此可计算得到喘振压力比损失为 $\Delta \mathrm{PRS} = \frac{\pi_s - \pi_{s.1}}{\pi_0}$，式中，$\pi_s$、$\pi_{s.1}$、$\pi_0$ 分别为均匀进气、畸变进气和原工作点的压力比。

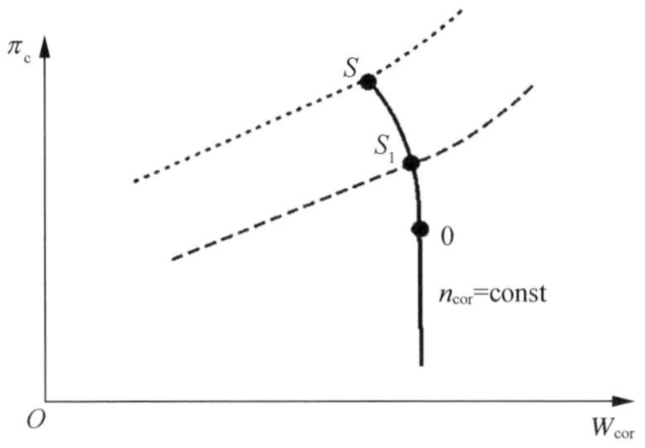

图 4.28 进气畸变条件下的喘振点 S_1

由喘振压力比损失和畸变强度计算得到每周 1 个低压区（180°范围）的总压敏感系数：

$$(\mathrm{KP})_{c,\ 180^\circ} = \frac{\Delta\mathrm{PRS}}{(\Delta\mathrm{PC}/p)_{\max}} \tag{4.67}$$

式中，$(\Delta\mathrm{PC}/p)_{\max}$ 为两个相邻环的平均畸变强度中的最大者，即

$$\left(\frac{\Delta\mathrm{PC}}{p}\right)_{\max} = \left\{\frac{1}{2}\sum_{i=1}^{N-1}\left[\left(\frac{\Delta\mathrm{PC}}{p}\right)_i + \left(\frac{\Delta\mathrm{PC}}{p}\right)_{i+1}\right]\right\}_{\max} \quad i = 1,2,3,4 \tag{4.68}$$

试验结果表明，喘振压力比损失与畸变强度基本上呈线性关系。

d）畸变范围影响系数。

采用每周 1 个低压区但畸变范围 $\theta \neq 180^\circ$ 的畸变网进行试验，确定畸变范围影响系数。

畸变范围影响系数：

$$\mathrm{EXP}(\bar{\theta}) = \frac{\Delta\mathrm{PRS}(\bar{\theta})}{\Delta\mathrm{PRS}(180^\circ)} \tag{4.69}$$

式中，$\Delta\mathrm{PRS}(\bar{\theta})$ 为畸变范围为 $\bar{\theta}$ 的喘振压力比损失；$\Delta\mathrm{PRS}(180^\circ)$ 为畸变范围为 180°的喘振压力比损失。

e）低压区个数影响系数。

若每周 1 个低压区，则低压区个数影响系数等于 1。多于 1 个低压区时，低压区个数影响系数由畸变网试验确定，即

$$f(\mathrm{MPR}_p) = \frac{\Delta\mathrm{PRS}(\bar{\theta},\ \mathrm{MPR})}{\Delta\mathrm{PRS}(\bar{\theta})} \tag{4.70}$$

式中，$\Delta\mathrm{PRS}(\bar{\theta})$ 为每周 1 个低压区、畸变范围为 $\bar{\theta}$ 的稳定压力比损失；$\Delta\mathrm{PRS}(\bar{\theta},\ \mathrm{MPR})$ 为每周多个低压区、畸变范围为 $\bar{\theta}$ 的稳定压力比损失。

如果每周有两个 90°范围的畸变，则需要能生成这种畸变特性的畸变网试验，以获得对应的畸变范围的稳定压力比损失。然后与每周有 1 个 90°范围的畸变的稳定压力比损失相比，即得到低压区个数因子敏感性 $f(\mathrm{MPR}_p)$。

最后，可计算得到稳定压力比损失与压力畸变的关系式：

$$\Delta\mathrm{PRS} = f(\mathrm{MPR}_p)\,\mathrm{EXP}(\bar{\theta})\left(\frac{\Delta\mathrm{PC}}{p}\right)_{\max} \tag{4.71}$$

2. 径向稳态总压畸变

进气径向稳态总压畸变定量的描述通常采用径向畸变强度、径向畸变敏感系数来表征，其表达式如下。

径向畸变强度：

$$\left(\frac{\Delta \mathrm{PR}}{p}\right)_i = \frac{(p_{\mathrm{E,\,AV}}) - (p_{\mathrm{av}})_i}{(p_{\mathrm{F,\,AV}})} \tag{4.72}$$

式中,面平均总压 $p_{\mathrm{F,\,AV}} = \left[\sum_{i=1}^{N}(p_{\mathrm{AV}})_i\right]/N$;$(p_{\mathrm{AV}})_i$ 为环平均总压;N 为测量环面个数。

径向畸变敏感系数:

$$(\mathrm{KP})_{\mathrm{r}} = \frac{\Delta \mathrm{PRS}}{(\Delta \mathrm{PR}/p)_{\max}} \tag{4.73}$$

式中,$(\Delta \mathrm{PR}/p)_{\max}$ 为 N 个环中、径向畸变最大者,一般为第 1 环(轮毂)或第 5 环(叶尖)。

3. 稳定性压力比损失与周向和径向压力畸变的关系

由于发动机进口周向和径向总压畸变所引起的稳定压力比损失,可写成如下形式:

$$\Delta \mathrm{PRS} = \mathrm{BP} \cdot f(\mathrm{MPR}_p)\mathrm{EXP}(\mathrm{KP})_{\mathrm{c}}\left[\frac{\Delta \mathrm{PC}}{p}\right]_{\max} + (\mathrm{KP})_{\mathrm{c}}\left[\frac{\Delta \mathrm{PR}}{p}\right]_{\max} \tag{4.74}$$

式中,BP 为叠加因子,用畸变元素确定稳定压力比损失时,认为周向畸变与径向畸变是独立的,但实际上是不独立的,用叠加因子考虑它们的耦合效应。叠加因子的大小由试验确定,一般说它是$(\Delta \mathrm{PR}/p)_{\max}/(\Delta \mathrm{PC}/p)_{\max}$ 和换算转速的函数。

4. 总压畸变的传递和总温畸变生成系数

按照平行压气机理论,低压区子压气机的加功量较大,增压比较高,当总压畸变通过压缩部件时,一般说总压畸变是衰减的。低压区子压气机增压比较高,其出口总温较高,单纯的总压畸变通过压缩部件时将产生总温畸变。

对于单转子燃气发生器形式 APU,假定动力段压气机进口单纯是总压畸变,要预测其出口参数,必须考虑压气机的总压传递系数和总温生成系数。

总压传递系数:

$$\mathrm{DPC} = \frac{(\Delta \mathrm{PC}/p)_{\mathrm{out}}}{(\Delta \mathrm{PC}/p)_{\mathrm{in}}} \tag{4.75}$$

总温生成系数:

$$\mathrm{DTC} = \frac{(\Delta \mathrm{TC}/T)_{\mathrm{out}}}{(\Delta \mathrm{TC}/T)_{\mathrm{in}}} \tag{4.76}$$

式中,下标 in 和 out 分别代表压气机进口和出口。径向畸变的总压传递系数和总温生成系数,通常不需要考虑。

5. 动态总压畸变

如果进气道出口气流沿圆周方向的总压不均匀性随时间变化，称为周向动态总压畸变。20 世纪 60 年代早期，在发动机/进气道的试验中，发现随时间变化的总压畸变对发动机压缩系统的旋转失速有很大影响。美国国家航空和航天局（National Aeronautics and Space Administration, NASA）在 3 m×3 m 风洞中采用 J85 发动机试验时发现存在总压脉动频率临界值，当高于该值时，发动机对动态总压畸变不敏感，当低于该值时，总压动态畸变表现为稳态畸变。

通过动态压力畸变资料的研究表明：

（1）进气道的总压畸变必须持续足够长的时间发动机才能响应，时间持续足够长的最大总压畸变称为最大瞬时畸变，最大瞬时畸变对发动机压缩系统稳定性的影响，如同稳态总压畸变的影响一样；

（2）在分析进气道/发动机试验引起失速的畸变型时，必须考虑畸变传递到首发级的时间和失速发展起到喘振的时间，否则不能找到真正引起喘振的那个畸变型；

（3）发动机压缩系统的各个部件都影响发动机对总压畸变的容限；

（4）进气道的动态总压畸变，关键是寻找最大瞬时畸变。

寻找最大瞬时畸变有很多方法，下文仅对其中最可靠的确定性方法的简化方法为动态总压合成方法加以介绍。这种方法的基本假设是：动态总压在统计学的意义上是随机的、平稳的和正态分布的。这样，就可以利用气动交界面上的若干个点（比如 48 个）的稳态总压测量值、脉动总压的均方根值和随机数发生器来合成动态总压。

对于气动交界面上的 48 个点的每一个点，其动态总压由下式合成：

$$(p_t)_i = (p_{t,s})_i + (\Delta p_{t,rms})_i(\mathrm{RN})_i \tag{4.77}$$

式中，$(p_t)_i$ 为 48 个测点中任一个点的动态总压；$(p_{t,s})_i$ 为任一个点的稳态总压；$(\Delta p_{t,rms})_i$ 为任一个点的脉动总压的均方根值；$(\mathrm{RN})_i$ 为任一个点的随机数发生器产生的随机数。

对上述合成方法作如下几点说明：

（1）不直接测量动态总压，只测量脉动总压的均方根值；

（2）动态总压由式（4.77）合成，并获得每一个测量点的总压时间历程；

（3）由合成的动态总压，像确定性方法一样寻求最大瞬时畸变和图谱；

（4）测量的脉动总压均方根值 rms 与频率有关，在多大的频率下，确定 rms 应根据发动机对动态总压畸变的敏感性而定；

（5）关于总压的正态分布的假定，可能是引起这种方法预测误差的重要原因。要改进这种方法的准确性，须对合成的动态总压进行修正。

4.4.4 进气总温畸变对稳定性的影响

进气总温畸变,如总压畸变一样,概念上可分为稳态畸变和动态畸变两种。周向稳态总温畸变影响发动机稳定性的原因,同样可以采用平行压气机理论解释。与周向总压畸变类似,把压气机分成两个平行的子压气机,一个工作于高温区,一个工作于低温区,其进口总压是相同的,两个子压气机的出口具有均匀的静压。因为两个子压气机具有同样的物理转速,故换算转速不同,相对于均匀进气的压气机工作点而言,高温区的压气机换算转速低,工作点靠近喘振边界,低温区的压气机换算转速高,其工作点的相对位置如图 4.29 所示,其中,点 1 表示高温区工作点;点 2 表示平均工作点;点 3 表示低温区工作点。当高温区工作点达到喘振边界时整个压气机喘振,这时的喘振点为点 2,即喘振边界下移。

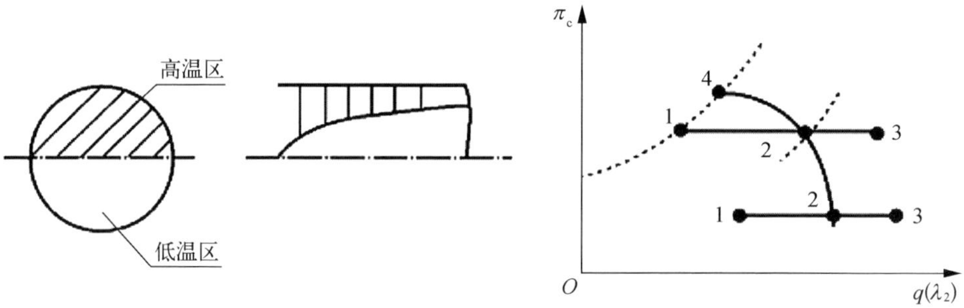

图 4.29 周向总温畸变的平行压气机模型

1. 进气总温畸变的描述

在使用过程中,发动机进气总温畸变通常是动态畸变,一般可采用面平均相对温升、高温区范围、畸变强度及温升率 4 个参数来表示,这 4 个参数的表达式如下。

(1) 面平均相对温升:

$$\delta T_{t2} = \frac{T_{t,\,AV} - T_{t,\,0}}{T_{t,\,0}} \tag{4.78}$$

式中,$T_{t,\,0}$ 为未受扰动气流的总温。$T_{t,\,AV}$ 为进口面平均总温,其表达式为

$$T_{t,\,AV} = \frac{1}{2\pi}\int_0^{2\pi}\frac{1}{r_t^2 - r_h^2}\int_{r_h}^{r_t} T_t(r,\ \phi)2r\mathrm{d}r\mathrm{d}\phi \tag{4.79}$$

式中,r、φ 为进口截面的径向和周向坐标;r_t、r_h 为进口截面的叶尖和轮毂半径。

(2) 高温区范围角 φ^+,如图 4.30 所示。

图 4.30 中,$T_t(\varphi)$ 为进口截面总温的周向分布,其表达式为

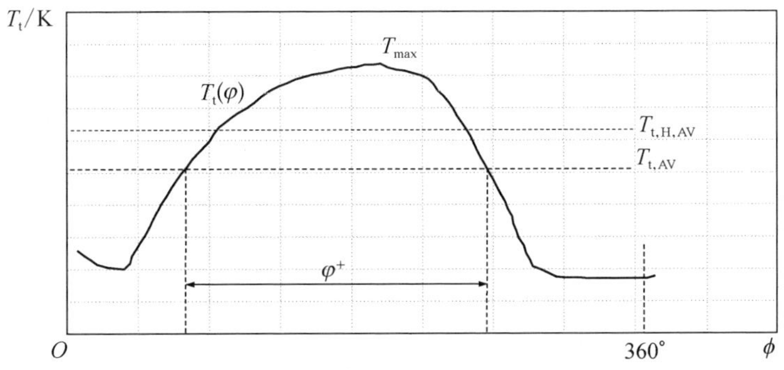

图 4.30　进口截面高温区范围

$$T_t(\varphi) = \frac{1}{r_t^2 - r_h^2}\int_{r_h}^{r_t} T_t(r,\ \varphi)2r\mathrm{d}r \tag{4.80}$$

式中，$T_{t,\ H,\ AV}$ 为高温区的面平均总温；$T_{t,\ AV}$ 为发动机进口的面平均总温。

当发动机进口有动态总温畸变时，图 4.30 所示的总温周向分布是时间的函数，因此，最大温升 $\Delta T_{max} = (T_{t,\ max} - T_{t,\ 0})$ 也是时间的函数，如图 4.31 所示。

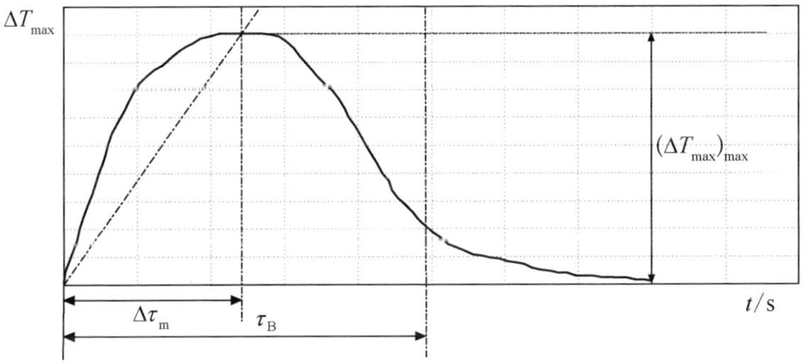

图 4.31　最大温升 ΔT_{max} 与时间的关系

图 4.31 中，$\Delta\tau_m$ 是最大温升 ΔT_{max} 由开始增加到最大值的时间；$\tau_B = 2\Delta\tau_m$ 为温度畸变持续时间。

（3）畸变强度：

$$\delta T_{t,\ H} = \frac{T_{t,\ H,\ AV} - T_{t,\ AV}}{T_{t,\ AV}} \tag{4.81}$$

（4）温升率：

$$T = \frac{(\Delta T_{max})_{max}}{\Delta\tau} \tag{4.82}$$

2. 总温畸变与稳定裕度损失的关系

1）总温畸变对发动机稳定性影响的试验曲线

总温畸变对发动机稳定性影响可以由数值模拟或试验方法获得。试验时，在发动机进口前装有温度畸变发生器，可以独立地改变高温区范围、温升率、最大相对温升、畸变持续时间等参数。

根据试验结果，可以整理出下述参数关系曲线。

图 4.32 所示的是在高温区平均总温 $T_{t2,H,AV}$ = const、压气机相对换算转速 n_{cor} = const 的条件下，相对临界温升 $\delta T_{t2,cr}$ 与高温区范围角 φ^+ 的关系曲线。

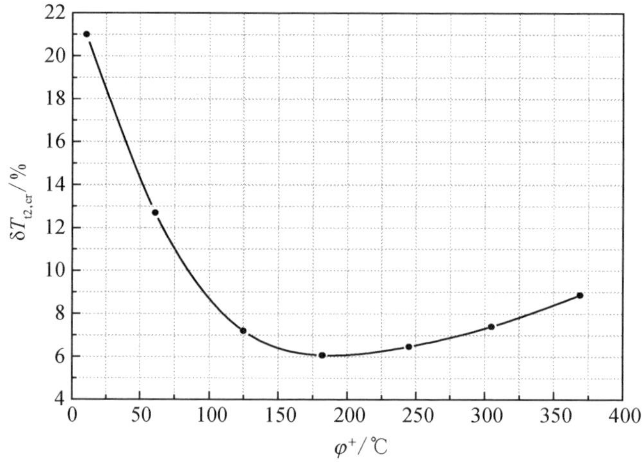

图 4.32　相对临界温升与高温区范围角的关系曲线

图 4.32 所示曲线的变化原因如下：假定是周向方形波稳态总温畸变且高温区的总温等于常数。则在 $\varphi^+ = 0$ 时的极限情况下，畸变强度最大而动叶在高温区滞留的时间最短（等于零），有效攻角没有变化，故相对临界温升 $\delta T_{t2,cr}$ 趋于无穷大；在 $\varphi^+ = 360°$ 的极限情况下，动叶在高温区滞留的时间最长，但畸变强度为零，实际上这时相当于发动机进口总温升高的稳态情况，工作点沿稳态工作线向下移动而可能进入喘振状态，$\delta T_{t2,cr}$ 也比较大。所以存在 $\delta T_{t2,cr}$ 值最小的 φ^+，称为临界畸变角，以 φ^+_{cr} 表示。当 φ^+ 从 0 增加时，畸变强度减小但由于动叶在高温区滞留的时间加大使有效攻角迅速增加，故 $\delta T_{t2,cr}$ 减小，直到 $\varphi^+ = \varphi^+_{cr}$，畸变强度的减小起主要作用，$\delta T_{t2,cr}$ 增加。图 4.33 表示不同换算转速条件下、相对临界温升 $\delta T_{t2,cr}$ 与高温区范围角 φ^+ 的关系曲线。

相对临界温升 $\delta T_{t2,cr}$ 与温升率 dT_t/dt 的关系曲线（φ^+ = const），如图 4.34 所示，在给定的发动机工作状态和总温畸变范围情况下，相对临界温升与温升率的关系曲线。曲线表明，随着温升率的增加，相对临界温升减小，温升率大于某值后，相

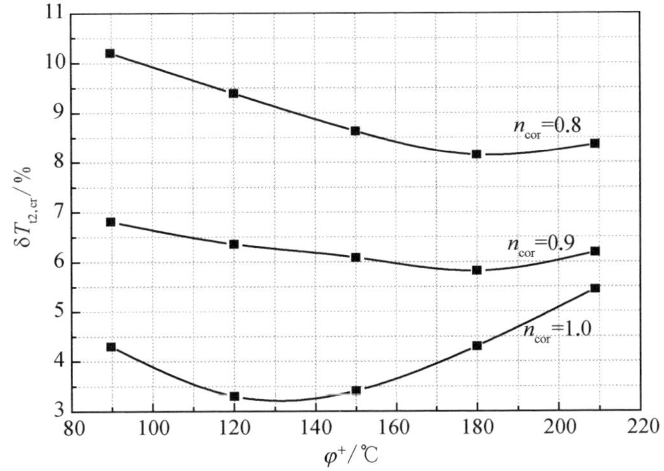

图 4.33 不同换算转速条件下,相对临界温升 $\delta_{t2,cr}$ 与高温区范围角 φ^+ 的关系曲线

对临界温升基本不变。其他条件不变,如果温升率非常小,则发动机平均工作点将沿着稳态工作线移动,如图 4.35 中 ab 线所示,所以临界温升很大;温升率增加,则发动机平均工作线轨迹变得较为平坦(图 4.35 中 ac 线),相对临界温升下降;温升率增加到某值后,工作线变为水平线(图 4.35 中 ad 线),则温升率对临界温升不再有影响。

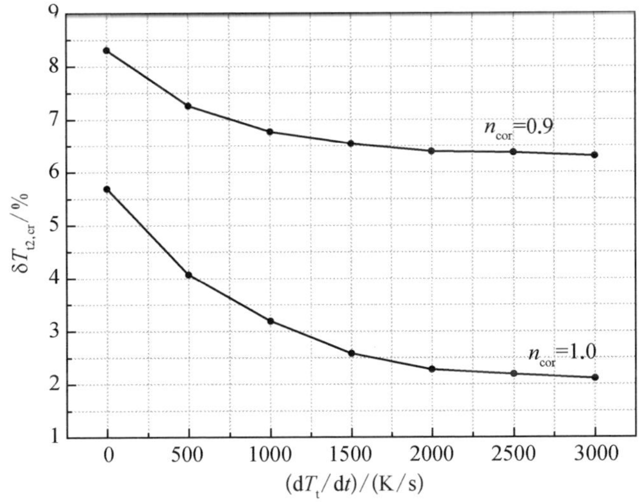

图 4.34 不同换算转速条件下、相对临界温升 $\delta T_{t2,cr}$ 与温升率 dT_t/dt 的关系曲线

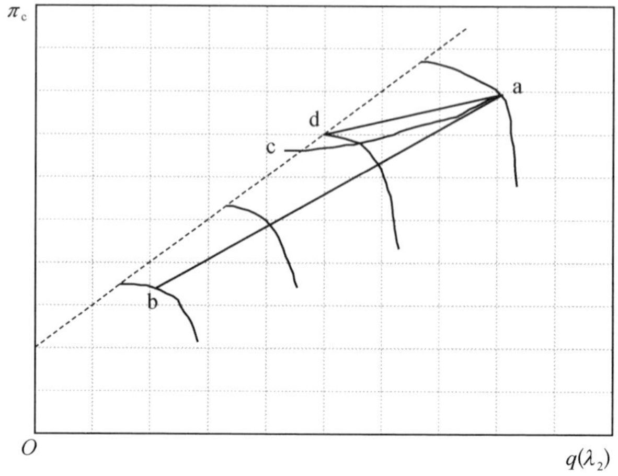

图 4.35　温升率对发动机工作线影响的示意图

相对临界温升 $\delta T_{t2,\,cr}$ 与温升率 dT_t/dt 的关系曲线，如图 4.36 所示，表示在同一换算转速条件下、相对临界温升与温升率 dT_t/dt 的关系曲线。$dT_t/dt=0$，$\varphi^+=360°$，相当于进口总温增加时的发动机稳态工作；$dT_t/dt=0$，$\varphi^+<360°$，相当于稳态总温畸变；不同的 dT_t/dt 和 φ^+ 的组合决定着发动机工作线的走向不同，因而相对临界温升 $\delta T_{t2,\,cr}$ 不同。

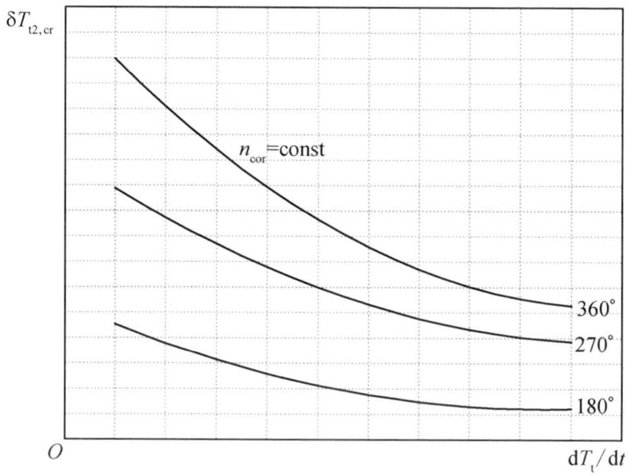

图 4.36　同一换算转速条件下、相对临界温升 $\delta T_{t2,\,cr}$ 与温升率 dT_t/dt 的关系曲线

2）温度畸变影响系数

可以认为，温度畸变对发动机稳定裕度损失的影响关系是线性的，其斜率即为温度畸变影响系数。在给定的发动机状态下，可以获得相对临界温升 $\delta T_{t2,\ cr}$（$\delta T_{t2,\ H,\ cr}$），即发动机进入喘振时的面平均相对温升。均匀进气时的稳定裕度（可用裕度）SM 与相对临界温升 $\delta T_{t2,\ cr}$ 的百分比称为温度影响系数 α_T，它是总温畸变基元（畸变范围、温升率、畸变持续时间等）、发动机工作状态、压气机的特性等参数的函数。对于单转子燃气发生器形式的 APU 而言，APU 进入喘振状态时，压气机首先失稳。

压气机总温畸变影响系数为

$$\alpha_{T,\ H} = \frac{SM_H}{\delta T_{t2,\ cr}} \tag{4.83}$$

式中，$\alpha_{T,\ H}$ 为压气机的总温畸变影响系数；SM_H 为均匀进气时的压气机稳定裕度；$\delta T_{t2,\ cr}$ 为相对临界温升。

4.4.5　进口总温总压组合畸变对稳定性的影响

1. 低压区和高温区的重叠情况

实际使用过程中，进口的畸变往往是总压和总温畸变同时存在，即组合畸变。总压畸变的低压区和总温畸变的高温区的不同重叠情况，对发动机稳定性的影响是不同的。

假定总压和总温都是 180°周向稳态畸变，可能有 3 种典型的重叠情况，它们对发动机稳定性的影响，可定性地作如下说明。

1）低压区和高温区完全不重叠

图 4.37 表示低压区和高温区完全不重叠的情况。图中，点 3 对应均匀进气时的工作点；点 1 为低压区工作点；点 2 是高温区工作点。显然，当总压畸变或总温畸变足够高时都有可能使相应的工作点进入喘振边界，引起发动机的失稳。如果低压区的点 1 恰好处于喘振边界，则此时的平均工作点 S 为整个发动机的喘振点。

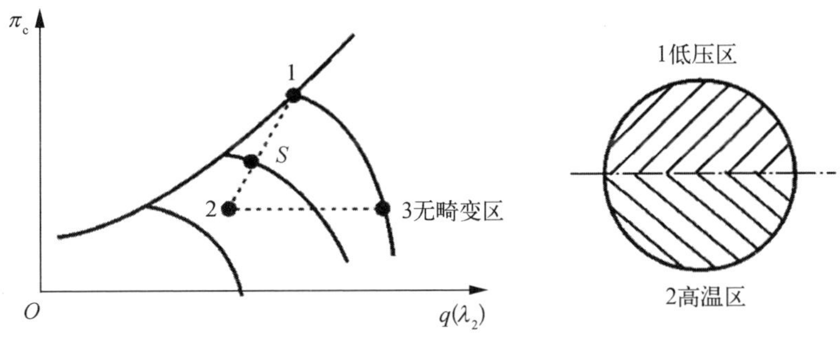

图 4.37　低压区和高温区完全不重叠

2）低压区和高温区完全重叠

图 4.38 表示低压区和高温区完全重叠时的情况，这是对发动机稳定裕度影响最大的情况。图中，点 3 对应均匀进气时的工作点；点 1 为低压区工作点；点 2 是高温区工作点。如果重叠区的点 2 恰好处于喘振边界上，则此时的平均工作点 S 为整个发动机的喘振点。

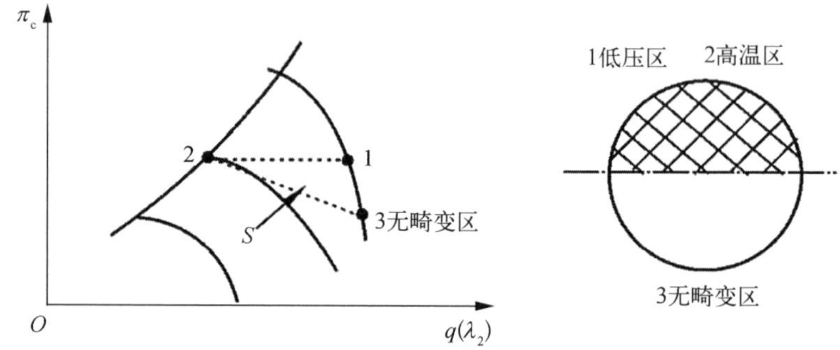

图 4.38 低压区和高温区完全重叠

3）低压区和高温区 90°重叠

图 4.39 表示低压区和高温区 90°重叠时的情况。图中，点 3 对应无畸变区；点 1 是低压区工作点；点 2 是高温区工作点；点 4 是低压和高温的重叠区；点 S 是平均工作点。

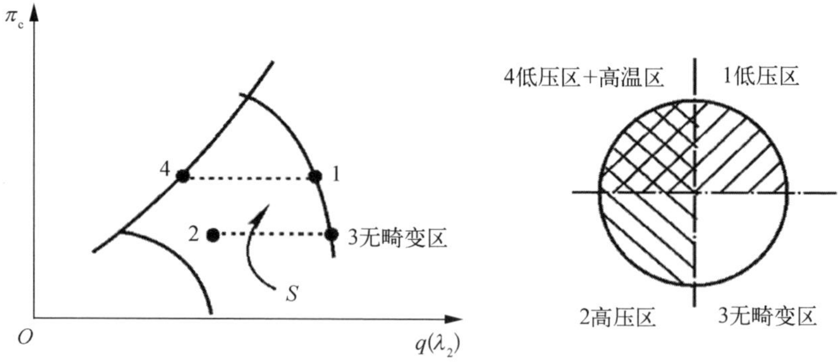

图 4.39 低压区和高温区完全 90°重叠

2. 组合畸变影响系数

在专门的试验设备上试验可获得组合畸变影响系数。试验设备一般是在发动机进口前装有总温畸变发生器，其后面装有总压畸变发生器。试验时，让总压畸变发生器产生希望的总压畸变，然后接通总温畸变发生器并逐步增加面平均相对温升，直到喘振发生为止，测得相对临界温升 $\delta T_{t2,\ cr}$，根据试验结果绘制组合畸变对

$\delta T_{t2,\,cr}$ 的影响曲线。

图 4.40 表示不同重叠情况下的 $\delta T_{t2,\,cr}$ 与组合畸变因子 W 的关系。当横坐标 $W=0$ 时，表示无总压畸变，$\delta T_{t2,\,cr}=1$ 时，表示单纯由总温畸变引起喘振；当 $W=1\times W_{cr}$ 时，表示单纯由总压畸变引起喘振；当 $W=(0\sim1)\times W_{cr}$ 时表示由组合畸变引起喘振；当低压区和高温区完全重叠时，对发动机稳定性的影响最为严重。

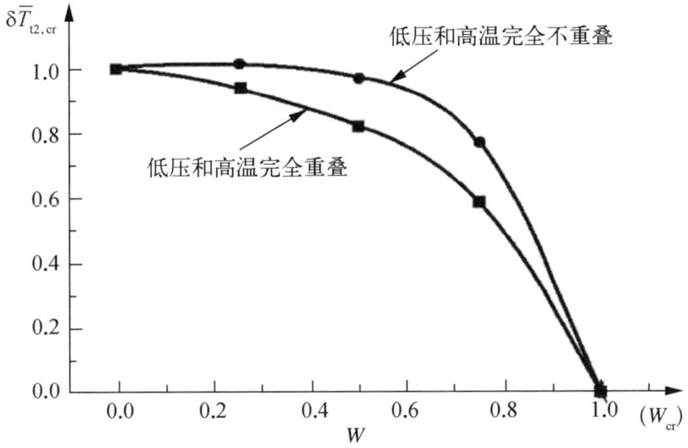

图 4.40　组合畸变对相对临界温升的相对值的影响

组合畸变影响系数的定义式为

$$\alpha_{WT}=\frac{SM-\alpha_T\delta T_{t2,\,cr,\,W}-\alpha_W W}{\delta T_{t2,\,cr}} \tag{4.84}$$

式中，SM 为发动机给定状态下压气机的稳定裕度；W 为组合畸变因子；$\delta T_{2,\,cr,\,W}$ 为总压畸变综合因子为 W 时测得的相对临界温升；α_T 对应单纯总温畸变时的影响系数；α_W 对应单纯总压畸变时的影响系数。

在发动机使用过程中，由于总压总温组合畸变引起的稳定裕度损失计算式为

$$\Delta SM_{WT}=\alpha_{W,\,T}\delta T_{t2}W \tag{4.85}$$

式中，δT_{t2} 为发动机进口截面的平均相对温升；W 为总压畸变综合指数。

4.5　参数限制值确定

APU 参数限制值的选取和燃气涡轮发动机类似，一般设有转速限制、温度限制等。此外，为保证发动机运行安全，还设定了起动温度保护、燃气发生器转速超转保护值，一旦起动或者运行时该值达到保护值，控制系统触发命令，发动机停车。

4.5.1 转速限制值确定

单转子燃气发生器形式 APU 一般采用等物理转速控制，但 APU 物理转速的选择还是受很多约束条件限制。APU 径向尺寸小，为了保持一定的圆周速度（做功能力），转速一般均很高。在转动条件下，压气机和涡轮的叶片和盘承受巨大的离心力，而转速过高则意味着离心力过大，使转子结构完整性受到破坏，所以转速必须在一定的限制下才能安全运转，这个限制就是燃气发生器物理转速限制。

1. 燃气发生器物理转速稳态限制值

燃气发生器物理稳态转速限制值主要考虑转子结构承受能力，保证 APU 在限制转速以内稳定工作，结构不破坏，同时也需与设计转速保留一定裕度。

从结构设计角度考虑，燃气发生器工作在转速限制值时，应满足叶片叶身、轮盘以及主轴的强度要求。

综上所述，转子结构强度要求决定了燃气发生器转速限制值的选择上限，转速裕度决定了转速限制值选择下限，其选择范围如图 4.41 所示。

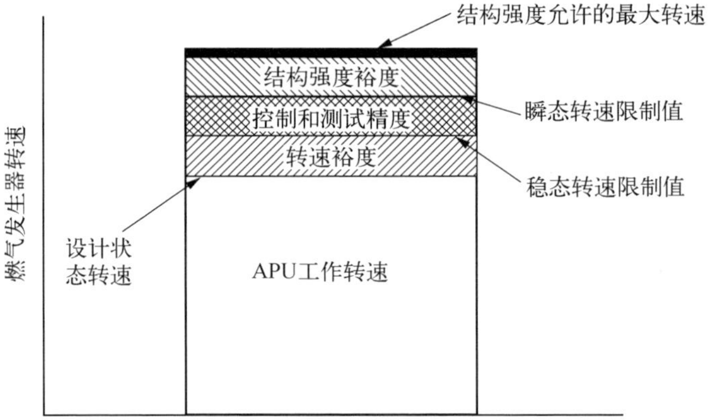

图 4.41 物理转速限制值选择范围

2. 燃气发生器物理转速瞬态限制值

APU 一般采取等物理转速控制规律，控制系统精度受转速控制和测量精度影响。转速调节时，由于负载波动，燃油系统动作执行的滞后性，转速信号采集、传输、导致转速稳定在目标转速前有波动，波动中超过目标转速的部分即为超调量，如图 4.42 所示。因此，为避免因控制和测试原因导致 APU 转速提前受到限制，除稳态转速限制值外，提出瞬态转速限制值，允许瞬态转速在短时间内达到该转速值。

根据国内发动机研制经验，一般来说，瞬态转速限制值比稳态转速限制值高，其选择方法如图 4.43 所示。

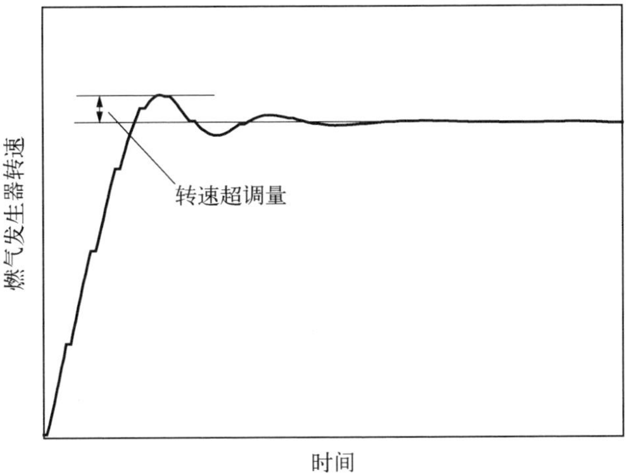

图 4.42　转速超调量示意图

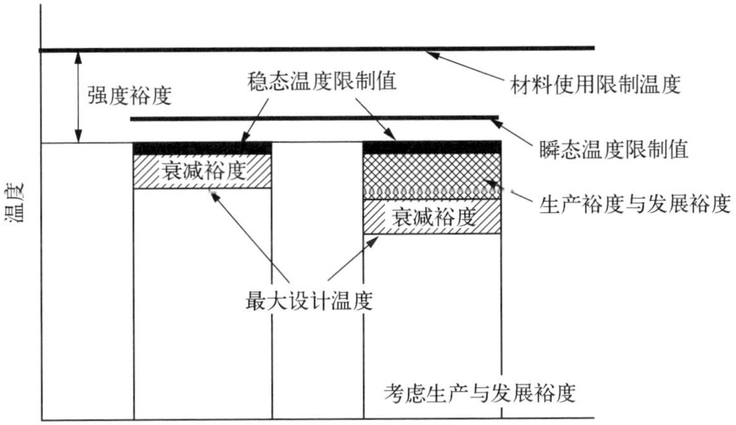

图 4.43　温度限制值确定

4.5.2　温度限制值的确定

APU 热力循环温度的高低直接代表了其工作能力，是表征先进性的重要参数。为了实现更好的性能，热力循环温度不断提高，但温度过高会超过材料的耐受能力，导致涡轮叶片烧蚀，APU 寿命缩短，严重时甚至引发安全性事故，因此必须对燃气温度进行限制。与转速限制值类似，温度限制值也分为稳态限制值和瞬态限制值。

1. 温度稳态限制值

APU 的限制温度通常指可测量的燃气温度，直观表征发动机做功能力的燃气温度测量截面一般是指燃烧室出口处，此处温度太高，目前技术条件测量比较困难,同时该温度值与排气温度存在一定的对应关系,所以通过限制排气温度可以达到限制燃烧室出口温度的效果。工程中,通常将 APU 涡轮出口燃气温度(T_{t5})作为 APU 温度限制参数。

温度限制值的选取是 APU 设计的一个难点,主要原因有两方面:一是受材料限制,在确定限制值时保留过多裕度将使 APU 性能难以满足指标要求;二是相关型号经验教训表明,裕度太少将导致 APU 使用寿命受到限制,相关资料表明,国外某型先进 APU 涡轮前温度下降 55℃(131℉),燃气涡轮寿命延长 100%。

在满足材料使用要求的同时,还需要在 APU 全包线范围内最大设计温度的基础上保留一定裕度,以满足 APU 全包线和全寿命周期性能,其中 APU 全寿命周期内由于部件效率衰减导致的温度上升量称为衰减裕度。

此外,根据国外先进民用 APU 经验,除了保留衰减裕度和强度裕度外,还需保留生产加工裕度和型号发展裕度,以保证 APU 生产装配出现偏差时仍能保证性能,并为 APU 系列化发展或性能提升保留空间。由于 APU 寿命一般均较长,其最大设计温度与限制值温度之间存在较大裕度。其确定方法如图 4.43 所示。

2. 温度瞬态限制值

温度瞬态限制值与瞬态转速限制值类似,主要考虑控制精度与测试精度影响,允许在短时间内温度超过该值。一般瞬态温度限制值较稳态温度限制值高,如图 4.43 所示。

4.5.3 参数限制对辅助动力装置性能的影响

由于 APU 采取等物理转速控制规律,参数限制对 APU 性能的影响主要是涡轮前温度限制对 APU 性能的影响。图 4.44 给出了限制参数对 APU 温度特性的影

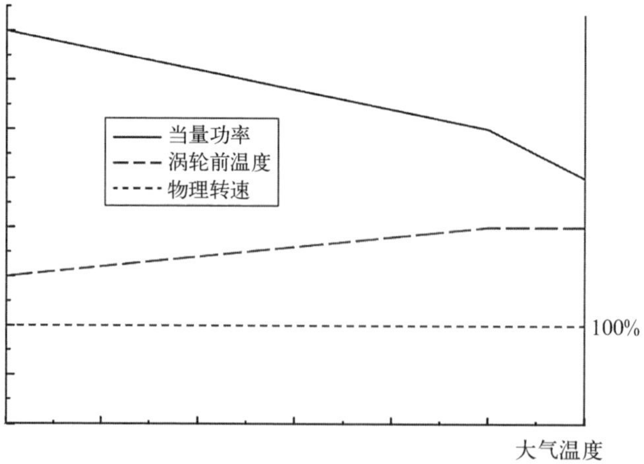

图 4.44 海平面静止条件下、考虑控制规律后的温度特性

响。海平面条件下,在辅助动力装置的温度包线内,由于采取等物理转速控制规律,APU 受涡轮前温度限制,当量功率随着大气温度的上升是逐渐减小的。图 4.45 给出了标准大气条件下考虑控制规律后的高度特性。APU 受涡轮前温度限制,当量功率随着工作高度的上升是逐渐减小的。

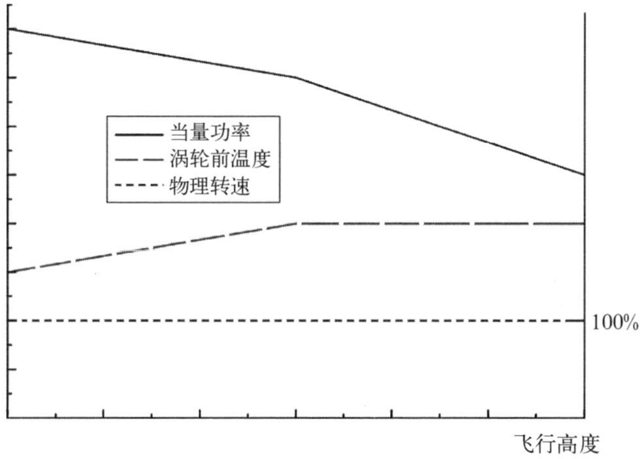

图 4.45　标准大气条件下、考虑控制规律后的高度特性

4.5.4　辅助动力装置参数保护值的确定

1. 起动温度保护

APU 起动过程中,首先由电机带动,APU 点火后,燃气温度快速上升,如图 4.46 所示。其中 1~2 过程,燃烧室点燃后温度急剧上升过程;2~3 过程,随着转速的提升,燃烧室进气量逐渐增加,油气比开始减小,温度上升速率降低,当上升至一定转速时,燃气温度达到最高;3~4 过程,随着油气比进一步减小,燃气温度逐渐降

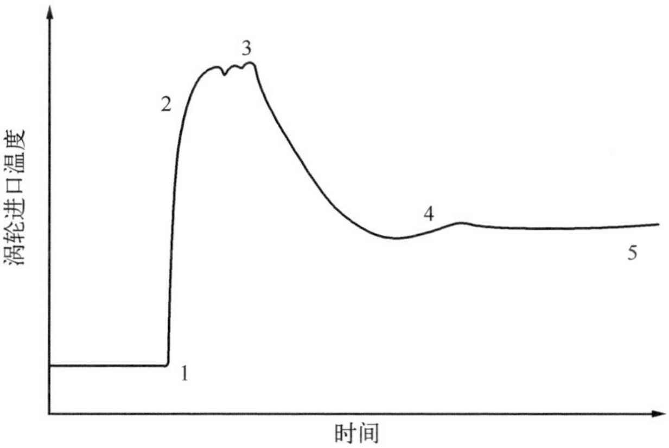

图 4.46　APU 起动过程 T_{45} 温度变化示意图

低;4~5 过程,APU 至空载状态,温度趋向稳定。起动过程为过渡态,状态较低,APU 空气系统封严压力尚未完全建立,且燃烧室出口温度场均匀度不高,导致起动过程的最高温度很难准确控制,一旦其最高温度超过涡轮材料使用极限,将对燃气涡轮导叶造成烧蚀或者结构破坏,影响 APU 使用安全,因此需要对起动过程的最高温度进行保护。当出现起动超温现象时,控制系统控制 APU 停车。

由于起动温度保护主要考虑叶片材料影响,选取该值时,需要充分考虑燃气涡轮工作叶片材料使用极限温度。

2. 转速保护

APU 一般采用等物理转速控制,受强度限制,其转子转速需要限制在一定范围之内,如果控制系统发生故障,供油量不受控制时,转速可能显著超过限制值,这时为避免转速过高导致叶片脱落和轮盘破裂等故障,需要切断 APU 燃油供给,所以还需设置独立的燃气发生器转速保护。

4.6 台架性能换算

台架性能换算的目的是通过将同一型号、不同台份 APU 在海平面静止、不同大气温度大气条件下的性能换算到标准大气条件,以比较不同台份 APU 的性能。APU 和涡轴发动机台架性能换算方法有较大差异,其主要原因如下。

(1) APU 为了满足发电机发电品质的需求,在全包线范围内最常见的控制规律都是等物理转速控制,这导致 APU 在不同大气温度时,换算转速是不一样的。传统换算方法比较发动机性能是建立在等换算转速基础上的。因此,采用传统换算方法评估 APU 性能时,无法对 APU 的性能优劣直接进行比较。

(2) 带负载压气机 APU 的主要功能是用负载压气机输出的压缩空气供给主发动机的起动或飞机环控系统供气,必须对 APU 的引气性能进行评估换算。涡轴发动机不带负载压气机,现有的涡轴发动机性能换算方法不适合对负载压气机输出的引气性能进行评估换算。

(3) APU 和涡轴发动机的使用区别导致性能评估时各自关注的重点参数不一致。APU 的主要作用之一是用于起动主发动机,工作时间短。所以 APU 性能评估重点是对引气能力或输出轴功率的能力进行评估,强调 APU 的输出能力必须达到一定目标值,而对燃油流量(经济性)要求不高。涡轴发动机要求长时间可靠使用,性能评估时除了关注发动机的输出能力(指输出轴功率),同时也关注发动机的耗油率等指标。

4.6.1 带负载压气机的辅助动力装置

带负载压气机形式的 APU 比较典型的工作状态有起动主发动机状态和环控

引气状态，性能换算时，一般只对这两种典型状态的性能进行换算。一般而言，对 APU 的燃气发生器和负载压气机分开进行性能评估换算。

反映负载压气机的参数主要有引气流量 W_b、引气压力 p_{tb} 和引气温度 T_{tb}。为了让 APU 负载段尽量相似，换算状态的引气出口喉部面积应该是一定的。因此，负载压气机的性能换算一般是在负载压气机换算引气流量一定（代表该状态喉部面积一定）的情况下，消除其他因素（如进气温度 T_{t1}、进气压力 p_{t1} 等）对 W_b、p_{tb}、T_{tb} 的影响，消除其他因素影响后的换算参数 W_{bcor}、p_{bcor}、T_{bcor} 反映了负载压气机的引气特性。

1. 负载压气机性能换算

负载压气机的性能换算按如下步骤进行。

（1）考虑进气压力 p_{t1} 对引气压力 p_{tb}、引气流量 W_b 的影响。

（2）考虑进气温度 T_{t1} 对引气压力的影响 DELPB、对引气流量的影响 DELWB、对引气温度的影响 DELTB：

$$\mathrm{DELPB} = f_1(T_{t1}) \tag{4.86}$$

$$\mathrm{DELWB} = f_2(T_{t1}) \tag{4.87}$$

$$\mathrm{DELTB} = f_3(T_{t1}) \tag{4.88}$$

（3）考虑飞机安装损失对引气压力的影响 K_{c1}、对引气流量的影响 K_{c2}。

（4）引气温度的换算还需考虑负载压气机压力满足最低性能后，其压力差对引气温度的影响 $k_1(p_{bcor}-p_{breq})$。

（5）计算得到负载压气机引气参数的换算公式。

引气压力换算公式：

$$p_{bcor} = \frac{p_{tb}}{\delta} + \mathrm{DELPB} - K_{c1} \tag{4.89}$$

引气流量换算公式：

$$W_{bcor} = \frac{W_b}{\delta} + \mathrm{DELWB} - K_{c2} \tag{4.90}$$

引气温度换算公式：

$$T_{bcor} = T_{tb} + \mathrm{DELTB} + k_1(p_{bcor} - p_{breq}) \tag{4.91}$$

式中，$\delta=p_{t1}/101\ 325$；p_{breq} 为引气压力最低性能指标。

燃气发生器需换算的参数主要有排气温度 T_{t5} 和燃油流量 W_f 在 APU 输出参数一定（如输出轴功率）的情况下，消除其他因素（如 T_{t1}、p_{t1} 等）对排气温度和燃油流量的影响,消除影响后的换算参数 T_{5cor}、W_{fcor} 就反映了燃气发生器的工作能力。

2. 燃气发生器性能换算

燃气发生器性能换算按如下步骤进行。

(1) 考虑进气压力 p_{t1} 对燃油流量 W_f 的影响。

(2) 考虑进气温度对燃油流量的影响 DELWF 和对排气温度的影响 DELT5:

$$\text{DELWF} = f_4(T_{t1}) \tag{4.92}$$

$$\text{DELT5} = f_5(T_{t1}) \tag{4.93}$$

(3) 统计并归纳进排气管损失对燃油流量的影响 $k_2(p_{t1}-p_{s9}/\delta)$ 和对排气温度的影响 $k_3(p_{t1}-p_{s9}/\delta)$。

(4) 考虑飞机安装损失对燃油流量的影响 K_{c3} 和对排气温度的影响 K_{c4}。

(5) 考虑满足负载压气机最低引气压力后,其压力差对燃油流量的影响 $k_4(p_{bcor}-p_{breq})$,及对排气温度的影响 $k_5(p_{bcor}-p_{breq})$。

(6) 计算得到燃气发生器性能评估参数的换算公式。

4.6.2 动力段压气机引气辅助动力装置

对于单转子燃气发生器、从动力段压气机引气形式的 APU,最大引气状态和仅输出轴功率状态两种工作状态非常具有代表性。输出的最大引气流量决定了 APU 的温度限制边界,输出的最大轴功率决定了 APU 的喘振裕度边界。因此,需对这种形式的 APU 在这两种典型工作状态的性能进行评估。

和带负载压气机形式的 APU 类似,反映从动力段压气机后引气 APU 的引气性能参数主要是引气流量 W_b、引气压力 p_{tb}、引气温度 T_{tb}。评价最大引气状态性能时,一般是引气出口喉部(代表该状态喉部面积一定)一定的情况下,消除大气压力 p_{t1}、大气温度 T_{t1} 等其他因素对 W_b、p_{tb}、T_{tb} 的影响,消除影响后的换算参数 W_{bcor}、p_{bcor}、T_{bcor} 就反映了 APU 的引气特性。

1. APU 引气参数换算

燃气发生器引气参数换算按如下步骤进行。

(1) 考虑进气压力 p_{t1} 对引气压力 p_{tb}、引气流量 W_b 的影响。

(2) 考虑进气温度 T_{t1} 对引气压力的影响 DELPB、对引气流量的影响 DELWB、对引气温度的影响 DELTB:

$$\text{DELPB} = f_1(T_{t1}) \tag{4.94}$$

$$\text{DELWB} = f_2(T_{t1}) \tag{4.95}$$

$$\text{DELTB} = f_3(T_{t1}) \tag{4.96}$$

（3）考虑飞机安装损失对引气压力的影响 K_{c1}、对引气流量的影响 K_{c2}。

（4）计算得到核心机压气机引气参数的换算公式。

引气压力换算公式：

$$p_{bcor} = \frac{p_{tb}}{\delta} + DELPB - K_{c1} \tag{4.97}$$

引气流量换算公式：

$$W_{bcor} = \frac{W_b}{\delta} + DELWB - K_{c2} \tag{4.98}$$

引气温度换算公式：

$$T_{bcor} = T_{tb} + DELTB + k_1(p_{bcor} - p_{breq}) \tag{4.99}$$

式中，$\delta = p_{t1}/101\ 325$。

2. APU 仅输出轴功率状态性能换算

APU 仅输出轴功率时，需换算的参数主要有排气温度 T_{t5} 和燃油流量 W_f。在输出轴功率的情况下，需消除其他因素（如 T_{t1}、p_{t1} 等）对排气温度和燃油流量的影响。

APU 仅输出轴功率时，性能换算按如下步骤进行。

（1）考虑进气压力 p_{t1} 对燃油流量 W_f 的影响。

（2）考虑进气温度对燃油流量的影响 DELWF、对排气温度的影响 DELT5。

$$DELWF = f_4(T_{t1}) \tag{4.100}$$

$$DELT5 = f_5(T_{t1}) \tag{4.101}$$

（3）统计并归纳进排气管损失对燃油流量的影响 $k_2(p_{t1} - p_{s5}/\delta)$、对排气温度的影响 $k_3(p_{t1} - p_{s5}/\delta)$。

（4）考虑飞机安装损失对燃油流量的影响 K_{c3} 和对排气温度的影响 K_{c4}。

（5）考虑轴功率偏差对燃油流量的影响 $k_4(P_{sh} - P_{shreq})$ 和对排气温度的影响 $k_5(P_{sh} - P_{shreq})$，其中 P_{shreq} 轴功率标称值；P_{sh} 是实际加载的轴功率。

（6）计算得到排气温度 T_{t5} 和燃油流量 W_f 参数的换算公式。

4.6.3　带自由涡轮的辅助动力装置

在第三代战斗机上广泛应用带自由涡轮的燃气涡轮起动机进行主发气动，该类型起动机就属于小型涡轴发动机，一般由燃气发生器和动力输出单元体两部分组成，动力输出的自由涡轮转子与燃气发生器没有机械联系。燃气涡轮起动机工作时间短，使用寿命一般按起动循环次数计算，其性能参数换算主要是为了在地面台架进行产品验收和不同试车环境下的性能对比。与涡轴发动机的换算方法不同，燃气涡轮起动机的换算先对起动机输出功率进行换算，然后对起动机的燃气发生器转速和排气温度进行换算。通过换算公式可以直接获得起动机在海平面静止、标准大气条件下所对应的输出功率，方便出厂前的性能调试，同时也通过换算公式直接获得起动机在标准大气条件、输出要求功率时对应的燃气发生器转速和排气温度，方便对比不同台份起动机之间的性能优劣。

第 5 章
燃气涡轮辅助动力装置总体结构设计

5.1　总体结构布局

5.1.1　构型分类

APU 本质上就是一台燃气涡轮发动机，其总体布局与燃气涡轮轴发动机基本一致，包括进气道、压气机、燃烧室、涡轮和尾喷管等主要部件。APU 常用总体结构分单转子燃气发生器及单转子燃气发生器+自由涡轮式两种构型，并在此基础上围绕实现输出压缩空气及轴功率进行功能布局。

1. 单转子燃气发生器、核心机压气机输出压缩空气构型

该类型 APU 输出压缩空气，同时输出机械能，如图 5.1 所示。主要特点如下：

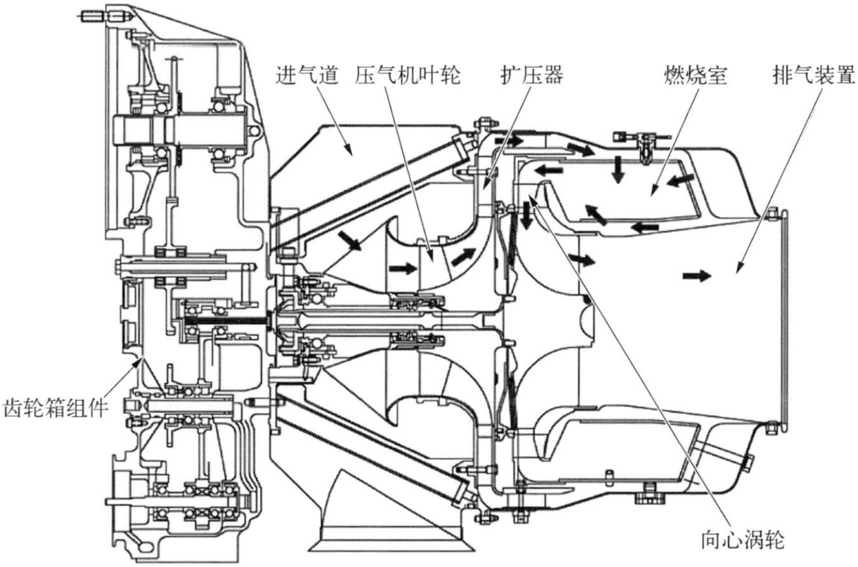

图 5.1　APS2000 截面示意图

(1) 输出的压缩空气和维持发动机运转所需的空气由同一个压气机提供,同时也通过齿轮箱输出机械能,用于驱动发电机或液压泵;

(2) 通常采用等物理转速控制;

(3) 输出的空气量可以从零变化到最大,随着输出空气量的增加,需要增加燃油流量提高涡轮前温度,以保证转速恒定;

(4) 多数 APU 需要设置旁通活门,以避免引气量过少或不引气时压气机发生喘振;

(5) 输出的最大压缩空气量一般占压气机进口空气量的 1/3 左右,个别型号可达到近 1/2,如美国霍尼韦尔公司的 RE220;

(6) 结构简单,转速稳定,由于需要放气导致起动功率相对较大;

(7) 压气机增压比受"用户"需求的限制一般不超过 5,该值远小于热力循环分析的最佳增压比和最经济增压比,因此尺寸较大、油耗较高。

2. 单转子燃气发生器、带负载压气机构型

该类型 APU 通过负载压气机输出压缩空气,同时输出机械能,如图 5.2 所示。主要特点如下:

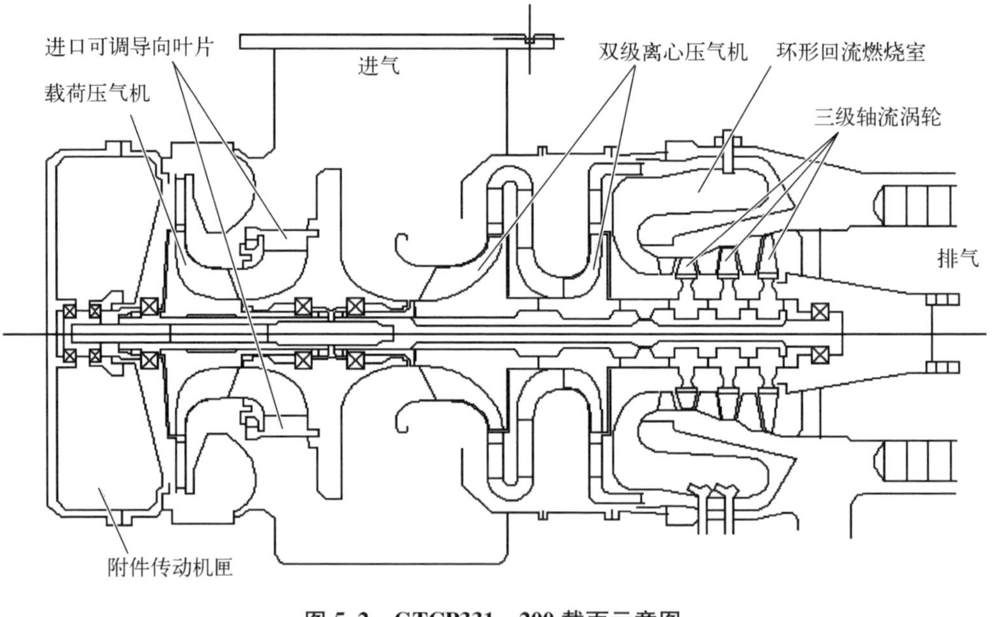

图 5.2 GTCP331 - 200 截面示意图

(1) 输出的压缩空气由专用的负载压气机(或称载荷压气机)提供,该压气机与核心机压气机同轴,同时也通过齿轮箱输出机械能,用于驱动发电机或液压泵;

(2) 通常采用等物理转速控制;

(3) 负载压气机进口装有进口可调导流叶片,起动过程中导流叶片关闭到最

小,以减少流经的空气流量,从而减少负载压气机消耗功率,有利于 APU 起动;稳定工作时,导叶角度可根据引气需求进行调节,从而调节引气流量;引气出口设置防喘活门,起动时防喘活门打开,放出流经负载压气机的空气,稳定工作时可防止负载压气机发生喘振;

(4) 由于使用专用的负载压气机来满足用户引气需求,因此动力段热力循环参数可以根据自身的需要进行选择,相同输出条件下的燃油消耗远优于从核心机引气的 APU。

3. 单转子燃气发生器、自由涡轮驱动负载压气机构型

该类型 APU 通过自由涡轮带动负载压气机输出压缩空气,同时输出机械能,如图 5.3 所示。主要特点如下:

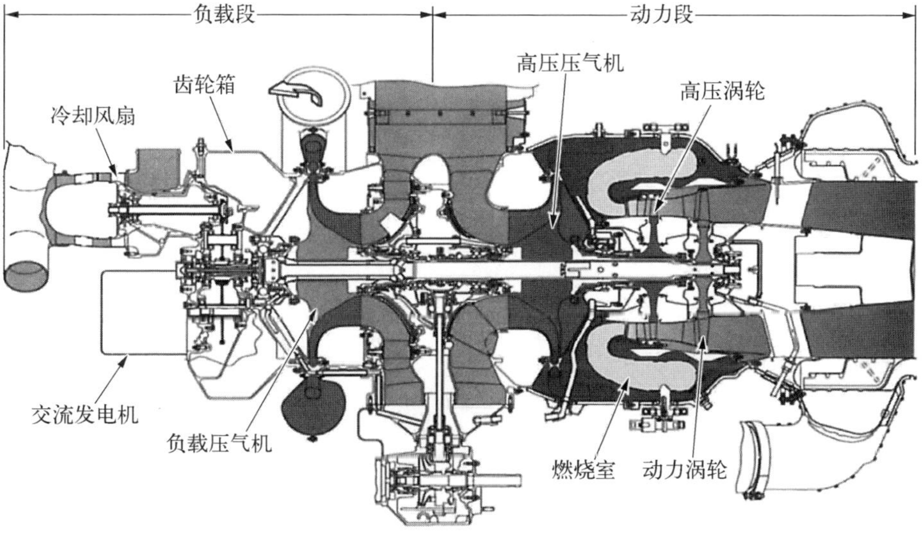

图 5.3　PW901 截面示意图

(1) 输出的压缩空气由与动力段转子无机械连接的自由涡轮驱动;动力段同时也通过齿轮箱输出机械能,用于驱动发电机或液压泵,结构较单转子燃气发生器、带负载压气机形式 APU 复杂,但可在自由涡轮式涡轴发动机基础上发展;

(2) 负载压气机进口装有进口可调导流叶片,出口带有防喘活门,功能与单转子燃气发生器、带负载压气机形式 APU 相同;

(3) 动力段热力循环参数也可以根据自身的需要进行选择,经济性好;

(4) 由于负载压气机由自由涡轮驱动,对 APU 动力段的快速起动有利,因此多用于大型 APU,如美国 PW 公司的 PW901 和 PW980。

由于该类 APU 应用少,本文不详细介绍。

4. 单转子燃气发生器、自由涡轮仅输出轴功率构型

该类型 APU 通过自由涡轮仅输出机械能,如图 5.4 所示。主要特点如下:

(1) 输出的轴功率由与动力段转子无机械连接的自由涡轮驱动;

(2) 动力段热力循环参数也可以自由选择,经济性好;

(3) 自由涡轮对负载变化的响应较慢,适用于对转速波动要求不高的 APU;

(4) 如果直接带动主发动机起动则是常用的燃气涡轮起动机。

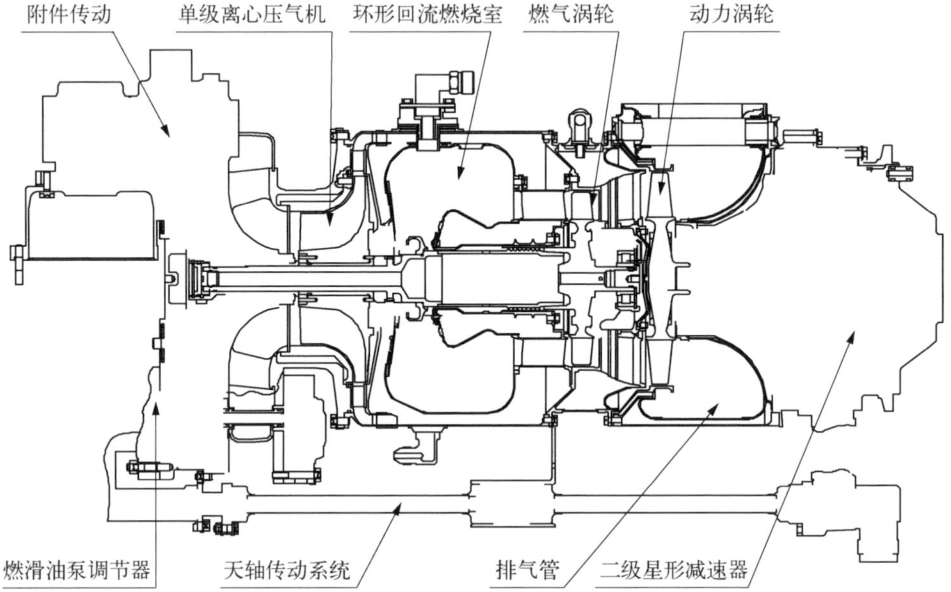

图 5.4 ГТДЭ－117 燃气涡轮起动机截面示意图

某些飞机上除了配装 APU 外,还配备有应急动力装置(EPU),在飞机主电力系统、液压系统失效或主发动机熄火时,EPU 能在 3~5 s 内快速起动并工作,为飞机提供应急的电能、液压能或者轴功率。

传统的 APU 和 EPU 在飞机上分开布置、独立工作。其中 APU 的特点是工作持续时间长、工作高度有限(通常在 13 000 m 以下),EPU 的特点则是全包线、短时间工作(通常在 2 min 内),两者优势互补,满足飞机对第二动力系统全包线范围内的使用需求。

EPU 及其附属设备的重量与 APU 相当,但在飞机上的利用率却极低(据 F－16 的使用统计,EPU 在飞机全寿命周期内平均使用次数为 4~5 次),降低了飞机的可用载重,也增加了日常维护的工作量和费用。随着科学技术的发展和系统整合的需要,APU 和 EPU 开始合二为一,出现了组合动力装置(IPU),典型代表是美国 F－22 上的 G250 和 F－35 上的 G230。

G250 通过采用三离合器技术将 APU 和 EPU 物理组合到同一个齿轮箱上，系统结构示意图如图 5.5 所示。EPU 既可充当 APU 的起动机，也可执行原有的应急功能。与以往结构相比，至少节省了一套齿轮箱、发电机、液压泵和 APU 的起动机，不仅在功能性能上有所提升，还使得整个系统体积减小、重量减轻。

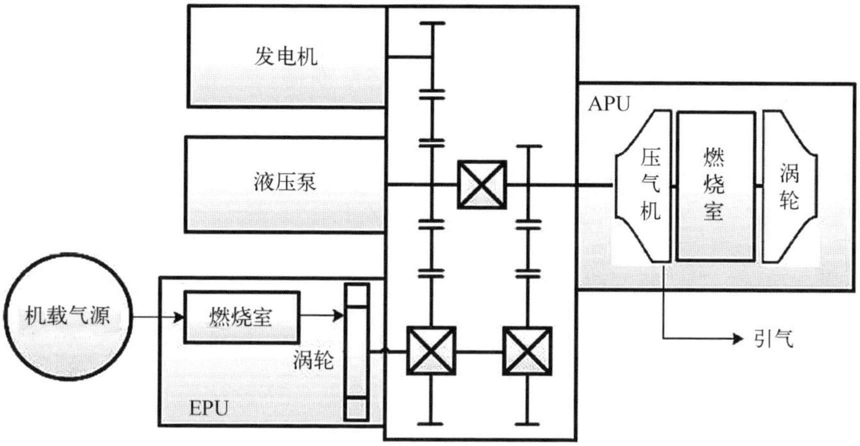

图 5.5　G250 结构示意图

某些专业人士认为 G250 这种形式的组合动力装置是属于向当时科技水平妥协的过渡产品，并尝试在 G250 的基础上进一步完善，提出的优化结构示意图如图 5.6 所示。主要是采用带节流装置（进口导叶和出口挡板）的压气机和双模态燃烧室等技术，直接使 APU 增加了 EPU 的功能，再节省一套 EPU 的燃烧室和涡轮，进一步减小体积和重量。该结构既可使用自身压气机的压缩空气、也可利用其他机上压缩气源工作。在辅助模态下，压气机从外界大气吸入空气，经压缩后进入燃烧室，燃烧后进入涡轮发出功率，可长时间为飞机提供辅助能源。在应急模态，通过

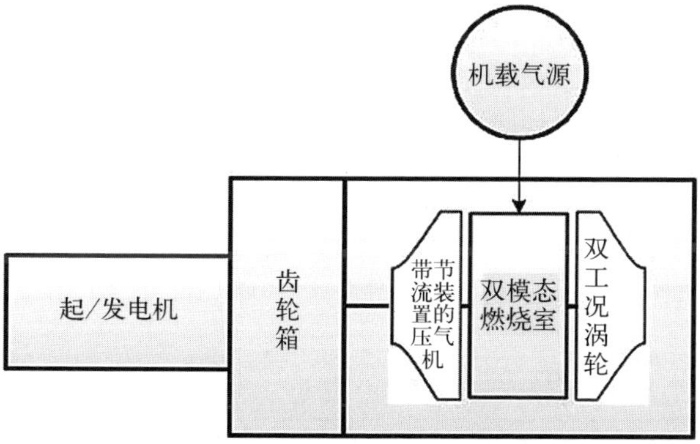

图 5.6　G250 结构优化示意图

节流装置关闭压气机,来自机上高压气瓶的空气进入同一燃烧室,燃烧后进入同一涡轮发出功率,可在飞机全包线范围内为飞机提供应急能源。暂时没有资料显示这种结构的 APU 投入实际应用。

图 5.6 的结构优化还只是兼容了 APU 和 EPU 的功能,整个装置在飞机飞行的绝大部分时间内还是不工作的,利用率仍然不高。美国 F-35 的 G230 则在该结构的基础上继续进行优化(结构示意图如图 5.7 所示),在起发电机前增加一个膨胀涡轮,用于飞机正常飞行时的热管理系统散热,从而使得装置在飞机整个飞行时间内都能够参与到飞机系统的工作中去。

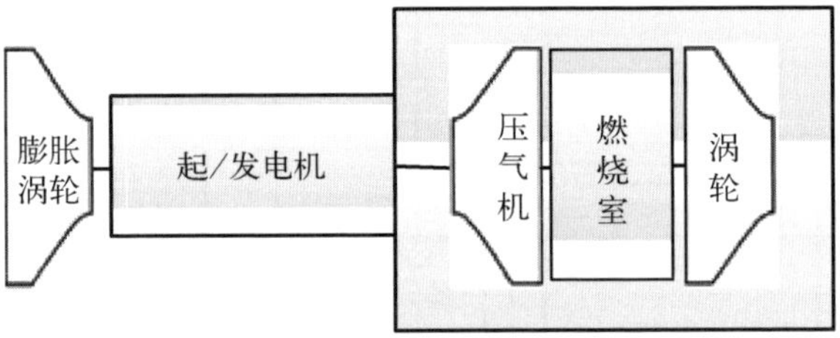

图 5.7 G230 结构示意图

5.1.2 典型构型

军机 APU 的主要功能是输出轴功率起动主发动机,采用燃气涡轮起动机类型的较多,一般为带自由涡轮的燃气涡轮轴发动机结构形式,自由涡轮和燃气发生器无机械连接,如 JFS190、Noelle180、ГТДЭ-117 等。客机 APU 往往需同时输出压缩空气与轴功率,功率等级相对较小的多从动力段压气机后引气,如 APS500、APS1000、APS2000、TA-18-100、TA-14 等;功率大的则带有专用于引气的负载压气机,如 GTCP36-300、GTCP331、GTCP131-9、APS3200、TA18-200 等。此外,部分 APU(如 TGA15)采用自由涡轮驱动负载压气机输出压缩空气。

综合前文所述,目前 APU 典型的结构布局形式主要分为 4 种:单转子核心机引气、单转子负载压气机引气、双转子自由涡轮输出轴功率、双转子自由涡轮带转负载压气机。其中双转子自由涡轮带转负载压气机的结构形式不常见,只简单介绍。

近年来,最新的 APU 向多电 APU、超级组合动力装置 SIPU(super integrate power unit)发展,其结构布局在原有单轴形式的基础上注入了一些新结构特征。以下对三种重要结构形式的 APU 及多电 APU、超级组合动力装置 SIPU 结构布局举例说明。

1. ГТДЭ-117 燃气涡轮起动机结构布局

ГТДЭ-117 燃气涡轮起动机为俄罗斯克里莫夫公司产品,配装苏 27 飞机,是一种双转子自由涡轮输出轴功率的 APU。整机由燃气发生器单元体和动力输出单元体两个单元体组成。

燃气发生器单元体由单级离心压气机、带离心甩油的折流环形燃烧室、一级轴流式燃气涡轮等组成。燃气发生器支承形式为双支点，1－0－1 形式：前支点为球轴承，支承在附件传动后机匣轴承安装孔内，后支点为滚子轴承，支承在涡轮导向器机匣轴承安装孔内。

动力输出单元体主要由自由涡轮、排气管、二级星形定轴式减速器和输出轴等组成。自由涡轮转子支承形式为悬臂式支承在滚子轴承和球轴承上，0－2 形式。

燃气发生器转子和自由涡轮转子之间无机械联系。

起动机为单平面安装，利用减速器后机匣机加组件上的圆锥形安装边，通过快卸式卡箍组件将起动机安装到飞机外置附件机匣上。减速器是起动机的动力输出部分，通过减速器输出轴上的花键，将起动机扭矩通过飞机外置附件机匣传给主发动机。

APS2000 为美国汉胜公司产品，配装早期 B737 飞机，是一种单转子核心机引气的 APU。图 5.8 为其结构布局图，单转子结构，整机由齿轮箱单元体、压气机涡轮单元体、燃烧室单元体 3 个单元体组成。

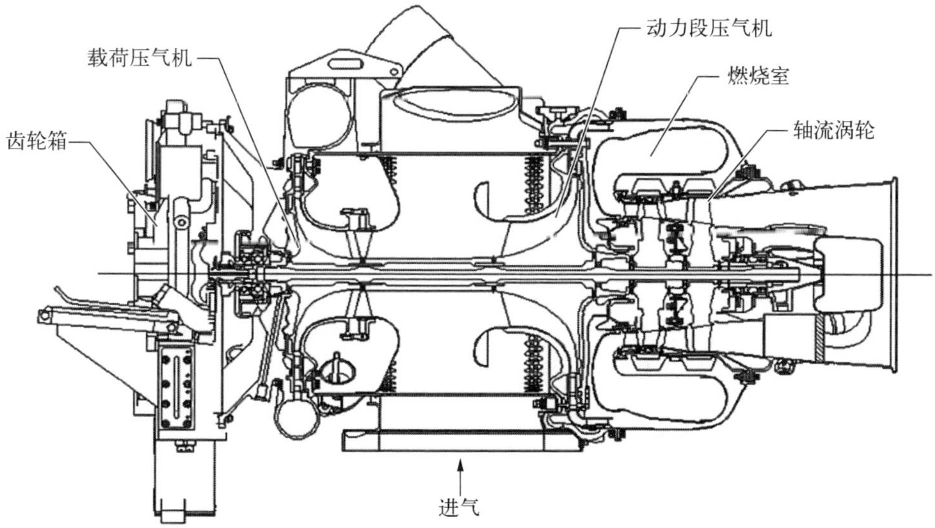

图 5.8　GTCP131－9 结构布局

APS2000 核心机由单级离心压气机、环形回流燃烧室、单级向心涡轮等组成。进气机匣、压气机转子与涡轮转子等构成压气机涡轮单元体，燃烧室机匣、火焰筒、涡轮导向器、排气机匣等构成燃烧室单元体。核心机转子功率通过传动轴前输出驱动齿轮箱单元体。引气口设置在燃烧室机匣上，引压气机后的压缩空气提供主发动机及飞机环境控制系统，并在燃烧室机匣上设置防喘排气口。交流发动机安装在齿轮箱单元体上输出飞机所需电功率。

APS2000 转子采用悬臂梁支承方式，双支点，2－0－0 形式，球轴承与滚子轴承均位于压气机前。离心叶轮、轴承、定距套等通过中心拉杆连接在一起，向心涡轮通过螺纹、圆弧端齿固定在压气机上。

APS2000 为典型的外传力路线。转子前、后支承的载荷通过轴承座传出，转动件、静止件上的载荷通过排气支承、燃烧室机匣、扩压器机匣传递到左、右安装节。

两个主安装节通过螺栓对称固定在燃烧室前安装边的水平轴线两侧，辅助安装节设置在齿轮箱单元体水平轴线一侧。APS2000 通过这 3 个安装节用连接支架固定在飞机 APU 舱内。

2. GTCP131－9 结构布局

GTCP131－9 是一种单转子、负载压气机引气的 APU，为美国霍尼韦尔公司产品，配装 A320 系列飞机，图 5.8 为其结构布局图，整机由带负载压气机的动力段和带附件的齿轮箱两个单元体组成。

GTCP131－9 齿轮箱单元体位于负载压气机前，其上安装有起动发电机、鼓风机、燃油控制装置、滑油动力装置（自身附件）与交流发电机（飞机附件），齿轮箱同时作为 GTCP131－9 滑油系统的滑油箱。动力段/负载压气机单元体包括动力段与负载压气机，负载压气机与动力段并装在一根轴上，动力段涡轮直接驱动负载压气机以及通过传动轴驱动带附件的齿轮箱。负载压气机与动力段压气机共用一个进气口，通过进气机匣使进气口朝下，省却了隔板和支点，这种结构可减少进气损失并使结构简化、从而减轻整机重量。动力段由高压比高效率单级离心压气机、环形回流燃烧室和两级轴流涡轮组成。

GTCP131－9 转子采用双支点支承，支承方式为 1－0－1，转子前支承（双列止推球轴承）位于负载压气机前，转子后支承（滚子轴承）位于涡轮后。前轴颈、负载压气机转子、转接段、动力段压气机转子、压气机涡轮联接轴、两级轴流涡轮等转子零件之间通过圆弧端齿连接、定心并传递扭矩，中心拉杆穿过转子各零件中心，通过压紧螺母将所有转子零件相互压紧。动力段输出功率带动负载压气机及齿轮箱齿轮系，负载压气机输出压缩空气给空气涡轮起动机（air turbine starter, ATS）来起动主发动机或满足飞机环控系统的需要，齿轮箱齿轮系驱动安装在齿轮箱机匣上的交流发电机（属飞机系统）及 GTCP131－9 滑油动力装置、燃油控制装置、鼓风机等附件。止推轴承、滚子轴承轴承腔均采用石墨封严。负载压气机轴承机匣装有两个石墨封严环，排气支承机匣装有一个石墨封严环并带一个迷宫型篦齿封严结构。

GTCP131－9 传力路线为典型的外传力路线。转子前支承的载荷通过轴承座、负载压气机轴承机匣传出，转子后支承的载荷通过轴承座、支承机匣、燃烧室机匣、扩压器机匣传出；转动件、静止件上的载荷通过排气支承、燃烧室机匣、扩压器机匣、进气机匣传递到负载压气机轴承机匣，齿轮箱齿轮等的载荷通过齿轮箱机匣传到负载压气机轴承机匣，最终传至主安装节。

GTCP131－9 在负载压气机轴承机匣上设有 2 个主安装节，水平对称在两侧，其轴线与 GTCP131－9 轴线在同一水平面上；在扩压器机匣前安装边上部设有 1 个辅助安装节。GTCP131－9 通过这 3 个安装节用连接支架固定在飞机 APU 舱内。

3. APU 新形式结构布局特点

1）多电 APU

APS5000 是一种单转子燃气发生器形式的多电 APU，为美国汉胜公司研发的产品，配装波音 787 飞机，图 5.9 为其结构布局图，整机由齿轮箱、核心机 2 个单元体组成。

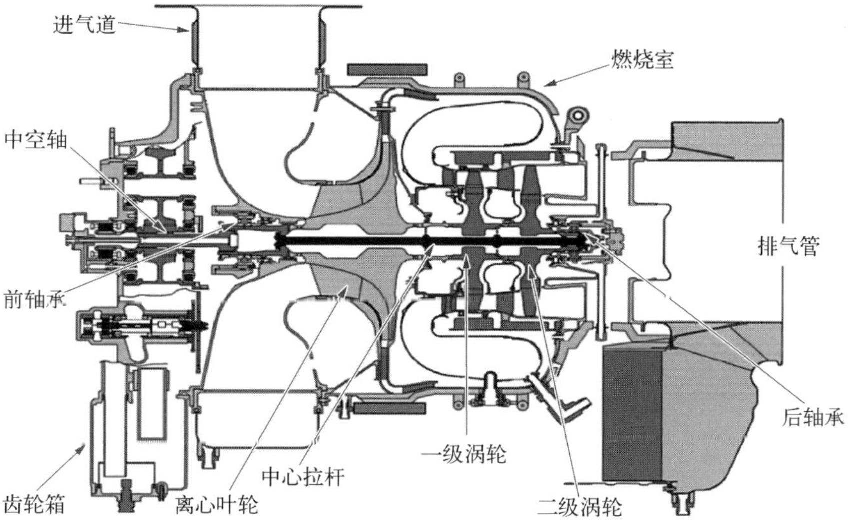

图 5.9　APS5000 结构布局

作为一款多电 APU，结构上与其他 APU 存在一些差异：取消了提供引气的相关部件，如负载压气机、引气管道和阀门等；燃油泵没有安装在齿轮箱上，而是采用变速电力齿轮泵；取消起动发电机，使用集起动和发电功能于一体的起/发电机。

APS5000 核心机部分由单级离心压气机、环形回流燃烧室和两级轴流涡轮组成。齿轮箱单元体位于压气机前，其上安装有滑油动力装置与两台交流发电机，齿轮箱同时作为 APS5000 滑油系统的滑油箱。

转子采用双支点支承，支承方式为 1－0－1，转子前支承（球轴承）位于压气机前，转子后支承（滚子轴承）位于涡轮后。前轴颈、压气机转子、压气机涡轮联接轴、两级轴流涡轮等转子零件之间通过圆弧端齿连接、定心并传递扭矩，中心拉杆穿过转子各零件中心,通过压紧螺母将所有转子零件相互压紧。

APS5000 传力路线为典型的外传力路线。转子前支承的载荷通过轴承座、压气机前机匣、齿轮箱机匣传出,转子后支承的载荷通过轴承座、支承机匣、燃烧室机匣、扩压器机匣传出;转动件、静止件上的载荷通过排气支承、压气机机匣、传递到燃烧室机匣和齿轮箱机匣,并最终传至安装节。

APS5000 在齿轮箱机匣上设置有 2 个安装节,水平对称在两侧;在燃烧室机匣后安装边上部设有 1 个安装节。APS5000 通过这 3 个安装节用连接支架固定在飞机 APU 舱内。

2) 超级组合动力装置(SIPU)

SIPU 是 APU 和应急动力装置(EPU)的综合体,正常工作时如 APU,从外界吸入大气,由飞机提供燃油,为飞机提供电能并输出压缩空气用于起动主发和环控系统,可长时间工作;应急工作时如 EPU,自带工质、可不依赖外界空气,并能够在很短时间内起动成功并为飞机提供备份能源。

图 5.10 为 SIPU 结构原理示意图,SIPU 结构上以 APU 为基础,将 EPU 功能完全融入 APU。采用双模态燃烧室,正常工作时,通过燃油与空气中的氧燃烧而产生动力;应急工作时,通过燃油与存储的高压空气或氧化剂燃烧而产生动力,因此在燃烧室结构上增加应急燃料与氧化剂通道。在压气机进口处增加可调导叶装置,按 APU 方式工作时,可调导叶处于打开状态,按 EPU 方式工作时其关闭;在涡轮结构上增加冲击喷嘴孔,用于 EPU 方式工作时增加冲击做功能力。

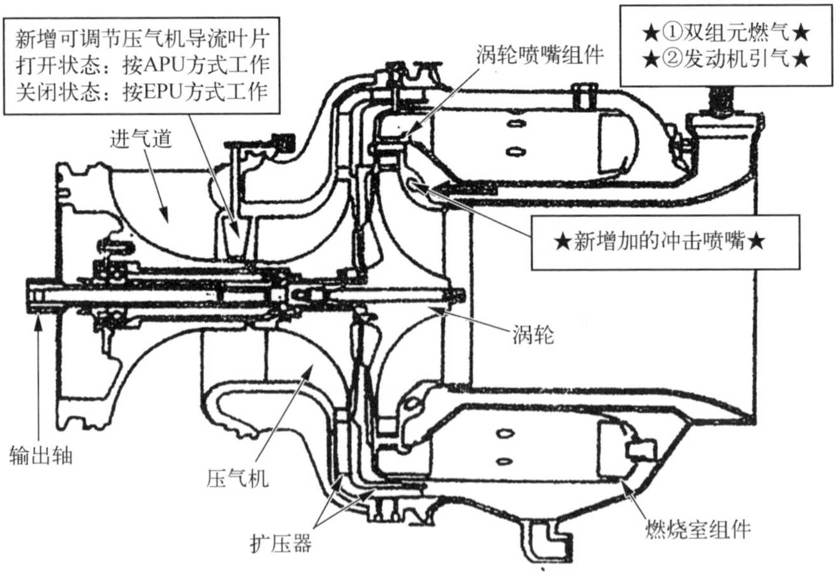

图 5.10 SIPU 结构原理图

APU 基本结构形式具有以下技术特点：

（1）APU 设计理念均力求结构简单、重量轻且载荷变化时快速响应，因此一般采用单转子结构；

（2）功率输出方式由单一输出轴功率带转主发动机发展为既输出引气，又输出轴功率的多功能 APU；

（3）引气方式有核心机引气和负载压气机引气两种形式，大功率 APU 一般采用负载压气机引气，有利于提高燃气发生器热力循环参数，降低燃油消耗。

燃气发生器的基本构型一般由单级离心压气机、环形回流燃烧室和涡轮组成，涡轮有向心涡轮和轴流涡轮两种形式，当量功率 300 kW 以下的 APU 一般采用轴向尺寸小、单级膨胀比大的向心涡轮（美国 GTCP85 系列、GTCP36 系列、APS500 系列、APS1000 系列、APS2000 系列等），300 kW 以上的 APU 则多采用轴流式涡轮（美国 GTCP131 系列、331 系列、APS3000 系列等），且随着功率等级提高，涡轮级数逐步增加。

5.1.3　结构特性

和其他航空动力装置一样，APU 同样要求性能好，重量轻。但更追求良好的可靠性和使用维修性、长寿命、低成本。其结构有下列特点：

1）结构简单、紧凑

现代 APU 核心机一般均采用单转子结构，转子采用双支点支承方式，转子零件通过圆弧端齿连接，这种总体结构布局具有结构简单、紧凑，连接零件数量少等特点。

2）从优选材

为了提高 APU 的可靠度、使用维修性及寿命，设计时所选的热力循环参数裕度较大，所选用的材料较好。如美国研制的 GTCP36－300 辅助动力装置的涡轮前燃气温度为 1 075℃，它选用当时最好的耐热合金 MAR－M247GX；捷克研制的 Saphir100 辅助动力装置的涡轮前燃气温度 800℃，其涡轮导向器和涡轮叶片均采用能长期在 900℃下工作的 K18B 耐热合金。

3）尽可能少的转子支承

多数 APU 的燃气发生器转子都采用两支点设计。两支点支承的零件数目少，可靠度高、维修成本低。总可靠度 R[此处指用平均故障间隔时间（MTBF）表示的基本可靠性]与各支点可靠度 R_i 存在以下关系

$$1/R = \sum_{i=1}^{n} 1/R_i \tag{5.1}$$

式中，n 为支点数目。例如每个支点的 R 为 20 000 h，则 5 个支点的 R 为 4 000 h；而两个支点的 R 可达 10 000 h。

早期的 GTCP85 辅助动力装置的转子采用四支点支承,其后续改进型号采用两支点支承,减少零件数、缩短长度,减轻重量,可靠度比四支点结构提高了一倍多。

4) 单元体设计

现代 APU 广泛采用单元体结构设计。单元体可以单独拆卸和更换,便于外场维护。APU 的电子控制装置也采用多块插入式印刷电路板或单片机构成,外场易于拆卸、维修、更换。

5) 外场可换件设计

外场可换件只需用普通的手动工具就能在飞机上拆除和更换。

6) 采用直齿圆柱形齿轮

APU 齿轮箱的齿轮普遍采用直齿圆柱齿轮,结构简单,轴承轴向载荷最小,可用通用工装和常规生产方法进行生产,降低生产成本。

7) 大量采用精铸件

APU 的很多零部件,如机匣、涡轮导向器、涡轮等都采用整体精铸件,简化工艺,降低成本。

8) 采用定轴式动力段涡轮

较先进的 APU,多采用定轴式动力段涡轮方案,通过同一根轴驱动动力段压气机、负载压气机和齿轮箱,具有结构简单、控制容易、可靠度高等优点。

9) 运用全功能数字电子自动控制装置

为确保 APU 自身的起动、稳定工作和以各种模式给主发动机、飞机提供机械、气动、电气载荷,APU 具有全功能的数字电子自动控制装置。它除了自动控制各系统附件的工作外,还有一套严格的逻辑系统,包括启动程序逻辑和保护(故障)逻辑等;能够在机上故障自检、故障隔离(记忆或显示)。

5.2 转子支承方案

按转子数量来区分,APU 分为单转子、双转子两种类型,其中单转子支承方案是基础。进行双转子支承方案设计时,每个转子支承方案设计可借鉴单转子支承方案设计思路和方法。

5.2.1 单转子支承方案

APU 压气机级数较少,轴向长度较短,同时由于采用级间圆弧端齿联轴器,转子级数较多时也可保证转子具有足够的刚性,因此单转子 APU 基本采用二支点支承方案。采用此支承方案时,要将压气机转子与涡轮转子刚性地连接成一体组成 APU 整体转子,形成二支点支承方案。支点的位置可以根据需要和布置,具体的有 1－0－1、1－1－0、0－2－0、2－0－0 支承方案。1－0－1 支承方案转子刚性较好，但支点距离相对较远，而且在涡轮盘后支的点温度较高，对轴承工作不利，采用该方案的 APU 有 GTCP131－9A 等（图 5.11）。1－1－0 支承方案将后支点安置在涡轮前，可使两支点间的距离减小有利于控制轴的变形，但由于轴承径向尺寸的限制，涡轮轴刚性较小，且涡轮盘呈悬臂，如图 5.12 所示。对于由单级离心压气机与单级涡轮组成的转子可采用 0－2－0 二支点支承方案，如图 5.13 所示，如采用该形式的 APU 有 SAFIR5K 等。对于由单级离心压气机与单级向心涡轮组成的转子可采用 2－0－0 二支点支承方案，结构简单紧凑，但由于离心压气机和涡轮均为悬臂，对轴承的要求比较高，如图 5.14 所示，采用该方案的 APU 有 APS500、APS2000 等。

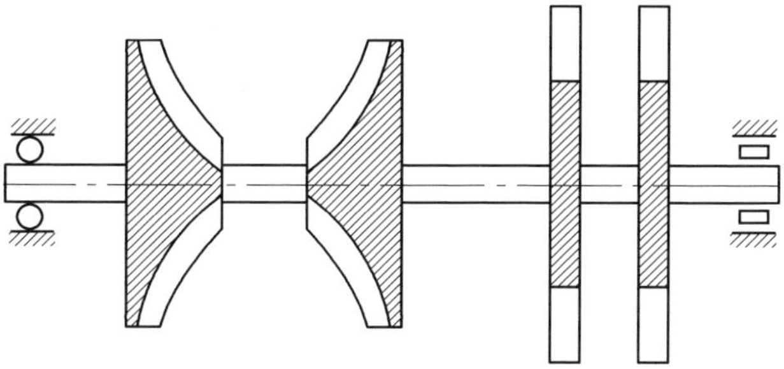

图 5.11　1－0－1 二支点支承方案

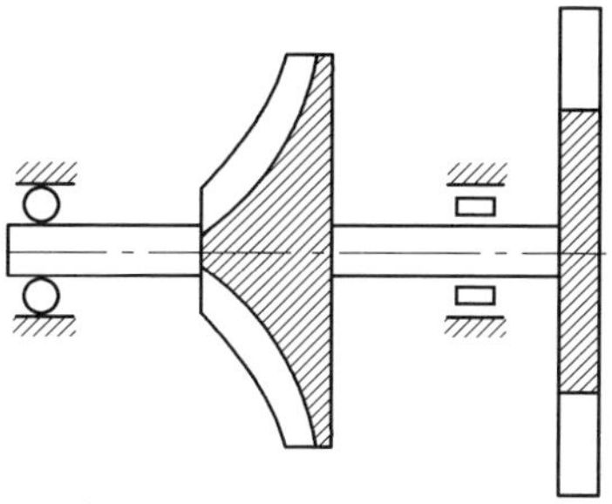

图 5.12　1－1－0 二支点支承方案

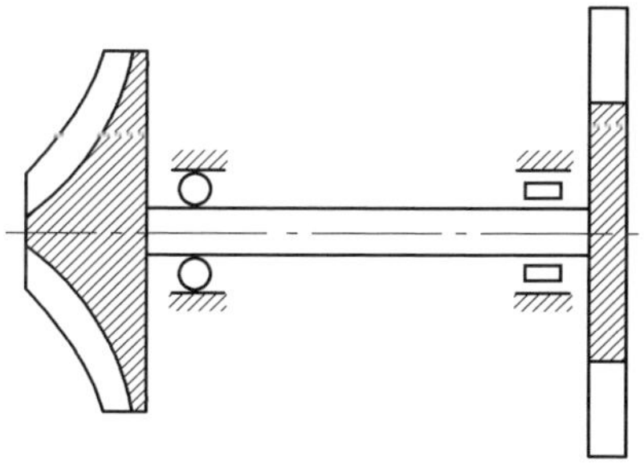

图 5.13　0－2－0 二支点支承方案

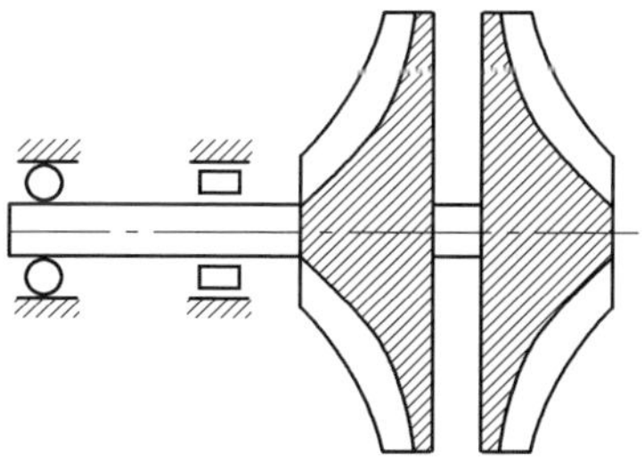

图 5.14　2－0－0 二支点支承方案

对于支承方案的选择，既要考虑 APU 总体结构的要求，同时也要对转子系统的动力学特性进行分析，综合评定后再确定最优的支承方案。

5.2.2　双转子支承方案

双转子 APU 与单转子相比，首先是转子数目多，支承数目多，结构相对复杂。但原则上可将 APU 的各转子（低、高压转子）分割出来，每个转子按前述方法分别进行处理。

APU 支承方案的确定，需要根据气流通道、高低压转子结构形式和长度以及支承框架等诸多约束条件综合评定。

输出轴功率起动主发动机的燃气涡轮起动机，多采用 1 级离心压气机、1 级燃气涡轮、1 级自由涡轮+减速器结构形式，燃气涡轮转子采用 1-0-1 支承形式，自由涡轮转子采用 0-0-2 悬臂支承形式，如图 5.15 所示。但在该方案中由于后轴承位于燃气涡轮后的导向器机匣内，温度较高，冷却和润滑难度较大，采用此方案的起动机有 FIAT FA150 等。

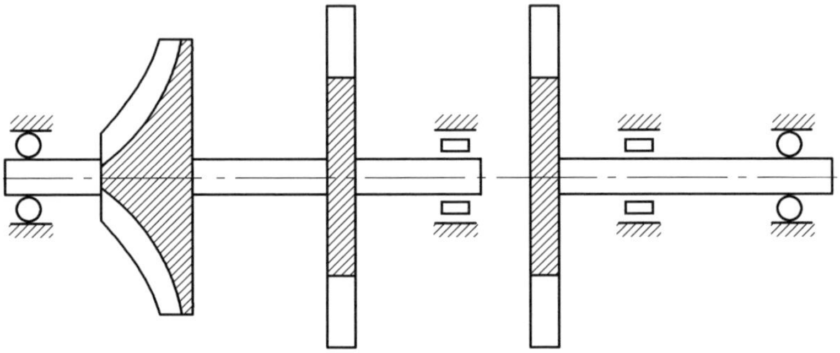

图 5.15 FIAT FA150 起动机的支承方案(HP：1-0-1；LP：0-2)

5.2.3 止推支点在转子中的位置

转子上的止推支点除承受转子的轴向负荷、径向负荷外，还决定了转子相对于机匣的轴向位置，因此每个转子只能有一个止推支点。由于止推支点的负荷较大，所以一般应置于温度较低的地方。例如，在二支点转子上，止推支点应是转子的前支点，最好置于压气机之后。这种安排，不仅可使轴承在较低的温度环境下工作，也使转子相对机匣的轴向膨胀分配在压气机与涡轮两端，使两端的轴向错移量减小。考虑到 APU 一般体积小，重量轻，载荷相对轻，大多数 APU 采用 1-0-1 的支承结构，将止推支点置于压气机前。涡轮盘前、后环境温度高，止推支点最好不设在该处。

由于某些特殊原因，在有些 APU 上，止推支点的位置并未遵循上述原则，但在结构设计上应该采取相应的措施，保证止推轴承和 APU 转子系统稳定可靠地工作。

5.3 支 承 结 构

APU 的转子通过支承结构支承于承力构件上，并将转子的各种负荷传递到承力机匣上。支承结构主要包括轴承支承，轴承，冷却与润滑轴承的滑油进油、回油及通风结构，防止滑油漏入气流通道以及防止高温气体漏入轴承腔室的封严装置等。

本节针对 APU 转子支承结构，从弹性支承、挤压油膜式结构、轴承及其冷却润滑、封严结构四个方面进行结构和工作原理的阐述。

5.3.1　弹性支承结构

随着 APU 转子系统工作转速的不断提高和转子支承结构的限制，已经很难保证高压转子在工作转速以下没有共振转速或具有足够的安全裕度。为了进一步提高高压转子的弯曲临界转速，一般采用缩短支承跨距和设计弹性支承的结构方案。

在高速旋转转子系统中采用弹性支承，主要是为了降低转子支承刚性，调整转子系统固有特性，使工作转速与临界转速间具有合适的裕度。在航空 APU 中典型的弹性支承结构形式有阻尼环式、鼠笼式和弹性环式三种。

在 APU 的主轴承弹性支承结构设计中，受空间限制，一般较少采用鼠笼式弹性支承；如果受轴向空间限制，多采用折返式弹性支承，如果受径向空间限制，则采用弹性环式支承，图 5.16 中，A、B、C、D 均为弹性环与鼠笼式结合的结构形式。

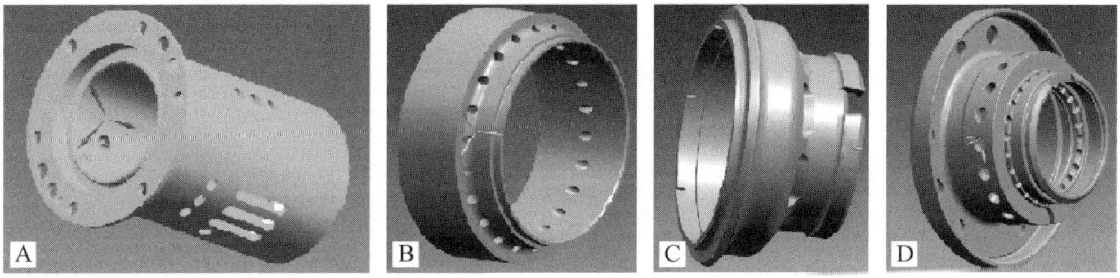

图 5.16　APU 各种弹性支承结构示意图

A. SAFIR5K 弹性支承；B. GTCP131－9A 前弹性支承；
C. FIAT FA150 起动机弹性支承；D. GTCP131－9A 后弹性支承

5.3.2　挤压油膜式结构

APU 工作时，转子振动通过支承结构传给机匣。因此，原则上可以在轴承与支承结构间设置减震器，减少外传振动负荷与振幅、降低 APU 振动。挤压油膜阻尼减振器，就是将轴承外环以一定间隙装入固定在机匣上的轴承座中，在间隙中通以润滑系统中的压力滑油形成油膜，如图 5.17 所示。从图中可以看出，轴承的外传负荷通过油膜后再外传至机匣，其工作原理可以看成是一般的液压减震器或缓冲器。轴承在转子不平衡力作用下，外环向不平衡力作用的方向移动并挤压油膜。在液体动力作用下，外环的移动受到阻碍，同时滑油吸收了外环运动的大部分振动能量，从而使传动机匣的振动值大大降低。由于这种减振措施效果好、结构简单，所以在 APU 中广泛采用。

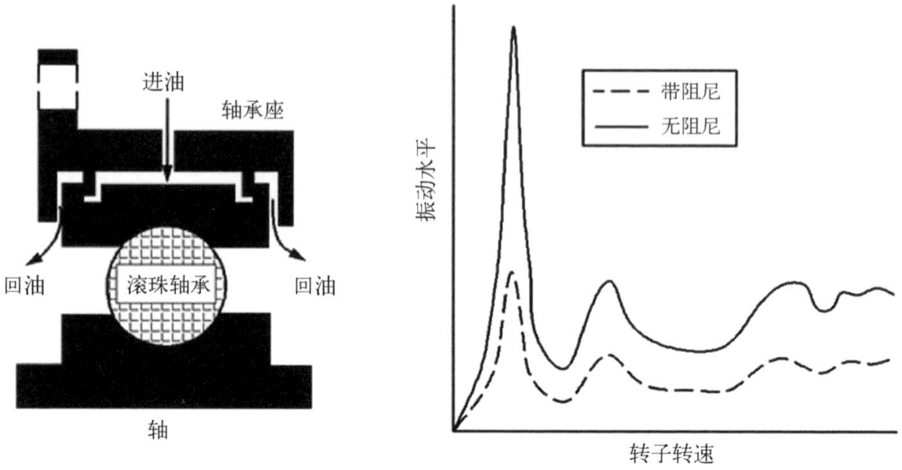

图 5.17 挤压油膜阻尼工作原理图

采用挤压油膜阻尼器时,一定要防止轴承外环或弹性支承自转,为此一般在轴承外环端面上开一纵向槽,利用挡油板或端盖上向下伸出的凸起插入槽中来防止外环转动。当在弹性支承上采用挤压油膜阻尼器时,也需采用防止弹性支承转动的措施。

在设计挤压油膜阻尼器时,应该合理选择挤压油膜的参数,参数是否合适,是否最优,则需通过试验予以考核及修正。挤压油膜阻尼器的主要参数有油压、滑油黏度、阻尼器的几何尺寸。

一般情况下,挤压油膜阻尼器用的油就是 APU 滑油系统的滑油,其压力为滑油系统的供油压力。挤压油膜的几何尺寸主要有阻尼器的直径、长度、油膜厚度即油膜间隙以及两端盖板与轴承外环间的端面间隙(如采用端面盖板来封严时),直径和长度指油膜环的名义直径和有效工作长度。油膜间隙一般取为(0.001~0.002)D 或(0.4~0.6)e,式中,D 为轴颈直径,单位为 mm;e 为转子偏心距,单位为 mm。

5.3.3 轴承及其冷却润滑

1. 主轴承类型

APU 的转子支承轴承大多采用滚动轴承,一是可以最大限度地减轻质量,减小体积和降低成本;二是能够减小摩擦和功率损失;三是可以减少冷却需求量和滑油流量;四是具有一定的滑油中断的承受能力与冷起动能力;五是具有能承受短时大过载能力,如机动飞行、硬着陆及叶片丢失引起的大的极限载荷。APU 轴承结构形式与普通轴承相似,但在转速、载荷和温度方面要求却高得多。随着先进 APU 的发展,轴承工作条件变得日益苛刻。

尽管轴承种类很多,在主轴轴承方面仅采用角接触滚珠轴承和短圆柱滚子轴承,如图 5.18、图 5.19 所示。

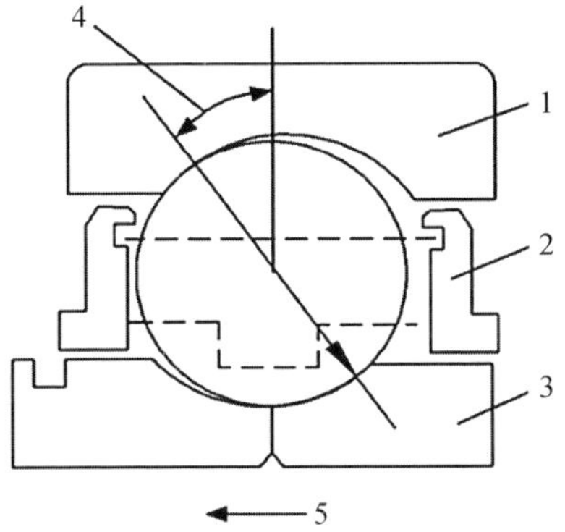

图 5.18　角接触滚珠轴承结构示意图

1. 轴承外环;2. 保持架;3. 轴承内环;4. 压力角;5. 轴向推力

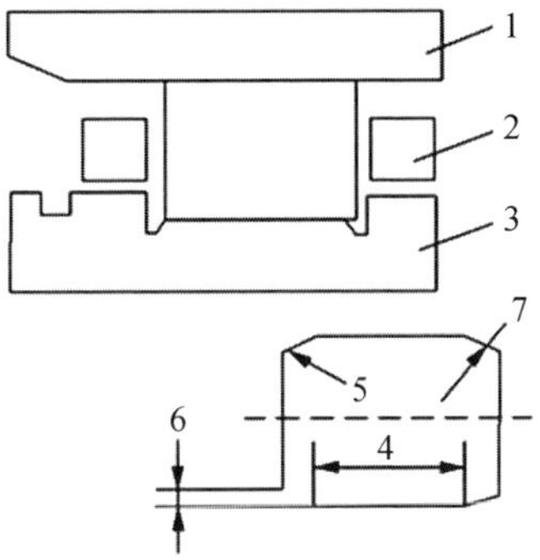

图 5.19　短圆柱滚子轴承结构示意图

1. 轴承外环;2. 保持架;3. 轴承内环;4. 滚子平直段;5. 拐角半径;6. 冠落差;7. 冠半径

滚珠轴承一般采用内环分半角接触滚珠轴承,是因为内环分开可以最大限度地多放滚动体。采用球面研磨技术可以减少分半内环设计中的轴向间隙,主要用于承受 APU 转子轴向负荷。

短圆柱滚子轴承能适应轴向移动,主要用于承受 APU 转子的径向负荷,滚子带有一定凸度使得对转子不对中时具有适应能力,防止产生尖边效应。根据各种 APU 安装、配合和滑油冷却等情况的不同,上述两种类型的轴承还可根据需要派生出变形结构,如外环带安装边、套环上有油孔油槽等;保持架也有各种不同的结构,如兜子形状、兜子锁口、加宽或带翅等。

APU 主轴轴承的功能主要有:① 使转子相对于机匣轴向定位和定心,或将转子支承在其他转子上;② 将转子的所有轴向力和径向力传送到承力构件上。

主轴承属于 APU 的关键部件,其结构完整性对 APU 安全具有重要影响,但在设计中也容易受到一些结构上的限制,给主轴承设计带来很大困难。主轴承在结构制造工艺上具有较高的技术要求,一是要有良好的材料质量;二是要求带晶粒流动的冷锻件;三是热处理严格;四是较高的几何形状精度,如轴承跑道直径允差+0.005 mm,滚子直径允差+0.001 3 mm,球圆度允差±0.000 25 mm;五是具有良好的表面结构与粗糙度,如表面最好呈压应力状态。

对于 APU 的转子轴承,由于转子转速很高,要求其具有高速能力;APU 结构尺寸小,但转速高,一般轴承的 DN 值不低,故要求其具有高 DN 值的技术特征。国内所指的 DN 值是轴承内环内径(单位为 mm)和转速(单位为 r/min)之积,欧美所指

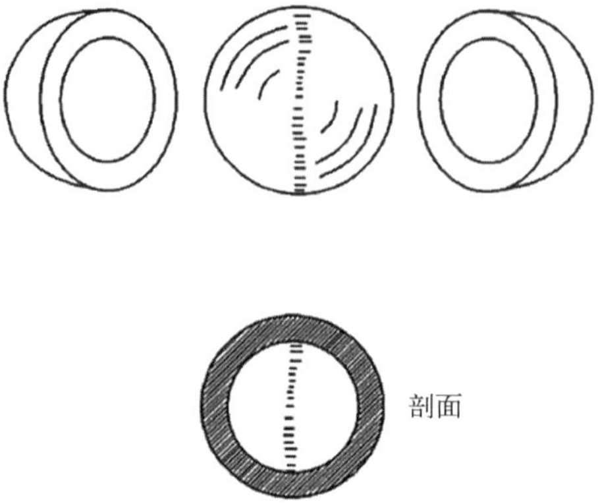

图 5.20 空心滚珠轴承结构示意图

的 DN 值是轴承内环内径与外环外径之和的一半（单位为 mm）和转速（单位为 r/min）之积。

空心滚珠结构示意如图 5.20 所示。近年来，随着工艺的发展，空心滚子的轴承研制成为热点，因为滚珠轴承的 DN 值大于 1.5×10^6[单位为 mm·(r/min)]时，滚珠产生的离心力很大，造成外滚道上接触应力增大以及发热量增大而严重影响轴承的疲劳寿命。为了减轻轴承质量，使用空心轴承，可以适应在高 DN 值下提高高速轴承的疲劳寿命，使滚子变成柔性，消除打滑，允许在高温下工作，可控制滚子的纤维流线，以获得最高的疲劳寿命。

随着新材料的发展，陶瓷滚珠、硅化滚轴、碳-碳保持架等依托新材料研发出来的新型轴承逐渐受到重视。

2. 主轴承设计

现代先进 APU 要求减少主轴承和承力机匣数目。在承力机匣设计中，应当将承受载荷较重的轴承布置在 APU 冷端，并且尽可能共用承力机匣。如在某些悬臂结构的单转子 APU 总体布局设计中，将两个主轴承均布置在离心压气机之前，热端不设置承力机匣和安装节（如 APS5000），轴承的轴向力通过压气机机匣将载荷传送到 APU 安装节。压气机要考虑叶片断裂甩出后轴承承担的极大的瞬时峰值载荷，当损伤出现后 APU 仍会在严重的不平衡载荷状态下工作一定时间，这要求轴承和承力机匣在极限状态下具有保持结构完整性的能力。

轴承通过弹性支承安装在承力机匣结构在 APU 中广泛采用，有些轴承或弹性支承限幅环与机匣间留有一定间隙并通入压力滑油形成挤压油膜，进行转子减振。采用挤压油膜后，虽然转子支承刚度有所变化，但外环冷却效率可提高 1 倍。

作用在轴承上的载荷有径向载荷和轴向载荷，其中径向载荷包括机动飞行产生的过载载荷（大于 1 g）、转子转动产生的振动载荷、支承不同心产生的附加载荷、转子弯曲变形载荷、齿轮传动载荷及装配的预载荷等，而轴向载荷包括作用在叶片上的气动载荷轴向分量、作用在转子卸荷腔和空气系统作用在转子上的轴向力分量以及一些齿轮传动系统的轴向力。

在轴承设计中，DN 值是一个重要的控制参数，随着飞机对 APU 性能、结构的要求越来越高，当前的轴承设计中 DN 值超过 3.0×10^6[单位为 mm·(r/min)]。

滚珠轴承一般应设计成三点接触的内圈分离式结构，注意选择最佳接触角和滚道沟曲率半径,接触角一般为 20°~30°,要求有足够的疲劳寿命、过载承受能力、静载荷能力、抗滑动/打滑能力和有效的润滑与冷却。

滚子轴承主要是精细地设计滚子的相关尺寸,如滚子平直段长度、滚子冠半径、冠的下落量和拐角半径等,这些尺寸的优化与组合,对滚子轴承工作品质有重要影响。性能方面除与滚珠轴承相同外,控制滚子歪斜对高速滚子特别关键。

在轴承可靠性方面,英国罗罗公司规定:民用飞机 APU 主轴轴承,在 4 000 飞行小时内,每 1 000 h 允许的损坏概率为千分之一;军用飞机 APU 主轴承,在 4 000 飞行小时内,每 1 000 h 允许的损坏概率为百分之一。

无内圈滚子轴承直接以主轴的柱面作为轴承的滚子跑道,轴承保持架和滚子直接套装在主轴上,省去了轴承内圈,节省了安装空间。因为滚子轴承与主轴的装配一般是间隙配合,在工作过程中,滚子轴承不承受轴向力,滚子可以在主轴上轴向移动,采用这种结构能保证转子轴在工作过程中轴向自由变形。轴承采用无内圈结构,节省了安装空间,但是加大了主轴柱面的加工难度。

3. 轴承打滑

轴承滚子在工作中,如果阻尼力大于牵引力,则滚子与滚道之间将发生滑动。在 APU 稳态工作中,轴承产生滑动是不允许的,因为滚子的滑动会产生大量的热量,从而损坏滚子和内外滚道。加大轴承的预载可以防止滑动和相应的损伤。

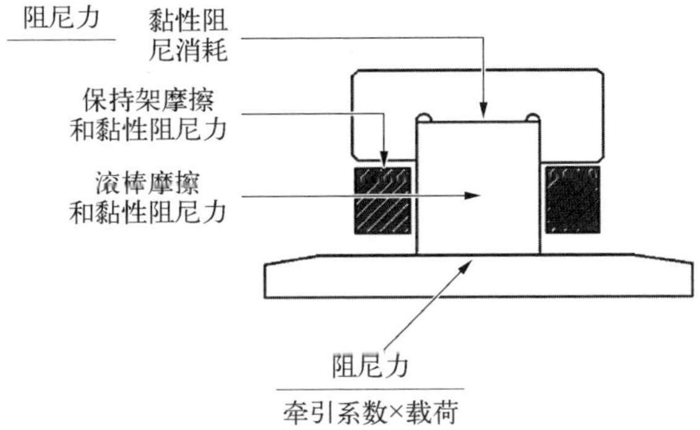

图 5.21　滚子轴承的滑动示意图

预载可以通过轴承环双瓣或三瓣和偏置实现滚动轴承在正常工作时,滚子在内、外环间纯滚动运动,但在 APU 中常常会出现打滑,形成滑动摩擦(图 5.21)。由于滑动摩擦系数大于滚动摩擦系数,加上某些外来因素使得滚子与内外环间的油膜破坏,就会使滚子在内外环滚道上形成干摩擦,引起滑蹭损伤,降低轴承寿命,且给转子的工作也带来危害,如图 5.22 所示。

滚动轴承工作时,有拖动保持架-滚子组合体运动的拖动力与阻碍该组合体运动的阻力。当拖动力大于阻力时,滚子在内、外环间做纯滚动;反之,当拖动力小于阻力时,滚子就不会做纯滚动而产生打滑现象。

作用于保持架-滚子组合体的拖动力主要是轴承在外负荷作用下滚子与内、外滚道间的摩擦力。当保持架定位于内环上时,保持架与内环间的滑油油膜还能产生少部分拖动力。而阻碍保持架-滚子组合体运动的阻力则有保持架-滚子的质量

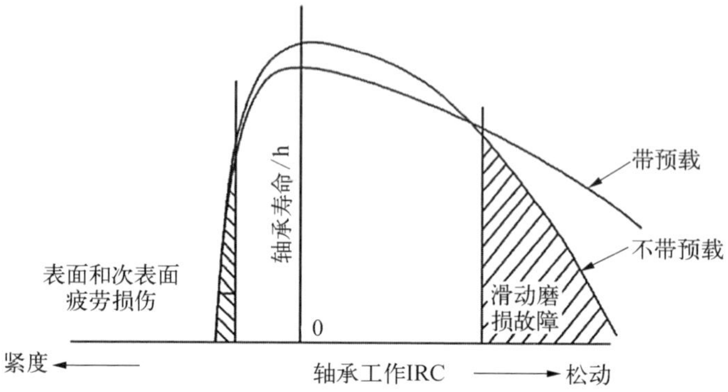

图 5.22 轴承游隙对寿命的影响

惯性力、滑油在轴承内的扰动力、保持架与外环间油膜的黏性阻力(保持架定位于外环时)等。

APU 由于转子质量轻,作用于轴承上的径向负荷小,再考虑到飞机以某些姿态机动飞行时,轴承负荷更小,甚至出现轻载或零载,因而由摩擦产生的拖动力很小,甚至为零。对于滚珠轴承,由于它还要承受轴向负荷,一般不易打滑,如果在飞行包线内,出现作用于转子的轴向负荷改变方向的情况,在变方向的前、后瞬间,轴承也会出现轻载、零载。此外,航空燃气涡轮辅助动力装置转子转速高,滚动轴承在高转速下工作时,滚子在大的离心力作用下,有脱离内环滚道的趋向,无法产生拖动力。由于这两个特点,造成 APU 主轴承带动保持架-滚子组合体运动的拖动力比较小,产生打滑现象。

防止滚动轴承打滑的措施有两大类,即减小阻力和增加拖动力。减小阻力的方法有:采用轻质材料作保持架、保持架不定位于外环、采用空心滚子(这是当前正在研究的一项措施,仍未在 APU 上采用)以及改善滑油在轴承内的流动情况以减小滑油的扰动力等。增加拖动力的方法有:减小轴承游隙;对轴承施加预载,即装配时对轴承施加径向或轴向负荷,轴承工作时,始终在内、外环滚道与滚子间有负荷作用,不出现轻载或零载,产生拖动力。

4. 滑油冷却

APU 主轴承采用滑油冷却,其冷却方式主要有两种:一是滑油通过喷嘴直接喷射,如图 5.23 所示,喷嘴喷射滑油时,必须将滑油喷射到保持架与内环之间,在滚子转动的离心效应下,滑油可以很好地对滚子进行冷却润滑;二是滑油通过轴承内环开孔进行环下供油,采用该方式可进一步提高冷却效率,滑油喷射到轴承内环下面,通过相应的沟槽流到滚珠轴承的内环分半处,通过其间隙在离心效应的作用下,甩向滚珠,进行冷却。在现代 APU 中,大多对轴承采用环下供油冷却的结构,如图 5.24 所示。

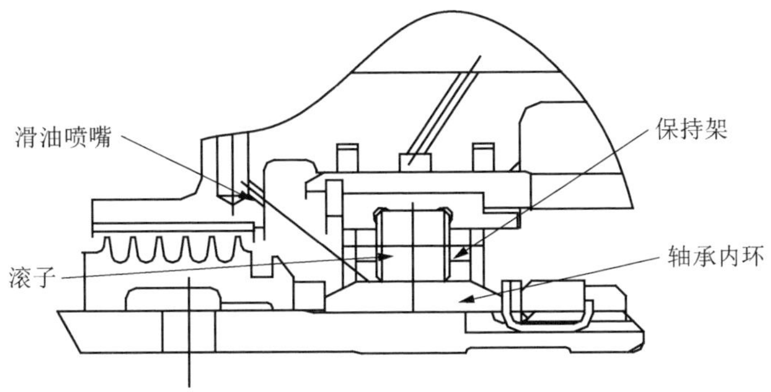

图 5.23 滑油喷射供油示意图

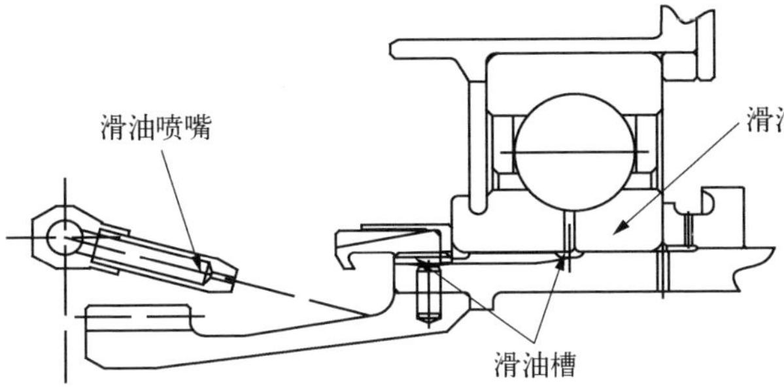

图 5.24 滑油环下供油示意图

5.3.4 转静子之间封严结构

转子与静子之间的密封称为动密封,即密封接口具有相对运动,并能够对接口两边由于流体介质的压力差所引起的泄漏进行限制(将工作介质的泄漏控制在允许值以下或处在限定范围内)或阻止(堵塞泄漏通道而消除介质向外泄漏)。转静子间封严结构种类很多,可分为非接触型、接触型和可控间隙型。

对主轴承封严结构的要求如下: 一是为主轴承和齿轮提供冷却环境;二是防止轴承腔液体泄漏;三是具有最小的流道燃气泄漏量以提高性能;四是合适(既不能过小也不能过大)的止推轴承轴向载荷。在封严结构设计中分为重要和一般封严部件。

所谓"重要"封严部件,一是指两端高压力差的腔体之间的封严;二是对性能影响较大的部件,例如,压气机出口封严、涡轮引气处封严,一般指当泄漏量增加1%即可引起燃油消耗量大于0.4%的变化的重要位置。

所谓"一般"封严位置是指低压差部位,对燃油消耗量等性能参数影响小于0.4%的位置,例如滑油封严或油腔封严。

常用封严结构有篦齿密封、浮动环密封、端面石墨密封、圆周密封等。在现代

APU 封严结构中,主轴承封严装置的类型主要包括非接触式篦齿封严、接触式石墨封严和间隙接触的刷式封严。对于封严结构的使用,各公司均有自己的设计准则,如 APS5000 辅助动力装置在主轴承腔采用篦齿密封,在减速齿轮箱部位采用圆周式的唇形密封结构。

1. 篦齿密封

篦齿密封是 APU 广泛使用的一种有效的、长寿命的非接触式密封结构,经常使用的篦齿齿型有直齿、斜齿和梯形齿,如图 5.25 所示。

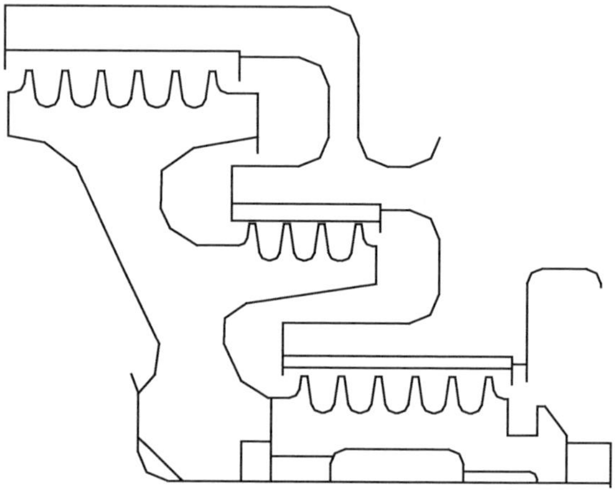

图 5.25 篦齿封严结构示意图

篦齿密封泄漏量大,一般推荐篦齿密封空气和滑油的压差为 0.076 ~ 0.23 MPa,压差小于 0.076 MPa 时漏油,导致滑油消耗量增加,而大于 0.23 MPa 时空气泄漏量过大,影响性能。理论上泄漏量与间隙成正比,为减少密封泄漏,往往采用小间隙设计,间隙受累积误差、支承间隙误差、转子动力响应和热变形所引起的径向运动的影响,存在最小值。为保证密封结构在发生摩擦时正常稳定地工作,其静止的衬套一般设计成易磨材料或喷涂耐磨软涂层,如石墨等。

篦齿封严结构在设计中有不同的结构形式,它们使用的部位和性能也有所不同。主要结构形式有梯形结构和倾斜齿结构,在与封严篦齿的对应面上采用蜂窝结构也可以提高其封严效果。这种封严结构设计要对间隙控制、转静件碰摩及其稳定性、摩擦的热稳定性、泄漏气流激励下的声波激励和振动抑制以及气弹稳定性等问题进行综合考虑。

篦齿封严结构在工作过程中始终存在气流激励,所以振动抑制设计十分重要,其中最有效的方式是采用阻尼结构设计,如在封严结构中,增加弹性开口环、指状干摩擦阻尼结构和 T 形开口环等,在振动环境中使其结构的接触表面产生干摩擦阻尼,以抑制振动。

2. 浮动环密封

浮动环密封是间隙式圆周密封,靠流经小间隙的流体阻力限制泄漏。密封环可适应因高速旋转圆柱表面的径向跳动和轴心涡动而产生的移动,正常工作中可排除硬性接触摩擦。在不能完全排除固体接触的情况下,动压浮升力能降低密封环与旋转圆柱面之间的接触负荷。因此,浮动环密封的摩擦力小,摩擦发热低,适合高速旋转工况下的液体密封。对于气体密封,由于气体黏度低,动压浮升力小,难于排除固体的接触摩擦,为防止磨损,可在轴上与浮动环接触区局部渗碳或镀铬,浮动环密封的基本结构如图 5.26 所示。浮动环内径与轴冷态静止间隙为 0.10~0.15 mm,热态时为 0.05 mm;浮动环与槽侧壁间隙一般为 0.05~0.127 mm。浮动环也可制成开口环,通常在铸铁密封环表面渗入一层厚度为 0.1~0.38 mm 的浓缩石墨。为保证环的刚性,其径向厚度通常为轴的 1/30。轴开始旋转时,浮动环在轴的带动下也会以一定速度旋转,当密封压力建立起来后,环与轴之间相当于一个气体轴承,环很快与轴脱离接触而降低转速,最后在密封压差作用下完全静止地靠于槽的一侧。

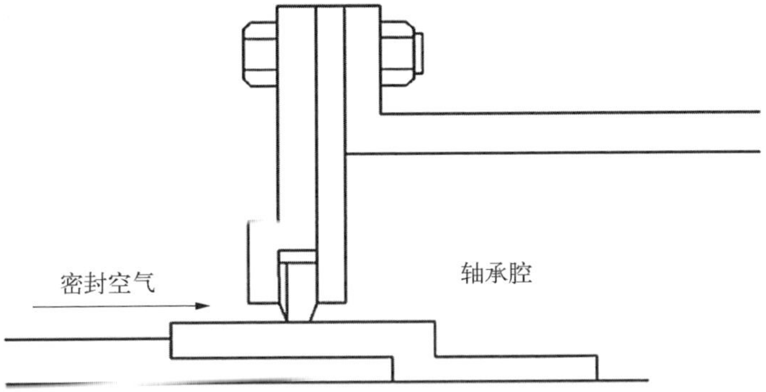

图 5.26　浮动环密封基本结构示意图

扩大浮动环密封工作能力的结构措施,是在浮动环内表面上设计有气体轴承型面、轴向流体静压力平衡,减小密封环与座之间的径向相对运动摩擦力,图 5.27 所示为一种可控间隙的浮动环密封。密封环是将碳石墨热压入金属环中的复合结构。利用碳石墨材料的优良摩擦磨损性能,补偿碳石墨的低拉伸强度,其设计特点是密封复合环与密封跑道之间的热膨胀率要恰当匹配。这种密封工作能力较强,密封压差为 0.7 MPa,滑动速度为 150 m/s,气体温度为 650℃,每厘米密封直径气体泄漏率为 0.033 m^3/min(换算成标准状态)。

分段式浮动环密封示意如图 5.28 所示,密封环是碳石墨材料,沿周向切成 3~5 个弧形段,沿外径用周向弹簧箍成一个整环。在工作过程中,万一密封间隙消失甚至出现过盈,可保持结构完整性。浮动环密封的摩擦力小,摩擦发热低,功耗小,适宜于高速、高温应用。

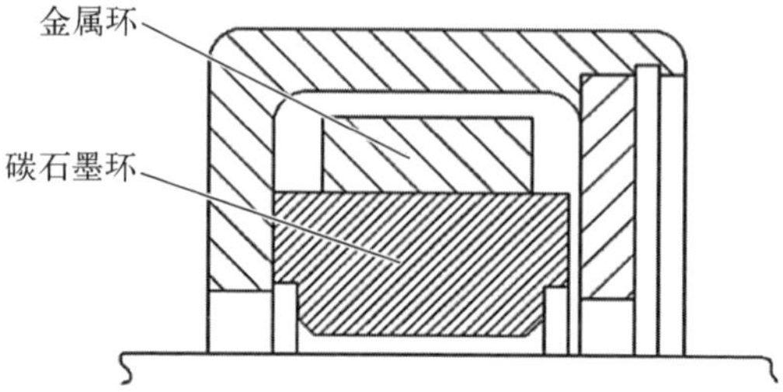

图 5.27　可控制间隙式浮动环密封结构示意图

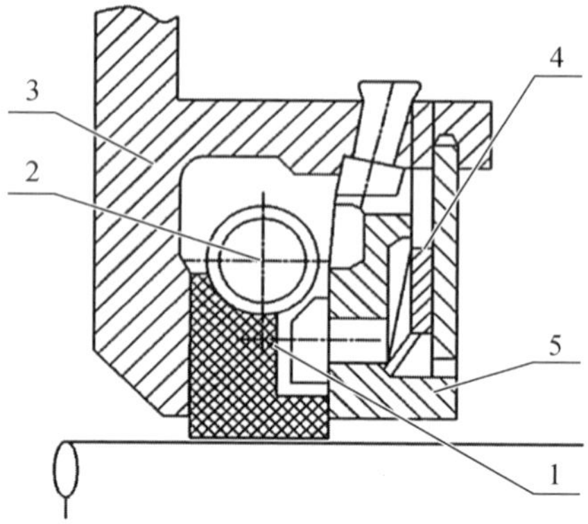

图 5.28　分段式浮动环密封结构示意图

1. 分段式碳石墨环；2. 周向弹簧；3. 密封座；4. 波形弹簧；5. 压板

浮动环密封允许的滑动速度为 90 m/s，在短寿命应用或良好的间隙控制和摩擦磨损控制下，滑动速度可达 200 m/s 以上。其工作温度取决于材料和结构设计，可从超低温到高温（650℃）。密封压差取决于允许的泄漏要求，可以达到很高。浮动环密封可靠性高，使用寿命长。主要缺点是泄漏比接触式密封高、间隙控制要求严格、制造精度要求较高等。

3. *端面石墨密封*

端面密封装置广泛适用于液体与气体等介质的密封，在 APU 中通常用于主轴承腔、附件传动机匣和附件轴端的密封。端面密封工作能力高、密封性能好、功耗损失相对较小，能用压力平衡技术使密封介质的作用力降到最小以至为零。与圆周密封相比，端面密封制造成本低，不易被损坏，对滑油焦化敏感性小。不足之处是占用空间较大，难以适应较大的静子与转子之间的相对位移。

主轴承腔用典型的端面石墨密封结构如图 5.29 所示，在弹簧和静止环的作用下，石墨块与旋转环之间摩擦封严。

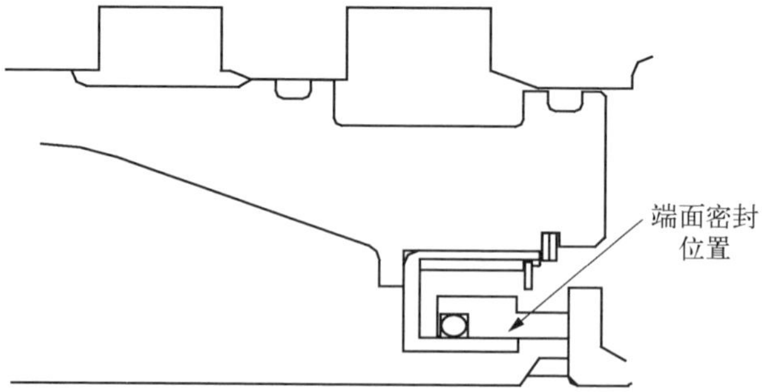

图 5.29　典型端面石墨密封结构示意图

4. 圆周石墨密封

加拿大普惠公司的 APS 系列、法国微型涡轮公司的 Safir 系列、俄罗斯 TA 系列等 APU 在主轴承腔滑油密封中均有采用接触式圆周密封装置。其主要优点是结构紧凑,质量轻,易于装配;不限制转子轴向窜动;具有破损安全性,密封件折断后仍能保持结构的完整性;限制气体泄漏效率高等。与端面密封相媲美的圆周密封装置的工作能力取决于跑道的冷却效果、碳石墨材料的耐氧化性与耐磨性。

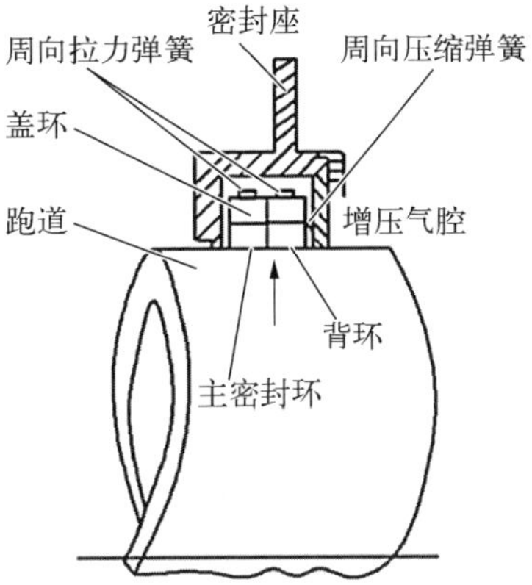

图 5.30　接触式圆周密封装置示意图

圆周密封是一种内径接触式密封装置,密封件沿周向均匀分为几段,由周向拉伸弹簧箍到旋转轴上的密封跑道外径表面上,构成主密封接口限制轴向泄漏;由轴向压缩弹簧(或波形弹簧)将密封环推靠在密封座内伸凸边端面上,构成二次密封界面限制径向泄漏。通过密封座上的定位销防止转动,但不妨碍径向浮动。为了限制分段环接头缝隙的泄漏,演变出三环、双环和单环三种结构,如图 5.30 所示。

5. 刷式封严

近年来一些新型封严结构不断出现,刷式封严就是其中之一,刷式封严可以有效地改善航空辅助动力装置二次流路气流泄漏量,是篦齿封严装置的简单、实效的替代结构。实际应用表明,在 APU 上几处关键部位使用刷式封严就可以使功率提高 1%~3%,耗油率下降 3%~5%,因此,刷式封严具有很大的应用潜力。

刷式封严结构主要由两部分组成:一是在静子上的金属刷及其安装结构,二是在转子上的耐磨涂层。工作时,金属刷斜置压在转子上,其封严效果好,属于接触式封严,如图 5.31 所示。在工作中要考虑摩擦所产生的热量和压紧力、倾斜角等参数的优化。

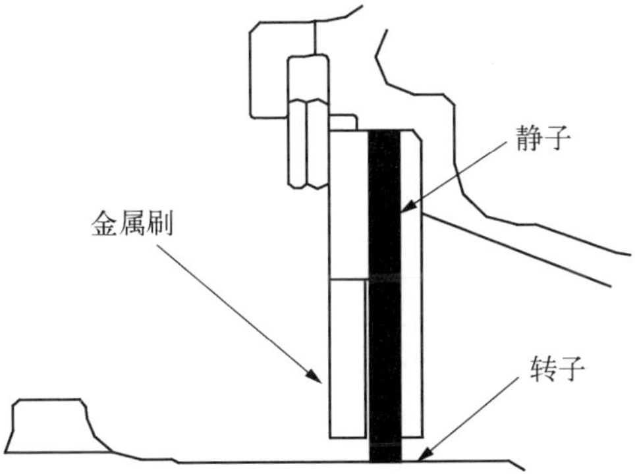

图 5.31　刷式封严结构示意图

在结构设计中,刷式封严一般用于封高温燃气,并且在高切向速度的地方使用,这样可更好地发挥其结构特点。

对于各种封严结构的泄漏量:石墨封严远远小于篦齿封严,刷式封严小于石墨封严。

5.3.5　新型支承结构

随着技术的进步,在高速旋转机械中采用了新型的材料和加工技术,特别是金属橡胶材料的应用,促生了一些新的弹性支承和阻尼结构形式,如鼠笼加金属橡胶弹支、弹性环加金属橡胶和气膜阻尼环等新型支承阻尼结构等。

1. 金属橡胶材料

金属橡胶是一种多孔的功能性高效阻尼材料,由金属丝经过选丝、绕丝、拉伸、编织和模压成型等过程制作而成。因其宏观上具有类似橡胶的大分子结构和弹性,又是金属制品,因此称为金属橡胶,其特殊的成型工艺使其具有很多优良性能。

(1) 高弹性:通过对金属橡胶构件的优化设计,其弹性模量可以在 10^4 ~ 10^9 Pa 的范围内变化,即刚度可调;

(2) 高阻尼:阻尼比系数一般能达到 0.2~0.3(一般钢制弹簧为 0.06,天然橡胶为 0.2~0.4),对瞬时冲击载荷有良好的吸收能力;

(3) 高吸声系数:其吸声系数 a 能够达到 0.6~0.95,是一种高效吸声材料,而且孔隙率可控,即吸声性能可以设计;

(4) 低导热性:金属橡胶的导热性远远小于其金属丝,一般为金属丝材料导热性的 1%~2%;

(5) 低膨胀系数:金属橡胶的体积膨胀系数为其金属丝体积膨胀系数的 30%;

(6) 轻质量:其密度小于金属丝材料的 0.3;

(7) 强环境适应性:在空间环境下不蒸发、不怕空间辐射和粒子撞击、耐高低温、耐腐蚀,不易老化,可长期存放;

(8) 强可塑性:可按产品结构特点制成各种复杂的形状。

因此,金属橡胶材料广泛用于航空航天、武器装备、民用机械和建筑交通等领域的减振隔振、吸声降噪、密封和热防护等。

金属橡胶内部的金属螺旋丝之间是以啮合、滑动的形式接触的。啮合接触能改变金属橡胶的刚度,而滑动接触能产生内摩擦,耗散振动能量。金属橡胶的刚度在小变形时近似为线性,随着变形的增大,刚度特性呈现软特性的规律。

金属橡胶是一种各向同性材料,图 5.32 所示为立方体金属橡胶元件的静态迟滞特性曲线。从图中可以看出,金属橡胶在不同方向的力学性能不同,模压成型方向的阻尼性能好,但承载能力小;非模压成型方向承载能力强,但阻尼性能略有逊色。

2. 金属橡胶转子阻尼器

传统挤压油膜阻尼器虽然具有良好的减振性能,但是如果转子系统在工作过程中不平衡激振力过大,其油膜刚度随油膜轴颈偏心率的增大呈高度非线性增长,可能会使转子系统振动恶化,给 APU 带来严重危害。基于金属橡胶这类弹性阻尼材料的新型转子阻尼器成为传统转子阻尼器的良好替代选择。将已有的金属橡胶

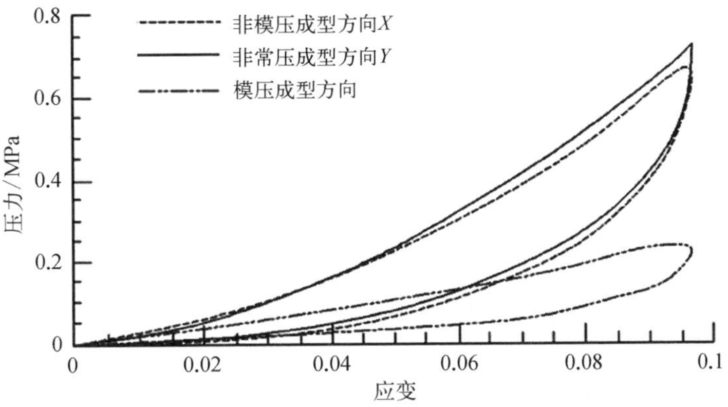

图 5.32　金属橡胶构件静态应力-应变迟滞特性曲线

阻尼元件设计技术与现有弹性支承结构相结合，可以设计适用于不同结构需求的金属橡胶转子阻尼器，主要有直条鼠笼式、折返鼠笼式及弹性环式转子阻尼器。

1）“直条式鼠笼+金属橡胶”支承阻尼结构

“直条式鼠笼+金属橡胶”支承阻尼结构由鼠笼式弹性支承、金属橡胶阻尼元件、阻尼器内/外环及端盖组成。其中，鼠笼式弹性支承属于悬臂式结构，一端由安装边固定在机匣轴承上；另一端为悬臂，其内部安装轴承以支承转子。鼠笼式弹性支承提供转子支承的主刚度，其刚度可以根据转子系统动力学设计要求，通过调整辐条宽度和数目进行优化设计。

金属橡胶阻尼元件结构形式可以根据设计的结构要求进行灵活调整，常见的结构形式包括“整环式”和“分瓣式”两种。金属橡胶阻尼元件主要提供转子的支承阻尼及与鼠笼支承刚度并联的附加刚度，其阻尼性能和附加刚度可以依据设计要求，通过金属丝材料、几何参数的选取，以及金属橡胶相对密度等工艺参数的控制进行优化设计。

阻尼器内外环及端盖为金属橡胶阻尼元件提供必要的轴向和周向定位，并使整个支承阻尼元件作为一个独立的支承组件，便于安装、维护和更换。“直条式鼠笼+金属橡胶”支承阻尼结构一般适用于具有较大轴向空间，并且支承在安装边与轴承支点位置具有较大轴向距离的支承结构中。

2）“折返式鼠笼+金属橡胶”支承阻尼结构

对于支承安装边与支点位置轴向距离较小的支承结构，直条式鼠笼因不具备必需的结构空间而无法使用，此种情况下“折返式鼠笼+金属橡胶”支承阻尼结构是一种较为适宜的设计方案，其由折返式鼠笼弹支、金属橡胶阻尼元件、外环和端盖组成。

折返式鼠笼弹支提供转子系统的主刚度，类似直条式鼠笼，其刚度可以依据设计需求，通过改变辐条宽度和数目进行优化设计和调整。折返式鼠笼内鼓筒的几何尺寸可以根据轴承支点的轴向位置和径向尺寸设计。

金属橡胶阻尼元件直接安装于折返式鼠笼内鼓筒，并通过外环和端盖进行定位。阻尼元件的轴向位置取决于外环轴向挡边，并依据具体的支点位置进行针对性设计。同样的，阻尼元件可以设计为“整环式”或“分瓣式”。

3）“弹性环+金属橡胶”支承阻尼结构

“弹性环+金属橡胶”支承阻尼结构由弹性环、金属橡胶阻尼元件等组成，完全不增加轴向尺寸，支承结构更为简单，质量也更轻，在俄制 APU 中此种结构设计较为广泛。其中，在“弹性环+金属橡胶”支承阻尼结构中，弹性环提供支承系统的主刚度，弹性环上有周向均匀交错的内外凸台，内凸台承受轴承的压力，而外凸台将此压力传给机匣，此外在内凸台外侧对应位置处往往加工有高度略低于外凸台的限幅凸台。弹性环刚度可以根据设计要求，通过改变凸台数目、弹性环宽度及厚度等结构参数进行优化设计。

在弹性环外凸台及限幅凸台间填充金属橡胶阻尼元件，当内凸台在轴承挤压下产生弹性变形时，弹性环一方面通过外凸台将大部分载荷传递到支承机匣，另一方面进一步挤压金属橡胶元件，将振动能量通过金属橡胶的干摩擦耗散，并由金属橡胶向机匣传递小部分载荷。因此，金属橡胶元件提供该支承结构的主要阻尼及部分并联附加刚度。

3. 气体轴承

APU 转子系统多采用弹性支承和挤压油膜阻尼器以起到调整转子系统临界转速和阻尼减振的作用。随着 APU 性能要求的提高，其功率负荷和效率大幅提高，转子系统工作在高温、高压和高速的恶劣条件下，对机械-液压部件的可靠性形成严峻挑战，并且这些液压部件占用附件很大部分的质量，严重影响 APU 结构简单可靠，体积小，质量轻的要求。

以气体轴承为代表的无油润滑支承技术的发展和应用，为先进 APU 的结构改进和性能提升提供了重要思路和发展方向。与滚动轴承及油滑动轴承相比，气体轴承具有速度高、精度高、低摩擦、耐高温和低温、无污染及结构简单等优点，但由于采用气体作为润滑介质，其承载小、刚度低、可靠性差，又限制了它的广泛应用。

气体轴承现广泛应用于精密工程、超精密工程、微细工程、电子精密仪器、医疗器械及核子工程等领域。近年来，开始着手考虑将气体轴承应用于 APU 转子系统中。2010 年，NASA 研究中心的 Robert J. Bruckner 指出，径向尺寸为 50~70 mm 直径等级的箔片动压气体轴承在 120 kN 推力等级的高涵道比涡扇发动机中应用是完全可行的。该项技术的应用可使耗油率下降 3%左右。

目前，气体轴承的设计理论已逐渐完善，稳态、动态性能的理论分析和基础实验成果日趋显著，已基本形成了系统的理论和试验研究方法，为气体轴承在先进 APU 中的应用奠定了良好的基础。

1）气体轴承的工作原理

气体轴承是一种采用气体作为润滑介质的流体膜润滑轴承，其工作原理与常规使用的油润滑滑动轴承基本相同，即利用气体的黏性，提高间隙中气体的压力，从而将物体悬浮起来。

根据承受的载荷，气体轴承可分为止推轴承和径向轴承。根据压力产生的原理，气体轴承可大致分为静压式、动压式和挤压膜式。与静压式气体轴承相比，动压式气体轴承不需要外部气源，但要求构成楔形间隙的两表面间存在相对运动，而且其动压效果将随相对运动速度增加愈发明显，这种特性对于存在相对运动的结构是十分有利的。结合 APU 转子系统的结构特点和运转方式，动压式径向气体轴承特别适用于作为 APU 转子系统的支承。

箔片动压式气体轴承是动压式径向气体轴承的一种重要形式。与传统的刚性轴承相比，其最大特点和本质区别就在于它的轴承表面是柔性的。由于轴承表面是柔性的，箔片轴承能够随时建立起它的工作间隙厚度，接受转子与轴承轴线不平行之间的角偏差，并容许一定程度的局部间隙变化。箔片动压式气体轴承除了具有一般刚性表面动压式气体轴承的特点外，还具有诸如高稳定性、耐振动冲击、装配对中要求低和启停性能好等突出特点。尤其是箔片轴承结构所产生的阻尼大大抑制了转子的振动，使其能有效地抑制转子系统自激振动和低频涡动的发展，因此箔片动压式气体径向轴承具有良好的稳定性。

2）气体轴承的结构形式

Hydresil 型箔片动压径向气体轴承结构示意如图 5.33 所示，该轴承由单层光滑的顶层箔片、具有波纹结构的弹性波箔片及轴承壳体组成。光滑的顶层箔片提供轴承内表面，安装在波箔片上，波箔片沿圆柱面壳体内壁安装，为顶箔提供弹性支承并控制着轴承的表面刚度。波箔片一端固定在轴承壳体上，另一端自由伸展。

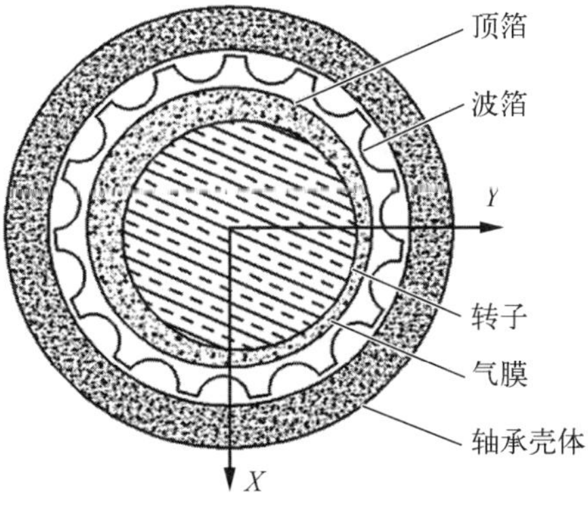

图 5.33　箔片动压径向气体轴承示意图

为了提升箔片动压式气体轴承的承载能力，国外推出了一系列新型动压式径向气体轴承。2009 年国外研究人员结合箔片动压式气体轴承、可倾瓦式气体轴承和静压式气体轴承的特点提出了一种新型动静压混合型气体轴承。该轴承采用金属丝网弹性环代替箔片动压式气体轴承的波箔片，并加入弹簧构件以提高支承刚度。试验研究表明，该气体轴承能够支承直径为 70 mm 的转子在 40 000 r/min 转速下稳定运转，而且轴承在较低转速下能够提供较大的正阻尼，而交叉刚度系数却很小，有利于转子系统的稳定。

2011 年,国外研究人员用规则编织的金属丝网代替传统箔片动压式气体轴承的波箔,提出了一种新型动压气体轴承,如图 5.34 所示。通过调整轴承的静态载荷对气体轴承进行加载和卸载,得到具有不同密度的金属丝网的气体轴承分别在转速为 0 和 30 000 r/min 时的能量耗散性能和气膜静态刚度,并与传统箔片动压式气体轴承的能量耗散性能进行比较。结果表明,随着金属丝网密度增加,能量耗散能力增强,气膜静态刚度增大。该新型动压式气体轴承比传统箔片动压式气体轴承的能量耗散能力大大增强,具有优良的阻尼性能。

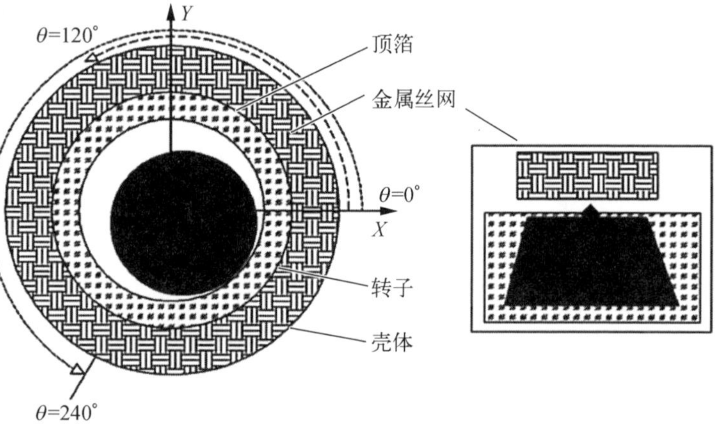

图 5.34 新型金属丝网动压式气体轴承示意图

5.4 静子承力系统

APU 工作时,在转子和静子上作用有各种载荷。APU 静子上的各种负荷,通过机匣和构件传递给安装节,转子上的各种负荷也通过一些承力构件和机匣传递给安装节。承受和传递这些负荷的机匣和构件组成了 APU 的静子承力系统。这些负荷中,有的在零件本身或在相邻部件中部分抵消,剩余的载荷再经过 APU 安装节传给飞机,有些零部件不仅承受了本身的负荷,还要传递相邻部件的负荷。因此,承力系统的成功设计,对保障 APU 安全可靠工作具有很重要的作用。

5.4.1 基本结构

APU 承力系统结构通常包括压气机机匣、燃烧室机匣、涡轮导向器机匣、减速器机匣、排气框架等部件。这些部件使 APU 在承受和传递较大载荷时有足够刚性,变形小,并能牢固地固定在 APU 舱的安装支座上。

1. 机匣

APU 机匣一般是整体式结构，机匣除了承受内压，还要传递轴向力、扭矩、弯矩和陀螺力矩等载荷，是 APU 最关键的承力部件之一。

一般来说，机匣结构设计时应满足以下要求：

（1）在重量轻的条件下，具有足够的强度和刚性；

（2）保证机匣与叶尖的径向间隙，提高部件效率；

（3）定位准确，密封性好，转子拆卸方便，工艺性好；

（4）机匣具有包容性。

为保证转子和机匣的同轴度，相互连接的各机匣之间需要可靠的径向和周向定位，目前在 APU 的机匣定位设计中，主要有止口定位、精密销钉定位。同时对螺栓孔进行防错设计，确保相邻机匣之间的径向和周向定位可靠，如图 5.35、图 5.36 所示。

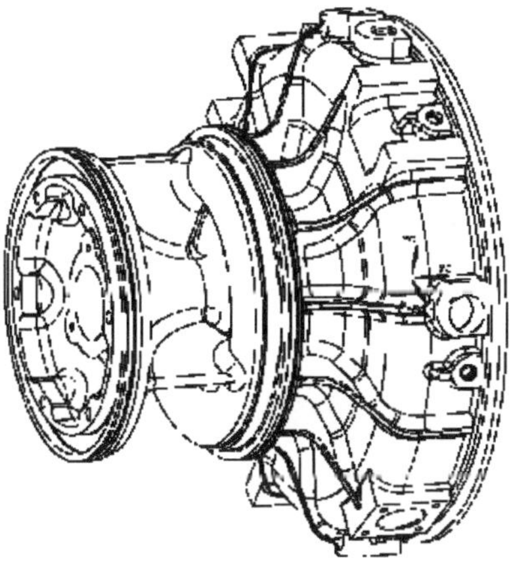

图 5.35　APS500 压气机机匣

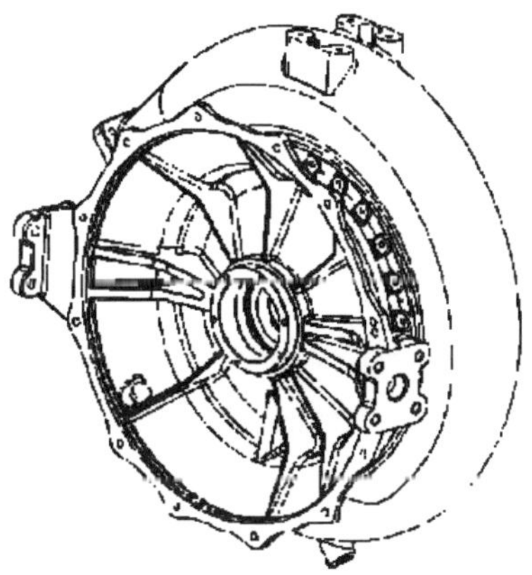

图 5.36　GTCP131－9A 轴承机匣

2. 框架

框架通常是由内、外机匣与几个径向支板焊接或铸造而成，其上分布的径向载荷主要依靠置于气流通道内的支板的拉伸、压缩从内机匣传递到外机匣，轴向载荷则主要依靠支板的弯曲从内环传到外环。由于支板穿过气流通道，这种框架结构一般用于进气框架、排气框架等。

GTCP131－9A 辅助动力装置排气框架示意如图 5.37 所示，排气框架为一整体焊接构件，由排气机匣、轴承座安装座及转接段组成。排气支承和轴承座安装座均为 K4169 铸件，其余转接段为 GH4169 板件制成。排气机匣上有 3 个均布空腔支板，回油管通过正下方的支板与轴承座上的回油孔连接，进油管通过左上方的支板与轴承座上的进油孔连接。其空心支板除承力外，内腔还作为滑油供油管、回油管、通气管的安装通道，同时还可引气对石墨封严环进行增压封油和平衡燃气涡轮转子轴向力。

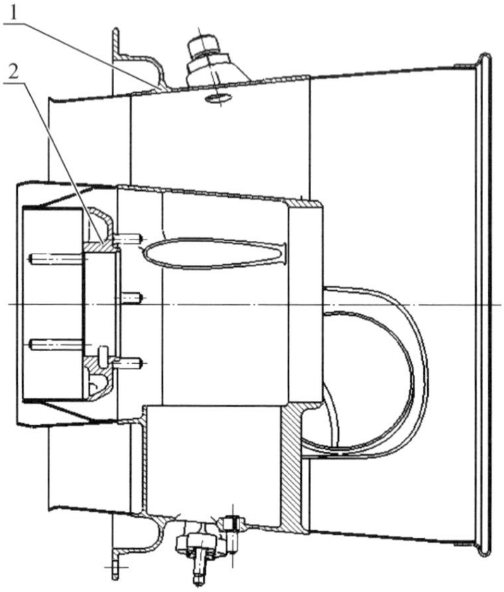

图 5.37 GTCP131－9A 排气框架

1. 排气机匣；2. 轴承座安装座

5.4.2 载荷传递

作用在 APU 机匣上的载荷，包括 APU 工作产生的载荷和飞机在机动飞行时产生的载荷。APU 工作产生的载荷主要有：

（1）压气机和涡轮静子叶片产生的扭矩力矩和轴向力；

（2）轴向载荷；

（3）径向载荷；

（4）温度载荷；

（5）振动载荷。

飞机机动飞行时产生的载荷有：

（1）转子系统上陀螺力矩对支承结构的附加作用力；

（2）机匣产生的惯性载荷。

在承力系统结构设计时，应尽量缩短 APU 载荷传递路线，充分利用 APU 上的机匣，改善各承力机匣的受载状态。

APU 一般采用单转子，且转子跨距较短，常采用前、后两支点支承方案，前支点一般在压气机前，多采用球轴承，承受和传递轴向载荷和径向载荷；后支点在压气机和涡轮之间或者在涡轮后，多采用滚子轴承。少部分 APU 采用双转子方案，自由涡轮转子的支承方案可采用双滚子或滚子-滚珠或双滚珠轴承支承，具体布置方案与自由涡轮转子的结构及功率输出形式有关。目前，常用的单转子 APU 基本都采用外传力方案。

后支承承受的载荷经轴承座、排气框架经燃烧室外机匣等承力构件传至安装节，该传力方案具有刚性好、传力路线简单等特点，但涡轮后支承承力构件穿过高温区，需采取隔热措施，轴承也需隔热和冷却，如图 5.38 所示。

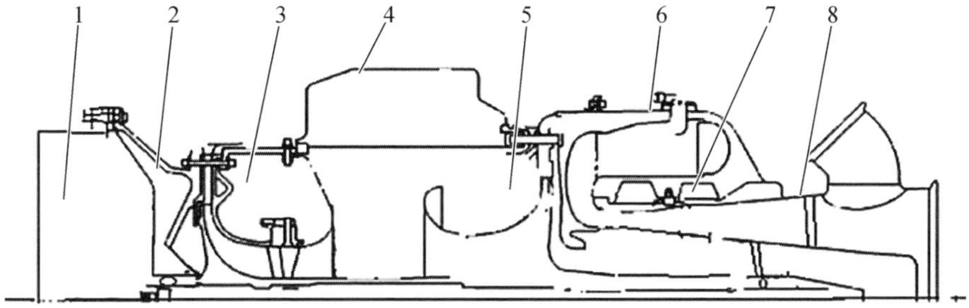

图 5.38　外传力方案的 APU 机匣图

1. 附件传动机匣；2. 承力机匣；3. 负载压气机机匣；4. 进气机匣；5. 动力压气机机匣；6. 燃烧室机匣；7. 涡轮静子组件；8. 排气框架

部分 APU 转子采用单级离心和单级向心叶轮背靠背装配，双支点均布置在压气机前的悬臂支撑方式，前支点多采用球轴承，承受和传递轴向载荷和径向载荷；后支点多采用滚子轴承，承受和传递径向载荷。其优点是结构紧凑，重量轻，且后轴承位于压气机前，温度相对较低，便于润滑和冷却，设计相对简单，但悬臂负荷较大，对轴承要求高，如图 5.39 所示。

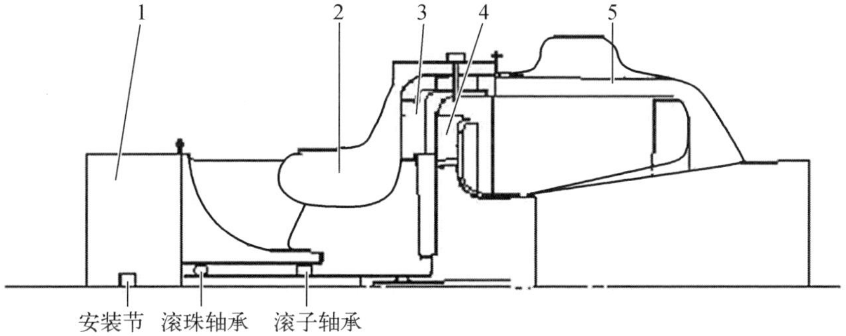

图 5.39　外传力方案的 APU 机匣图(悬臂支撑)

1. 附件传动机匣；2. 压气机机匣；3. 扩压器；4. 涡轮静子；5. 燃烧室机匣

5.4.3　安装节

安装节是 APU 与飞机的连接件，并将 APU 的外传载荷传递给飞机/直升机，是 APU 重要的静子承力构件。APU 安装节的分布也就是 APU 在飞机/直升机上的固定形式。一般分为主安装节和辅助安装节。主安装节承受 APU 的推力,是 APU 在飞机/直升机上的轴向定位处。辅助安装节只承受径向和周向载荷,不承受轴向载荷。主安装节所在的 APU 截面成为主安装面,辅助安装节所在的安装面称为辅助安装面。

APU 安装节在设计中应考虑以下因素:

(1) 安装节的结构方案、数目和设置应保证具有足够的刚度和强度,使得在任何飞行条件下,APU 受到各种载荷情况下,都能保持 APU 位置;

(2) 允许 APU 热膨胀;

(3) APU 安装节的设置应使得作用在安装节和 APU 承力构件上的载荷和应力最小;

(4) 尽量避免飞机的变形而造成 APU 承力系统承担附加载荷;

(5) 使 APU 安装和拆卸简单;

(6) 在一个安装节发生故障条件下能保证 APU 安全工作等。

主安装节应位于刚性强、强度大的零部件上,同时尽可能位于温度较低的区域。主安装节是 APU 静子部件的轴向定位处,应注意缩短与转子止推轴承位置的轴向距离,避免在工作受热时,静子与转子部件间的轴向间隙有较大的变化。在安置主安装平面时,还应注意 APU 的重心位置。

APU 安装节设计时,应遵循以下原则:

(1) APU 安装节的选择主要取决于 APU 在飞机上的安装方案,而安装节的最终确定和设计,是 APU 与飞机反复协调和折中的结果;

(2) 安装节应能承受飞机给出的载荷,并按规范要求,应有足够的刚度、强度裕度;

(3) 安装节系统应是一个限制 APU 六个自由度的静定系统,以保证 APU 在飞机上的定位与对中,选择若干个安装点,这些安装点应设置在距离合适的两个界面上;

(4) 安装节应尽可能设置在坚固的 APU 承力机匣上,并将集中载荷扩展为分布载荷;

(5) APU 安装在飞机上,必须能自由膨胀与收缩(轴向与径向);

(6) 设计安装节时应便于 APU 在飞机上装拆。

主安装节一般是两个,辅助安装节可以是一个或两个。但不论数目多少,所有的主安装节或辅助安装节均应各在一个横截面内,并且所有的主、辅安装节中,相对飞机只有一个是固定的,其余各安装节均应有自由度。APU 安装简图如图 5.40 所示,三个安装节中,安装节 A 是固接的,而安装节 B 能允许机匣径向位移,安装节 C 能允许轴向位移,因此安装节 C 做成铰接形式,也有 APU 将辅助安装节布置在机匣底部,做成滑槽形式,如黑鹰直升机上的 T-62T-40-1 辅助动力装置。安装节的结构形式因为 APU 结构及其在飞机的安装位置和结构等因素的影响因而多种多样。

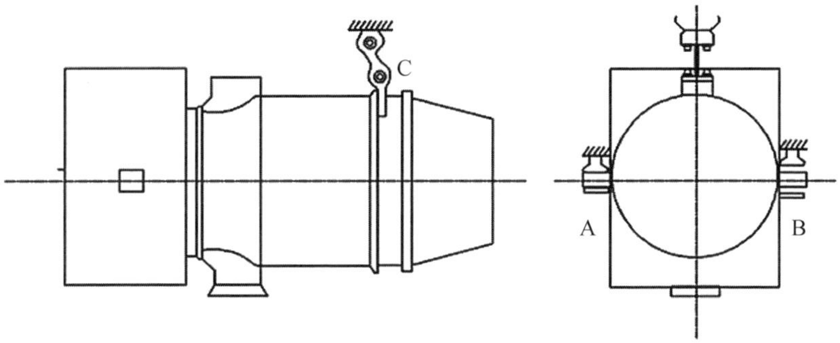

图 5.40　APU 安装节的安装简图

如果 APU 的安装节系统设计不合理,可能会出现机匣变形引发转静子刮磨,造成性能降低甚至振动增大,导致轴承损伤等故障。因此,设计时应尽量避免各种失误。安装节设计还应考虑故障保险特性、超静定结构固定和防冲击特性等要求。

5.5　联轴器设计

5.5.1　概述

实现转子轴间连接功能的结构称为联轴器,联轴器的类型分为刚性联轴器和柔性联轴器两大类。联轴器的设计侧重于选择转子的连接方式。

5.5.2　刚性联轴器

刚性联轴器用于转子内部两个支点之间的轴间连接,是一种完全约束型联轴器,传递扭矩、轴向力、径向力和弯矩,不允许被连接的轴之间有任何的相对运动。在两支点的支承方案中,联轴器仅传递轴向力与扭矩,则需要将压气机轴与涡轮轴刚性地联成一体。刚性联轴器有套齿式刚性联轴器、圆弧端齿式刚性联轴器和轴肩加短螺栓式刚性联轴器三种。

1. 套齿式刚性联轴器

套齿式刚性联轴器不是独立的联轴器组件,在结构上,这种联轴器在被连接的轴上分别加工有内、外套齿,且在外套齿零件上加工有外螺纹。外螺纹用来安装螺母,使内、外套齿所在轴在轴向相互顶紧而定位。在套齿前后,两轴之间的圆柱面为过盈或过渡配合,通过配合圆柱面对被连接的转子相互定心。

套齿式刚性联轴器常常用来将涡轮转子与压气机转子连接成一体,也用于离心叶轮与轴的连接,如 SAFIR5K 的离心叶轮和轴均采用套齿连接,如图 5.41 所示。

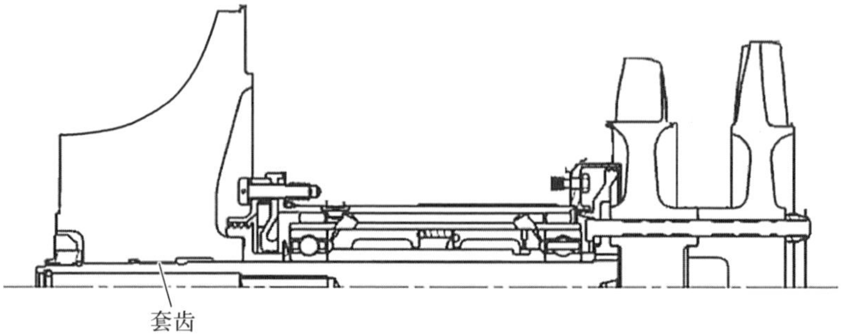

图 5.41　SAFIR5K 离心叶轮和轴采用套齿连接

套齿式刚性联轴器由套齿传递扭矩,圆柱面定心,大螺母压紧,同时,由两处圆柱面配合部位承受弯矩。

2. 圆弧端齿式刚性联轴器

圆弧端齿联轴器在 APU 上应用比较多,GTCP131－9A、APS2000 等 APU 均采用圆弧端齿传扭的连接方式。

当压气机轴、涡轮轴之间采用圆弧端齿进行刚性连接,同时,压气机、涡轮的级间连接也采用圆弧端齿连接时,则可以将压气机轴、涡轮轴之间的轴间连接与压气机、涡轮的级间连接共同设计为圆弧端齿加长螺栓的连接方式,或设计为圆弧端齿加中心拉杆的连接方式。GTCP131－9A 辅助动力装置在负载压气机转子、动力段压气机转子、两级燃气涡轮转子前后分别采用了圆弧端齿联轴器,如图 5.42 所示。在前轴颈的后端面上、后轴颈的前端面及两级离心叶轮、两级涡轮和各转接段的前后端面分别加工出带弧形的端齿,用中心拉杆与锁紧螺母将其连接起来,成为热定心好、刚性好的刚性联轴器。为便于装配,前轴颈上加工有螺纹,装配时先将中心拉杆拧入前轴颈,然后从各轮盘和联轴器中心孔处穿过,再用螺母拧到位后锁紧。

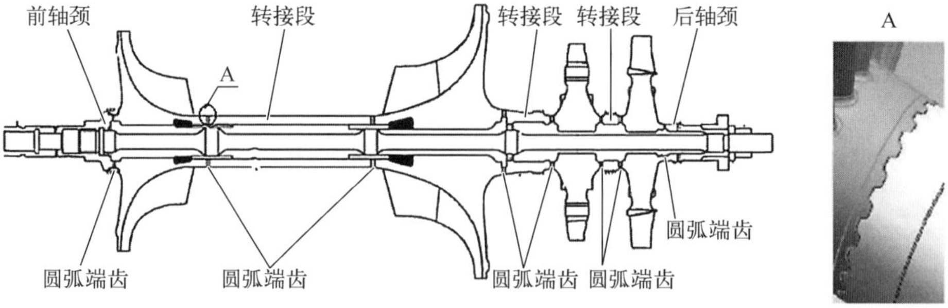

图 5.42　GTCP131－9A 各级间圆弧端齿联轴器

在圆弧端齿刚性联轴器中，通过端齿传扭、定心（包括工作时的热定心），通过短螺栓、长螺栓、中心拉杆将两者连接在一起并传递轴向力。

圆弧端齿刚性联轴器中短螺栓、长螺栓、中心拉杆的预载要满足以下要求：

（1） 最大传递扭矩条件下，在保证转子零件有效预紧的情况下，短螺栓、长螺栓、中心拉杆、圆弧端齿要有足够的强度裕度；

（2） 保证在 APU 的整个工作过程中圆弧端齿均能可靠工作；

（3） 在 APU（或试验件）的长期稳定工作转速附近具有较高的共振裕度；

（4） 圆弧端齿的使用寿命要高于整机的使用寿命。

3. 轴肩加短螺栓式刚性联轴器

在 T－62T－40－1 辅助动力装置的离心叶轮和轴、SAFIR5K 辅助动力装置的两级轴流涡轮都采用了轴肩加短螺栓式刚性联轴器。

图 5.43 给出了 T－62T－40－1 辅助动力装置离心叶轮联轴器示意图，离心叶轮后端面与压气机轴前端面接触，以轴的外圆柱面与离心叶轮内孔紧配合，两者之间用短螺栓连接。为便于安装，自锁螺套先固定于离心叶轮上，当压气机轴与离心叶轮装配后，将自锁螺钉从压气机轴上的孔穿过后拧入即可。

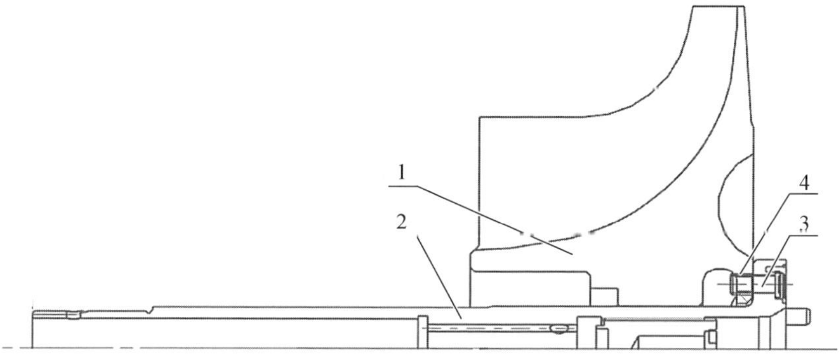

图 5.43　T－62T－40－1 离心叶轮联轴器

1. 离心叶轮；2. 压气机轴；3. 自锁螺钉；4. 自锁螺套

在轴肩加短螺栓式刚性联轴器中，通过轴肩部位的圆柱面配合对压气机轴与离心叶轮定心和传递径向力，通过短螺栓连接在压气机轴与离心叶轮之间传递轴向力和弯矩，通过端面和端面的摩擦传扭。

轴肩加短螺栓式刚性联轴器要满足以下要求：

（1） 在最不利的情况下要可靠地传扭，必要时要在短螺栓上加工传扭圆柱段或另外设传扭衬套；

（2） 短螺栓要有足够的强度裕度；

（3） 保证在 APU 整个工作过程中端面不分开。

5.5.3 柔性联轴器

柔性联轴器用于各自包含两个支点的转子之间的轴间连接，或用于三支点转子在中支点部位处的轴间连接，是一种非完全约束型联轴器，它传递扭矩，有时也传递轴向力和径向力，但不传递弯矩，允许被连接的轴之间有微小的偏摆。APU 结构一般较为简单，多采用双支点的结构形式，转子基本不使用柔性联轴器，但在主转子和减速器之间一般采用柔性联轴器。如 SAFIR5K 辅助动力装置在主轴和减速器之间的方头传扭轴（图 5.44）利用两端四方头传递扭矩，T－62T－40－1 的中心齿轮（图 5.45）利用两端花键齿传递扭矩，周向允许有微小的偏摆，轴向允许有微小的窜动。

图 5.44 SAFIR5K 的方头传扭轴

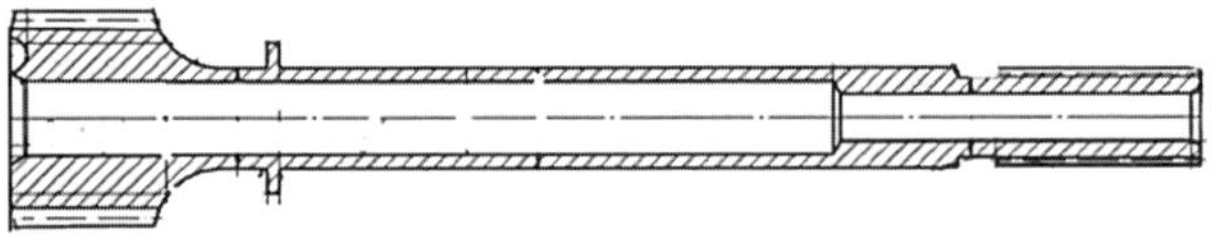

图 5.45 T－62T－40－1 传扭用中心齿轮

5.6 受力分析

APU 工作时，作用在各零部件上的负荷，按其性质可以分为以下三类。

（1）气体力：气流在 APU 内部流动时，作用在各个零件表面上的压力和速度不同，因此与气体相接触的这些零、组件上作用有气体力或气体力矩；

（2）惯性力：当转子零件旋转时，产生离心惯性力；当飞机曲线飞行、直线加速或减速时，作用在 APU 的零、组件上有惯性力和惯性力矩；

（3）热应力：在 APU 工作时，由于各零件受热不均或者材料不同（线膨胀系数不同），当热膨胀受到约束时会产生热应力。

APU 上的这些负荷有的在零件或组件内自身平衡而不向外传，如轮盘热应力在盘内自身平衡；有的负荷要传给相邻的部件，如飞机飞行时转子的惯性力和惯性力矩都要通过支承传出；尾喷管上的气体力要传给涡轮机匣。这时不仅要注意零件本身的受力，还要注意力的传递路线和作用点，传力路线所经过的零件均有力的作用。

本节主要分析外传的零、组件上的气体力及其力矩以及惯性力及其力矩。

5.6.1 气体轴向力计算

在 APU 气流通道表面作用有气体力。除通道外，与气体相接触的表面上也都作用有气体力。因此，在分析 APU 的零件和组合件上的气体力时，必须分别计算出在组合件或零件的各个表面上的气体力，最后再求出总的气体力。如果 APU 的燃气发生器转子需要通过锥齿轮或斜齿轮驱动附件工作，根据作用力与反作用力原理，锥齿轮对燃气发生器转子产生一定的轴向力，因此燃气发生器转子的轴向力是总的气体力与锥齿轮或斜齿轮产生的轴向力之和。

1. 转子叶片上的轴向力

作用在转子叶片上的轴向力包括叶栅前后截面的静压差产生的轴向力和气体冲量差产生的轴向力。

$$F = m_{2g}C_{2a} - m_{1g}C_{1a} + p_2A_2 - p_1A_1 \tag{5.2}$$

式中，F 为作用在转子叶片上的轴向力，单位为 N；m_{2g}、m_{1g} 为叶片出口、进口截面的燃气（或空气）流量，单位为 kg/s；C_{2a}、C_{1a} 为叶片出口、进口截面的燃气（或空气）平均轴向速度，单位为 m/s；p_2、p_1 为叶片出口、进口截面的燃气（或空气）平均静压，单位为 MPa；A_2、A_1 为叶片出口、进口截面的截面积，单位为 mm^2。

2. 转子端面上的轴向力

由于转子端面的静压沿半径方向的变化量较大，整个端面的平均静压计算不准，因此作用在转子端面的力采用沿半径积分的方法计算：

$$F = 2\pi\int_{R_1}^{R_2} p_c R\mathrm{d}R \tag{5.3}$$

式中，F 为作用在转子端面上的轴向力，单位为 N；R_1 为环面的最小半径，单位为 mm；R_2 为环面的最大半径，单位为 mm；p_c 为 R_1 至 R_2 上的压力分布规律。

3. 离心压气机叶轮通道的轴向力

当叶轮进口空气压力为 p_1、轴向速度为 C_{a1} 时，则作用于离心叶轮进口叶尖直径 D_1 和叶根直径 d_0 所限定的环形面积的轴向力可按下式计算：

$$F_1 = \frac{\pi}{4}(D_1^2 - d_0^2)p_1 + W_a C_{a1} \tag{5.4}$$

式中，C_{a1} 为叶轮进口气流轴向速度，单位为 m/s；D_1 为叶轮进口叶尖直径，单位为 mm；d_0 为叶轮叶根直径，单位为 mm。

若以 p_2 表示叶轮出口压力，则作用于离心叶轮出口直径和进口叶尖直径 D_1 所限定的环形面积的轴向力可按式(5.5)计算：

$$F = \frac{\pi}{8}p_2\left[D_2^2 - D_1^2\left(\frac{D_1}{D_2}\right)^2\right] \tag{5.5}$$

式中，F 为离心压气机叶轮通道的轴向力，单位为 N；p_2 为叶轮出口压力，单位为

MPa；D_2 为离心叶轮出口直径，单位为 mm。

4. 鼓筒、封严篦齿上的轴向力

作用在鼓筒、封严篦齿上的轴向力：

$$F = pA \tag{5.6}$$

式中，F 为作用在鼓筒、封严篦齿上的轴向力，单位为 N；p 为平均静压，单位为 MPa；A 为截面积，单位为 mm^2。

5. 锥齿轮轴向力

传动锥齿轮受力计算采用"锥齿轮及准双曲面齿轮传动"中的方法进行：

$$F_x = \frac{F_{tm}}{\cos\beta_m}(\tan\alpha_n\sin\delta + \sin\beta_m\cos\delta) \tag{5.7}$$

式中，F_x 为锥齿轮轴向力；F_x 值为正时，表示远离锥顶，负值则为指向锥顶；F_{tm} 为齿宽重点处切向力；α_n 为压力角；β_m 为齿宽重点处螺旋角；δ 为分锥角。

6. 典型辅助动力装置各部件上的气体轴向力分布及转子轴向力的减荷

由于 APU 的各截面气流参数是随着飞行高度、速度以及 APU 的工作状态的变化而改变，在计算各部件的轴向力时，应对不同的工作状态分别进行计算。对于有自由涡轮的双轴 APU 通常以海平面静止、标准天、最大转速状态，以及当外界大气温度最低（一般为-40℃）、飞机靠近地面以最大速度飞行时（此时空气质量流量最大）的两种情况作为计算状态。对于单轴 APU 通常需要考虑地面最大引气状态+轴功率、仅输出最大引气状态、仅输出最大轴功率状态、在最大高度最高温度进气条件空载状态并叠加飞机各极限状态的速度等。

从各组合件上轴向力的分布情况可以看出，APU 的压气机及涡轮上的轴向力都是很大的，如果这两个部件都单独通过自己的止推轴承来承受轴向负荷，将使止推轴承负荷很大。由于尺寸限制，一般 APU 设计中，每个球轴承可承受 1~2 kN 的轴向力，这样就需要增加止推轴承的数量或增大止推轴承的尺寸，使 APU 的结构复杂，重量增加，并难以保证每个轴承的负荷均匀。为了减少 APU 转子的轴向力，采用以下措施：

（1）由于涡轮的气体轴向力与压气机的气体轴向力方向相反，把两个组合件轴向相连以抵消大部分轴向力，减小传递止推轴承的轴向力；

（2）通过合理设计各腔的腔压以调节转子轴向力，保证轴承安全可靠工作。

实际考虑 APU 转子减荷时，不仅要考虑地面工作状态的轴向力数值，还要考虑其他工作状态下的气体轴向力均不得超过止推轴承所允许的负荷，但也不能使轴向力太小，以防止轴承的滚球与内外径产生滑动，出现轻载打滑致使轴承损伤，也不能使轴向力改变方向，以防止球轴承遭受冲击负荷。在选用具体减荷措施时，通常先将两个转子轴向相连算出地面工作状态的剩余轴向力，然后选择前后两减荷腔的气体压力，并确定承受此压力的面积大小，使整个转子的轴向力负荷低于球轴承允许承受的负荷。

5.6.2　气体力扭矩计算

气流在 APU 通道内流动时，并不总是沿轴向的。如当气流流过压气机静子叶片或涡轮静子叶片时，气流的方向沿周向就有变化，因此对 APU 轴线的动量矩有变化。这一现象说明静子叶片有力矩作用于气流。

在涡轮静子叶栅中，根据气体动量矩方程，作用于气流的扭矩为

$$M'_1 = q_{mg}(c_{1um}r_{1m} - c_{0um}r_{0m}) \tag{5.8}$$

式中，c_{1um}、c_{0um}、r_{1m}、r_{0m} 为 $I - I'$，$O - O'$ 的轴向分速的平均值和平均半径；q_{mg} 为燃气质量流量。

由于轴向进气，则 $c_{0um} = 0$，因此：

$$M'_1 = q_{mg}c_{1um}r_{1m}$$

根据反作用原理，气流给静子叶片的扭矩应为

$$M_{满静} = - M'_2$$

即

$$M_{满静} = q_{mg} \cdot c_{1um} \cdot r_{1m} \tag{5.9}$$

同理，在涡轮转子叶片中，给气流的扭矩为

$$M'_2 = q_{mg}(c_{2um}r_{2m} - c_{1um}r_{1m}) \tag{5.10}$$

由于涡轮出口界面气流的方向一般接近轴向，可认为 $c_{2um} = 0$，因此

$$M'_2 = - q_{mg}c_{1um}r_{1m}$$

根据反作用原理，气流给转子叶片的扭矩为

$$M_{涡转} = - M'_1$$

即

$$M_{涡转} = - q_{mg}c_{1um}r_{1m} \tag{5.11}$$

比较上述两式可得

$$M_{涡转} = - M_{涡静} \tag{5.12}$$

从式(5.12)可知，涡轮静子叶片与转子叶片所承受的扭矩大小相等、方向相反。

按照同样的道理,分析作用于轴流式压气机的扭矩。压气机进口气流是轴向的,经过各级转子叶片及静子叶片,气流的方向来回折转,至压气机的出口也是轴向的。从整个压气机来看,进口气流速度 $c_{1u} \approx 0$,出口气流速度 $c_{2u} \approx 0$,因此气流在压气机内的流动中无动量距的变化。即作用于压气机的总扭矩等于0,也就是说作用于各级静子叶片扭矩的总和与作用于各级转子叶片的扭矩总和大小相等、方向相反。

在 APU 中,涡轮带动压气机工作。如果略去机械损失,不计传动附件的扭矩,APU 稳定工作时,涡轮的扭矩大约等于压气机的反扭矩。

涡轮机匣的扭矩经过燃烧室机匣与压气机机匣的扭矩相平衡,因此传递到飞机上的总扭矩接近于零。但在结构设计时,要注意处于传力路线中的各段机匣的扭矩并不等于零。应根据各段机匣作用的扭矩大小,保证它们的强度和刚性。

5.6.3 外部作用力

选定直角坐标系表示所有载荷参数的矢量方向,直角坐标系的原点设在发动机质心处,坐标系及载荷参数说明如图 5.46 所示。

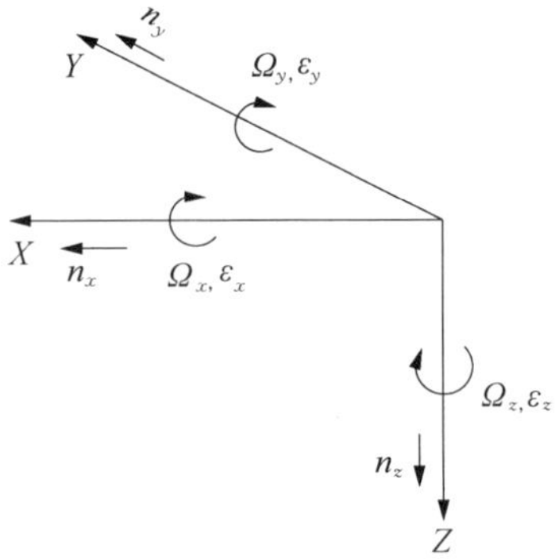

图 5.46 坐标系及符号规定

注: X 轴(水平轴)——顺航向向前为正;
Y 轴(侧向轴)——顺航向向右为正;
Z 轴(垂向轴)——按右手定则从 X 轴到 Y 轴向下为正;
N_x——X 轴方向的载荷系数,与 X 轴同向为正;
N_y——Y 轴方向的载荷系数,与 Y 轴同向为正;
N_z——Z 轴方向的载荷系数,与 Z 轴同向为正;
Ω_x、ε_x——绕 X 轴转动(横滚)的角速度(单位 rad/s)和角加速度(单位 rad/s^2),顺航向顺时针为正;
Ω_y、ε_y——绕 Y 轴转动(俯仰)的角速度(单位 rad/s)和角加速度(单位 rad/s^2),机头抬起为正;
Ω_z、ε_z——绕 Z 轴转动(偏航)的角速度(单位 rad/s)和角加速度(单位 rad/s^2),顺航向机头向右为正。

转子支点载荷、安装节载荷及机匣内力计算中均采用图 5.46 规定的坐标系及外部作用力载荷参数符号。

作用在发动机或零、组件质心处的惯性力 $\boldsymbol{F}$、惯性力矩 $\boldsymbol{M}$ 及转子部件的陀螺

力矩 $\boldsymbol{M}_r$ 分别按下列各式计算：

$$\boldsymbol{F} = mg\boldsymbol{n} \tag{5.13}$$

$$\boldsymbol{M} = J\boldsymbol{\varepsilon} \tag{5.14}$$

$$\boldsymbol{M}_r = J\boldsymbol{\omega} \times \boldsymbol{\Omega} \tag{5.15}$$

式中，m 为发动机零、组件质量，单位为 kg；g 为重力加速度，单位为 m/s^2；$\boldsymbol{\omega}$ 为发动机转子（高压转子或低压转子）的最高稳态转速的角速度，单位为 rad/s；J 为整机、零组件或转子（高压转子或低压转子）部件的转动惯量，单位为 $kg \cdot m^2$；$\boldsymbol{M}_r$ 为陀螺力矩（其矢量方向由 ω 转向 Ω，并按右手定则确定），单位为 N · m。

发动机转子支点载荷、安装节载荷及机匣内力，是在多种载荷状态下的计算结果。先获得由各种单位载荷参数引起的单位载荷矩阵，然后乘以外部作用力组合的各种载荷状态参数矩阵 V，即可得到各种载荷状态下的转子支点、安装节载荷及机匣内力的载荷矩阵：

$$W = UV \tag{5.16}$$

5.7　转子动力学设计

转子振动是 APU 整机振动的主要激振源，因此，转子动力学设计在 APU 整机设计中占有举足轻重的地位。

目前，控制转子振动的典型结构主要有在支点部位设置弹性支承和挤压油膜阻尼器，前者用来调整转子的临界转速使之与 APU 工作转速错开，避免 APU 工作时转子出现共振；后者用来抑制转子的振动，又称减振油膜。此外，特别是当与转子支点有关的机匣因设计成薄壁结构具有较大的弹性时，或转子支点采用刚性支承，机匣系统对 APU 整机振动的影响不容忽视。在这种情况下，为了进一步控制振动，还需将转子、支承和机匣看作一个系统进行一体化协调设计和分析，通过合理设计机匣系统，减小转子和整机振动，使转子和整机振动的控制达到最优。

对于 APU 而言，转子与支承机匣系统设计首先是取决于 APU 总体设计方案，取决于气动力设计以及许多其他结构设计、材料工艺条件等因素的协调。

5.7.1　转子动力学设计要求

1. 动力学准则要求

当转子采用弹性支承且弹性支承刚度远低于机匣刚度时，应在转子-支承系统条件下对转子进行动力学分析。转子采用弹性支承且其刚度与机匣的刚度没有量级上的差别以及转子采用刚性支承时，应考虑机匣的影响，在转子-支承-机匣系统条件下对转子进行动力学分析。以上分析，内容包括临界转速、应变能、不平衡响应等。此外，应对整机机匣系统进行固有频率分析，各种分析中，临界转速结果应满足以下要求：

（1）转子临界转速至少要高于工作转速 20%或低于工作转速 20%；

（2）台架共振和机匣支承型临界转速（共振频率）与慢车转速、工作转速之间的安全裕度至少是 20%。

2. 振动测点布局要求

应对转子振动在支承-机匣系统条件下进行传递和响应分析，并借助部件和整机试车数据确定发动机的振动特性，以便进行振动测点的合理布局，并确定不同振动测点的振动限制值。振动测点的位置一般应置于转子和机匣直接连接的转子支点平面及 APU 安装于飞机的安装节组合件附近。

5.7.2 转子动力学设计方法

1. 转子-支承层面

在转子-支承层面，转子动力学设计涉及 APU 转子连接、转子支点布局、转子支承方式选择和刚度设计。在转子-支承层面，转子动力学最基本的设计方法，是在需要的时候选择在适当的支点位置设置弹性支承和减振器，目前，在航空发动机上广泛使用的减振器是挤压油膜阻尼器。弹性支承和挤压油膜阻尼器是两种联系非常紧密的结构，在现代 APU 上，一般是弹性支承和挤压油膜阻尼器同时使用。弹性支承和挤压油膜阻尼器的作用各有侧重，弹性支承调整转子系统的临界转速，阻尼器减振，同时减小并限制弹性支承的变形，保证其工作可靠。弹性支承的变形及其材料的内阻作用对转子系统也能起到一定减振作用，但效果远不及挤压油膜阻尼器明显。

通常，APU 转子系统中采用的弹性支承，其刚度比转子刚度低很多，是低刚性弹性支承，旨在使转子系统的临界转速降低到要求的数值而不削弱转子本身的刚性，且通过临界转速时，转子的振幅和通过轴承座的外传载荷均很小。采用弹性支承后，比较理想的情况是在 APU 工作转速范围内，转子无弯曲型临界转速，而只有刚体振型临界转速，这些刚体振型临界转速是低阶临界转速（一阶为平动型、二阶为俯仰型）。该类转子系统在工作转速范围内通过低阶（转子两支承之一用弹性支承时为一阶，两支承均为弹性支承时为一、二阶）临界转速时，变形主要发生在弹性支承上，而转子基本上不发生弯曲变形。

挤压油膜阻尼器（简称挤压油膜）就是将轴承外环以一定间隙装入轴承座上的安装孔中，在间隙中通以润滑系统中的压力滑油，形成油膜（如图 5.47 所示）。APU 采用挤压油膜阻尼器时，轴承的部分外传径向负荷通过油膜后再外传至机匣,其工作原理可以简单地看成是一般的液压减振器或缓冲器,主要作用是减小转子通过共振时的振幅和对支座的外传力。轴承在转子不平衡力作用下,外环向不平衡力作用的方向移动挤压油膜,在液体动力的作用下,外环的移动受到阻碍,同时滑油吸收了外环运动的大部分能量,从而使传至机匣的振动值大大降低。设计得好的挤压油膜阻尼器,其减振效果非常明显,对减小转子通过临界转速时的振动和经由轴承外传的载荷效果尤其显著,可以大幅度减小振动,并具有抑制动力不稳定性的能力,能承受一定的突加不平衡负荷。由于挤压油膜阻尼器的减振效果显著,且结构简单,占用空间小,制造容易,这种技术在航空发动机上得到广泛应用,目前已成为减小 APU 振动、延长 APU 寿命的典型设计。

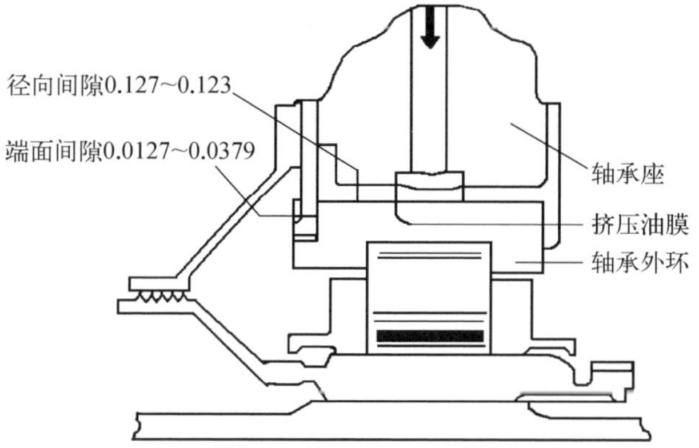

图 5.47　挤压油膜阻尼器结构示意图

按照轴承座安装孔中心与轴承中心在转子未旋转时是否同心,挤压油膜阻尼器分类为两种典型的形式,一种是非同心型,直接利用滚动轴承的外环作为阻尼器轴颈,另一种是带有定心弹性支承的同心型。同心型挤压油膜阻尼器的弹性支承可以是鼠笼式、拉杆式、弹性环式弹性支承,也可以用弹簧等弹性元件,使用最多的是鼠笼式弹性支承。按照是否对滑油进行密封,挤压油膜阻尼器又可分为开式与闭式两种结构。对于两端无封严装置的开式阻尼器,油腔内的滑油可从阻尼器两端流出。为了减少滑油泄漏,可采用在两端设置封严装置的闭式阻尼器。

油膜阻尼器在大的不平衡量条件下存在严重缺陷,为此,设计出多种形式的挤压油膜阻尼器,如多孔环挤压油膜阻尼器、弹性-多孔挤压油膜阻尼器、弹性环式挤压油膜阻尼器及变间隙挤压油膜阻尼器等。

多孔环挤压油膜阻尼器在整体结构上与一般的挤压油膜阻尼器相同,不同之处在于其外环是多孔,可以渗透滑油,改善挤压油膜阻尼器在大偏心率时的非线性特性。

弹性-多孔挤压油膜阻尼器既保留了原有挤压油膜阻尼器的优点，又可降低油膜刚度的高度非线性，但易出现双稳态、临界转速无法跨越（“锁死”）以及非协调振动等问题。

弹性环式挤压油膜阻尼器的弹性环有单层环、多层环等形式，既可作为弹性支承调整系统临界转速，又可作为挤压油膜阻尼器。它可以改善整个圆周油膜压力场的分布和大小，改善油膜刚度的高度非线性，扩大油膜刚度的线性区域，获得相对更大的油膜阻尼，应用前景非常广阔。

变间隙挤压油膜阻尼器属于主动控制挤压油膜阻尼器，这种阻尼器的间隙等结构参数可以在特定转速时（如临界转速）加以调整，由此改变油膜刚度和阻尼，相当于在一段转速范围内使用了另一种结构的阻尼器，因而可以有效地控制转子阻尼。

其他像电流变液挤压油膜阻尼器、液压伺服控制锥形挤压油膜阻尼器、新型可动外环挤压油膜阻尼器等都有所应用和发展并显示出一定的优越性。

2. *转子-支承-机匣层面*

转子及支承的设计是影响 APU 转子动力学特性的主要因素。然而，当与转子支点有关的机匣设计成薄壁结构具有较大的柔性，或当 APU 转子支点采用刚性支承时，机匣系统对 APU 整机振动的影响不容忽视。这时，为了进一步控制转子和整机振动，还需要将转子、支承和机匣看作一个系统进行一体化协调设计和分析，通过合理地设计机匣系统，以减小转子和整机振动，使转子和整机振动的控制达到最优。这里所说的机匣，泛指从转子支点轴承座直至 APU 安装节之间具有承力、传力功能的静子构件。

5.7.3 典型辅助动力装置转子动力学设计

APS2000 和 GTCP131－9A 是比较典型的 APU，其转子结构形式各有特点。下面就以 APS2000 和 GTCP131－9A 作为典型 APU，对其转子动力学设计进行实例介绍。

1. *APS2000 转子动力学设计*

APS2000（图 5.48）核心机转子主要由一级离心叶轮和一级向心涡轮组成，离心压气机叶轮与向心涡轮叶轮通过圆弧端齿连接，整个转子由中心拉杆通过自锁螺母压紧连接为一个整体，转子前端通过花键与齿轮箱连接并输出功率。转子采用 2－0－0 悬臂式支承方案，两个支点均位于离心压气机叶轮前，其中 1 号支点采用止推球轴承，2 号支点采用滚子轴承。

APS2000 核心机转子前、后两个支点均为采用弹性支撑，其工作转速位于一阶和二阶临界转速之间，其中一阶临界转速裕度 80%，二阶临界转速裕度 50%，远大于 20%的设计要求。但转子采用 2－0－0 悬臂式支承，整个转子的大部分重量都集中在悬臂端，加之工作转速较高，对不平衡等各种激振比较敏感。为了改善转子

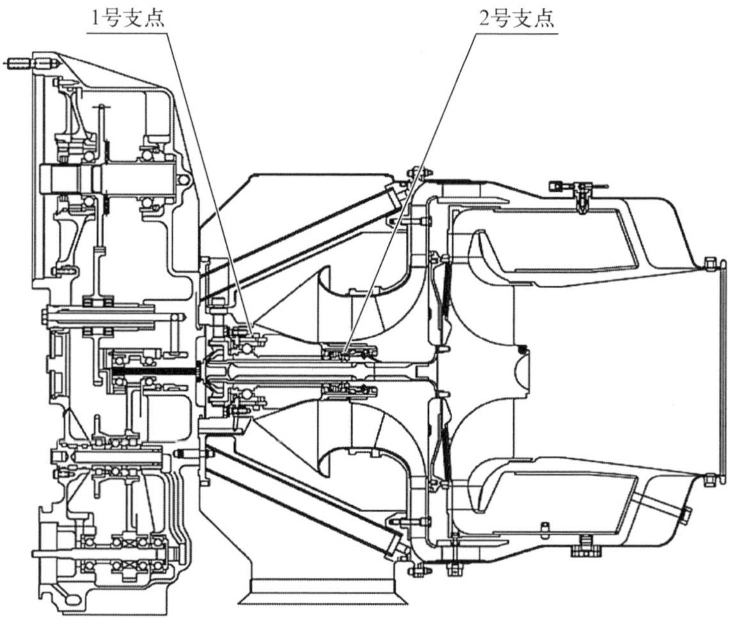

图 5.48　APS2000 结构简图

的动力特性，需进行有效的减振设计，因此在前支点轴承外环与轴承座之间设计非定心减振油膜，转子取得了很好的减振效果。

核心机转子两个轴承均安装在轴承外套组件内，轴承外套组件与引气机匣前端通过螺钉固定。引气机匣为整体铸件，前端和后端通过八根拉杆连接，后端与燃烧室机匣连接，连接处水平对称布置两个安装节。引气机匣前端与减速器机匣连接，减速器机匣上布置了一个安装节。转子上的负载通过轴承、轴承外套组件传至引气机匣，引气机匣、燃烧室机匣、减速器机匣等静止件上的负载通过安装节传出。

2. GTCP131 - 9A 转子动力学设计

GTCP131 - 9A（图 5.49）核心机转子主要由一级负载段离心叶轮、一级动力端离心叶轮和两级轴流涡轮组成，转子上零件通过圆弧端齿连接，通过中心拉杆拉紧。转子采用双支点支承，支承方式为 1 - 0 - 1，1 号支点位于负载段离心叶轮前，采用双列止推球轴承；2 号支点位于轴流涡轮后，采用滚子轴承。

GTCP131 - 9A 核心机转子跨度大，两个支点位于转子两端，使得转子工作转速位于第三阶和第四阶临界之间，APU 起动时转子需跨过三阶临界，其中第三阶临界转速为弯曲振型。为保证转子工作转速与第三阶和第四阶临界转速的裕度满足设计要求，前支点采用弹性支撑，降低转子临界转速，使得转子工作转速位于第三阶和第四阶临界转速中间位置，以保证足够的裕度。此外，为控制转子及 APU 整机振动，在前、后支点均相应设置了减振油膜；同时对起动供油规律进行了相应

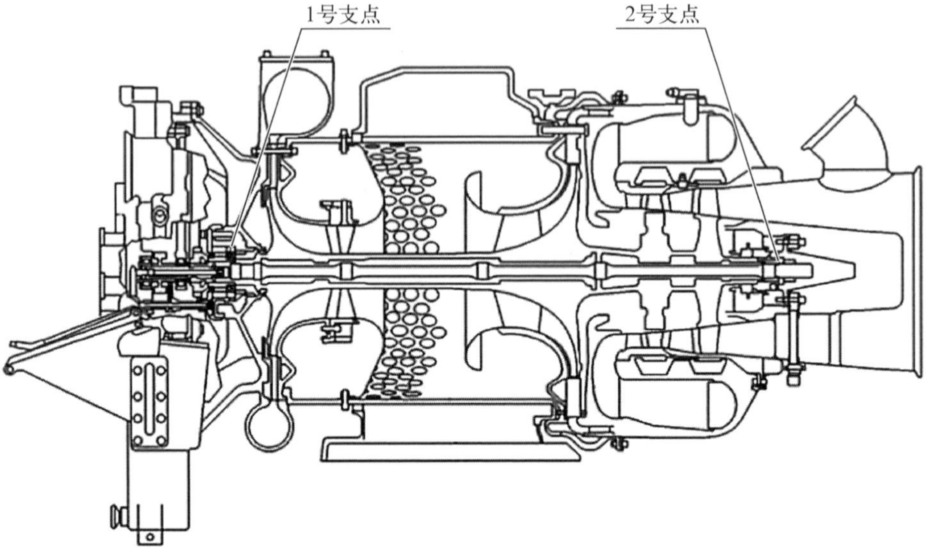

图 5.49　GTCP131－9A 结构简图

设计，使 APU 起动过程中通过第三阶临界转速时转子的加速度合适。采取这些措施后，确保了转子在起动过程中顺利跨越第三阶弯曲型临界转速。

核心机转子前支承的载荷通过轴承座、负载压气机轴承机匣传出，转子后支承的载荷通过轴承座、支承机匣、燃烧室机匣、扩压器机匣传出；转动件、静止件上的载荷通过排气支承、燃烧室机匣、扩压器机匣、进气机匣传递到负载压气机轴承机匣，齿轮箱齿轮等的载荷通过齿轮箱机匣传到负载压气机轴承机匣，最终传至主安装节。

5.8　进排气装置设计

APU 进气装置的基本功能是将气流从飞机进气道引导进入压气机，为其提供正常运转所需的空气压力和流量，并满足压力损失和进气畸变要求；排气装置位于 APU 流道最尾端，除了将 APU 尾气排出机体外，还承担引射冷却功能，通过引射作用将 APU 附件及滑油产生的热量排出舱外。

5.8.1　进气装置设计

1. 设计要求

不同类型的 APU 进气装置设计要求有所侧重，但可归纳为以下几个方面：

（1）进气装置应满足总体性能指标要求，并尽可能地减少压力损失和降低出口总压畸变；

（2）进气装置应满足重量、尺寸、接口、装配以及维护性的相关要求；

（3）主要零部件应满足结构强度要求；

（4）具有适航要求的进气装置，需保证在进气异常的条件下，引气中污染物浓度满足要求。

2. 气动设计

进气装置的气动设计主要为进气集气室设计，图 5.50 是典型径向进气集气室流道。

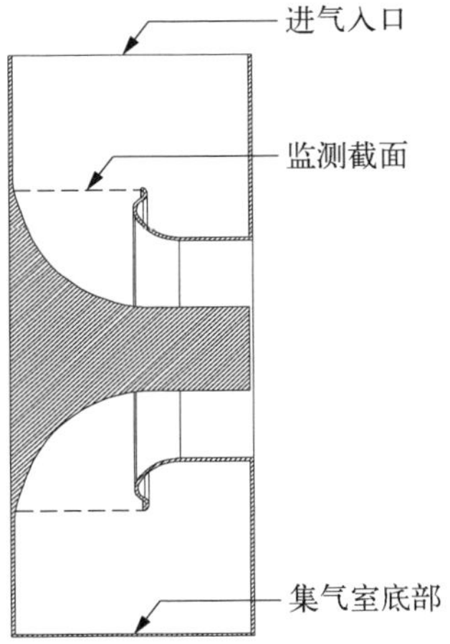

图 5.50　进气装置集气室流道

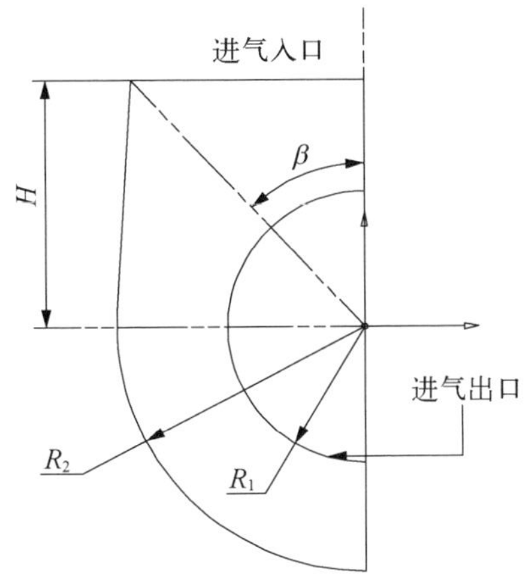

图 5.51　进气装置流道设计

在气动设计初期已知的设计要求（或约束条件）包括：

（1）进口尺寸要求，总体结构在方案设计阶段将对进气装置进口尺寸提出初步要求，可将该尺寸作为内、外流道初始设计尺寸；

（2）集气室径向高度 H、内外流道尺寸 R_1 和 R_2，径向高度 H 和外流道尺寸 R_2 满足进气装置外廓尺寸要求，内流道 R_1 应与压气机入口相接，如图 5.51 所示。

表 5.1 所示为典型进气径向 APU 集气室计算结果，图 5.52 和图 5.53 分别给出了集气室流道对称面的马赫数和总压分布云图。

表 5.1　各条件下流道出口进气损失

参　数	设计状态	空载状态	70 kW 连续状态
进口总压/Pa	101 325	101 325	101 325
进口总温/K	288.15	288.15	288.15
进口流量/(kg/s)	2.425	2.243	2.407
进气损失	0.683%	0.622%	0.677%

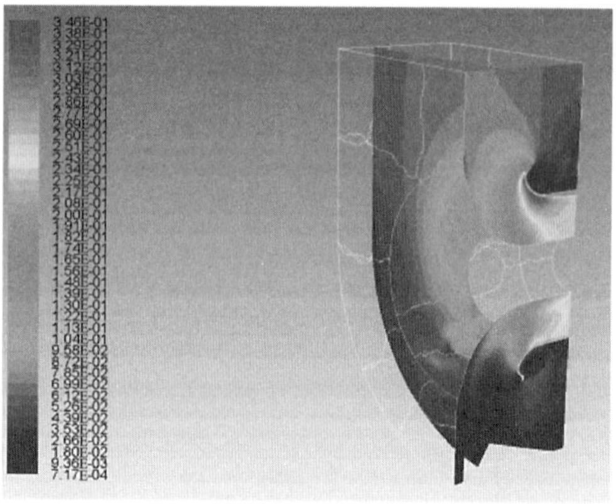

图 5.52 流道对称面马赫数分布云图

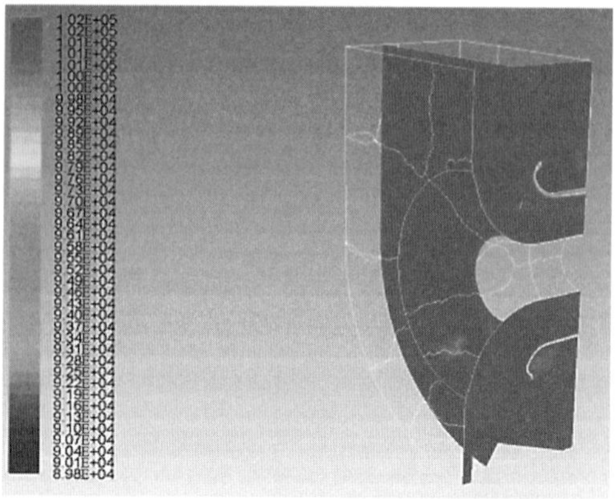

图 5.53 流道对称面总压分布云图

3. 结构设计

进气装置结构设计首先是根据飞机以及 APU 要求确定进气口的尺寸和位置、集气室形式，然后进行结构件设计，诸如进气集气室、进气网罩、附件安装座等。图 5.54 为 APS5000 进气防护网结构形式。此外，应合理选取进气口位置以减少噪声和有害物的吸入，进气口要尽量减少对飞机型面的影响。图 5.55 为典型 APU 进气装置结构。

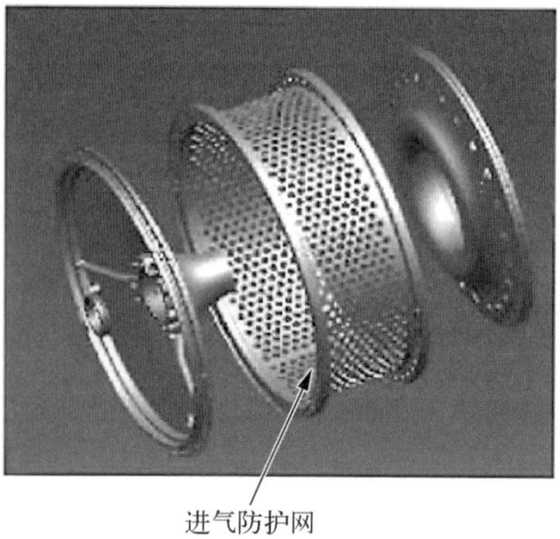

图 5.54 APS5000 进气防护网

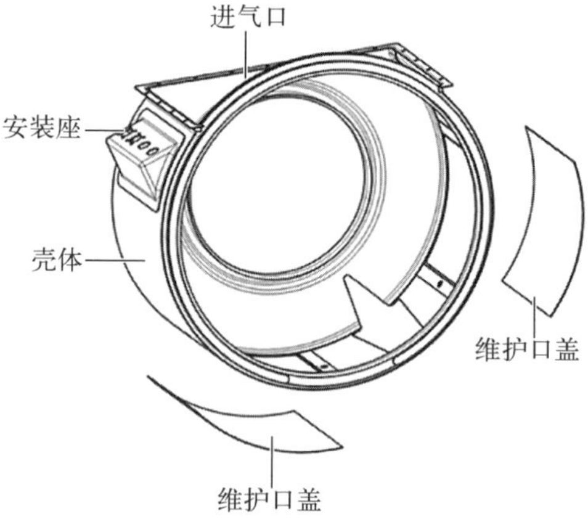

图 5.55 典型进气装置结构布局

5.8.2 排气装置设计

1. 设计要求

排气装置设计主要根据总体性能和结构设计要求，通常应满足以下几点：

(1) 排气装置应尽量减小损失，满足总体性能指标要求；

（2）主要零部件应进行强度计算、振动特性分析；

（3）满足通风冷却需求，保证 APU 舱最高温度不超过设计值。

2. 气动设计

不同的排气装置结构布局不尽相同，但是气动设计思路基本一致。以引射式排气装置为例，其设计要求（或约束条件）包括：

（1）径向高度 H 或轴向长度 L。根据飞机方的几何尺寸约束以及总体结构设计要求给定；

（2）排气管和引射管进口直径 ϕ_1、ϕ_2。排气管入口应与涡轮出口光顺过渡，引射管入口直径根据引射量的要求，结合气体动力学流量公式确定入口尺寸。

图 5.56 为典型 APU 径向排气装置流道尺寸示意图。

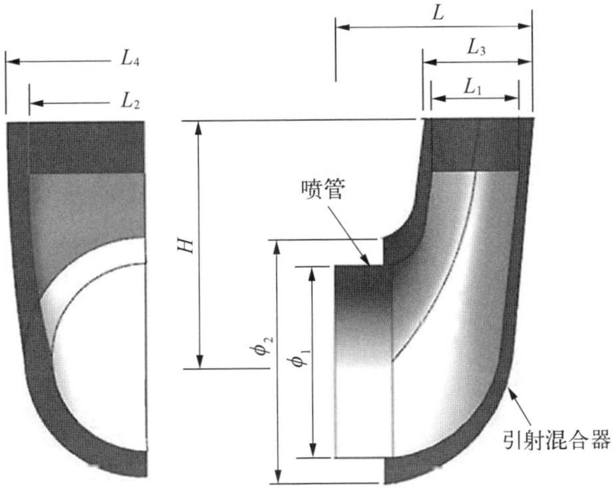

图 5.56　典型引射排气装置流道设计参数

3. 结构设计

APU 排气装置通常为不可调节的固定式结构，大多呈圆筒形，前端通过螺栓或快卸卡箍与涡轮外环连接。提供滑油冷却功能的排气装置通常还需设置滑油散热器的安装座，被引射的空气流过滑油散热器时，给滑油散热。后安装边则通过环形卡箍与飞机机体相连，图 5.57 为典型带滑油散热功能的引射式排气装置结构。

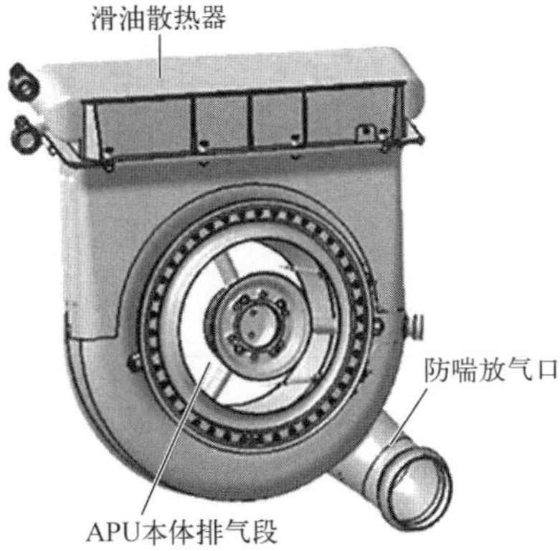

图 5.57　典型引射式排气装置结构

5.9 部件接口与尺寸控制

5.9.1 界面划分和接口尺寸控制

为保证 APU 各部件间结构设计协调,同时对 APU 各零组件设计工作进行职责分工,应进行 APU 各部件之间界面划分,清晰表明部件之间的连接界面,规定各部件、各系统所涉及的设计范围,规定部件间、部件与系统间、系统与系统间、部件及系统与主发动机或飞机间的界面结构,现代 APU 大多采用单元体设计,部件界面划分可按单元体原则划分或按设计专业技术性质划分。

1. 界面划分原则

APU 本质上是一台航空燃气涡轮轴发动机,其界面划分的一般原则及要求包括:

1) 完整性和唯一性原则

界面划分后,APU 上所有零、组件均应有而且只有一个部件或系统来承担设计,不应出现有些零、组件无部件、系统承担设计的遗漏现象;也不应出现有些零、组件由一个以上部件、系统同时设计的不确定现象。

2) 功能原则

功能服务于单一部件、系统的零、组件,应归属其功能所服务的部件、系统;功能服务于两个或两个以上部件、系统的零、组件,应归属该零、组件所承担功能中主要功能所服务的部件或系统。

3) 专业原则

一些专业性很强的结构件,应将它们归属类似结构件较多的部件或系统。

4) 总装原则

各部件、系统之间结合部位的零、组件,如果其承担的功能不明显倾向服务于某部件或系统,则这些零、组件归属它们的装配发生的总图所对应的部件或系统。

各机匣上除管路连接件以外的外部安装件,如果其功能不明显倾向服务于某部件或系统,且其结构要素中,属于与机匣连接的接口要素明显不占主导地位,则这些外部安装件归属它们的装配发生的总图所对应的部件或系统。

5) 继承原则

对考虑了上述各原则后仍不能确定其归属的零、组件,可以参照其他型号中相同或相似零、组件的界面划分情况。

2. 界面结构

界面结构的要素包括定位、定心、配合、连接方式和结构参数等,根据连接对象的不同,主要分为机匣间的连接、转子间的连接、转子与静子间的连接。

1）机匣间的连接

APU上常用的机匣连接主要采用以下方式：

（1）采用安装边端面或加调整垫定位，精密螺栓定心，螺母连接；

（2）采用安装边端面定位，止口圆柱面定心，螺栓、螺母连接；当止口圆柱面定心采用过盈配合时，要控制（计算）好因材料线膨胀产生的配合状态稳定性，防止产生间隙或配合紧度过大；

（3）采用端面定位、螺栓衬套定心、螺栓连接的结构；

（4）APU附件、引气管、部分机匣间的连接可采用快卸卡箍连接。

2）转子间的连接

转子间的连接主要包括压气机与燃气发生器涡轮转子间、自由涡轮转子与自由涡轮轴间、自由涡轮轴与功率输出轴间的连接以及附件传动轴间的连接等，主要采用以下连接方式：

（1）圆弧端面齿定心、螺栓、螺母紧固连接；

（2）柱面定心、径向销钉连接；

（3）法兰盘端面定位、止口柱面紧度配合定心、短螺栓连接；

（4）法兰盘端面定位、螺栓锥面与圆周锥孔紧配合定心、长螺栓连接；

（5）圆柱面定心、内外套齿啮合传扭、螺栓螺母连接等。

3）转子与静子间的连接

APU转子与静子间主要是通过轴承连接，包括向心推力球轴承和滚子轴承。轴承外环与静子件（轴承座或弹性支承）间采用圆柱面定心，轴承端部限动环或螺母轴向定位，小间隙配合，外环端面凸台或凹槽与静子上相应的端面凹槽或凸台套合，防止外环转动。轴承内环与转轴采用圆柱面定心、定距轴套定位，紧度配合。滚子轴承的圆柱滚子允许工作时在跑道上有一定的轴向错移量。

5.9.2 冷态与热态间隙控制设计

APU转子与静子间，径向和轴向应有足够的最小设计间隙，使得在各种工况条件下，转子与静子之间既不接触不碰磨，又能获得最佳的气动性能和封严冷却效果。过大的设计间隙将增加漏气损失，降低部件效率；过小的设计间隙将可能使转、静子碰磨，引起构件损伤，振动加大，以致造成转子的不稳定工作而出现故障或事故。因此，必须在总体结构设计时，标明部件间在装配条件下应留的最小间隙，并在部件结构上采取间隙控制措施，以保证APU在各种工况条件下，间隙变化得到控制。

1. 径向间隙控制

APU径向间隙是指转子叶片叶尖与机匣静子之间的径向距离，它对APU性能

影响较大,叶尖间隙主要受以下几种因素的影响:

(1) 加工及装配精度,主要是转子的同心度、机匣、轮盘、动静叶尖的圆度等,可通过精密加工等途径尽量减小加工公差引起的过大间隙;

(2) APU 工作时的部件变形,如机匣的翘曲变形、转子的弯曲变形、飞机作机动飞行时产生的陀螺力矩导致转轴的变形等;

(3) APU 工作时产生的振动,如转子动平衡精度不够引起的振动、转子在起动时通过临界转速所发生的振动等;

(4) APU 工作部件的径向伸长量,由于转子的离心力和动、静部件的热膨胀量的不同所引起的径向变形的不同,导致的径向间隙变化。

依据这些因素,可以估算出必需的最小工作间隙。设计间隙控制的准则是:在 APU 各工作状态下折中协调,保证转子叶片与机匣不碰磨的前提下尽量减小叶尖间隙,同时充分考虑转子振动、各种工作载荷对转静子的作用下对间隙的影响,并借助以往设计经验经 APU 试车和外场实际工作验证以及反复调整,最终确定设计间隙控制。

目前国外先进涡扇、涡轴发动机已开始在涡轮上应用主动或半主动间隙控制技术,发动机在起动、加减速过程和各种稳态飞行条件下,通过主动对机匣采取冷却或加热措施,以保证始终获得最佳叶尖间隙,或者采用控制机匣热膨胀的方式对叶尖间隙进行控制。APU 由于工作状态简单稳定,且耗油量不明显,采用主动或半主动间隙控制技术造成系统复杂、成本高,目前尚未应用。

2. 轴向间隙的调整与控制

如果轴向间隙调整不适当,会导致工作时端面接触,产生机械磨损或振动等机械故障;同时,如果轴向间隙过大,对转子的冷却、封严和性能不利,因此在设计时应留有足够的轴向空间,并设置调整环节。

影响轴向间隙的主要因素有:机械加工的公差积累;热膨胀的影响,最大热负荷状态轴向尺寸变化;工作状态的变化引起的轴向间隙变化。

确定最小间隙部位的最小间隙值可采用以下方法:针对部件的控制尺寸,计算制造公差积累;由最大、最小热负荷条件尺寸链计算得到转子最大伸长量;在恰当部位设置调整垫,以满足轴向间隙要求。

选择最小轴向间隙的部位,一般首先保证轮缘大直径处的转、静子间的轴向间隙,兼顾小直径处封严装置的轴向间隙。可根据调整范围,将调整垫的名义尺寸分组,也可不分组而进行现场补充加工。调整垫位置确定原则是:凡在单元体内能单独调整的间隙,则应设在单元体内;如果在单元体内不能调整而需依靠其他单元体调整的间隙,调整垫应设在两个单元体的界面划分处;对于某些设计间隙大、工作温度低、组成环数少、积累公差小的部件,可以不设调整垫,由设计尺寸链保证。

5.9.3　尺寸链计算与调整设计

为了检查 APU 在冷态、热态条件下，转静子相对位置是否符合设计要求，各部件或各零件间接口尺寸是否准确、协调、公差分配合理，封严件相对轴向位置是否合理，APU 安装尺寸是否符合要求等，APU 设计时需进行尺寸链计算，如果尺寸链计算表明不能满足设计要求，需要对某些零部件尺寸和公差进行调整后重新进行尺寸链计算，保证其满足设计要求。

APU 设计中，常见的需要进行尺寸链计算来检查和保证的项目有：

（1）装配需调整的环节，如：转子与静子各处的轴向间隙、径向间隙、特征部位（如篦齿封严处）的重叠（搭接）量、滚子轴承滚子在跑道上的轴向位置及工作时的错移量、锥齿轮啮合间隙；

（2）零部件尺寸链计算的输入环节；

（3）确保零部件相互位置关系的尺寸，如：各单元体、各部件有关特征面之间的相对位置关系（间隙或重叠量）；

（4）APU 外廓尺寸、安装节点之间的相互位置关系；

（5）内部油管的插接对中；

（6）热膨胀量，如：工作状态下，转子与静子各处的轴向间隙、径向间隙；

（7）对于 APU 工作过程中内部某些温度差异大的零组件，应分别计算冷态尺寸链和热态尺寸链，并提供零组件温度场估计值、零件材料的线膨胀系数等。

1. 冷态尺寸链计算

冷态尺寸链计算，是指对设计图纸上标注尺寸的标注值进行的尺寸链计算。图纸上标注的尺寸，除有特殊说明外，是在标准测量温度 20℃（相对 APU 工作状态而言为冷态）下检验和保证。

冷态尺寸链的计算有设计计算和验证计算。设计计算是已知封闭环所要求的尺寸、公差及偏差，选定合适的达到封闭环要求的方法，确定各组成环的尺寸、公差及偏差；验证计算，则是检查所确定的各组成环的尺寸、公差及偏差，是否能满足封闭环的要求。

2. 热态尺寸链计算

热态尺寸链计算，是指按设计图纸上标注的尺寸考虑热态时的变化量所进行的尺寸链计算。当 APU 在工作时，各零、组件温度变化有明显差异；或温度相差不大，但偏离常温，且各零、组件材料线膨胀系数不同，必须进行热态尺寸链计算，一般取设计状态和最大功率状态进行热态尺寸链计算。

热态尺寸链计算方式通常有间接计算和直接计算两种。间接计算方式是将封闭环在热态时的要求换算成冷态时的相应要求，以冷态尺寸链计算方法来计算各组成环尺寸用于图纸标注的公差和偏差。直接计算方式是直接在热态计算各组成环尺寸的公差和偏差，以满足热态时封闭环的要求，然后换算成用于图纸标注的冷态尺寸。上述方法往往只能算出各种稳态时的尺寸链变化情况，必要时，需补充特殊状态（如起动或紧急停车等）尺寸链计算。

对于直线尺寸链，其热态尺寸链的直接计算方法有两种。一种是组成环基本偏差零线控制法，首先确定组成环冷态时基本尺寸，计算组成环基本尺寸在热态时的尺寸增量，确定组成环热态时的偏差，按热态时封闭环要求计算补偿环尺寸；第二种是组成环基本偏差非零线控制法，将热态封闭环的要求当作冷态时的数值来看待，完全按冷态尺寸链的计算方法确定出各组成环的尺寸和公差，然后按热态时的尺寸增量换算出最终用于图纸标注的尺寸。两种方法均忽略公差随温度的变化，所计算的尺寸链中的各组成环，均应是各零件或机加部件的尺寸，而不应是某一派生装配尺寸链的封闭环。

3. 调整环节设计

APU 调整环节设计，是指为保证 APU 转、静子径向间隙、轴向间隙，保持 APU 单元体、部件界面的完整和独立性，结合冷态、热态间隙计算和尺寸链计算，在 APU 上设计调整环节。常用的调整方法包括对部分零组件进行选配、在适当的装配部位设置调整垫并采用调整垫分组或打磨调整垫等确保满足要求等。

5.10 腐蚀与防护设计

腐蚀与防护通常称为“三防”，是指防盐雾、防湿热、防霉菌。为满足 APU 的“三防”要求，重要措施之一就是把“三防”要求贯穿于设计、制造、维护的全过程，需要从结构设计、材料选择、表面防护、工艺技术等方面综合考虑“三防”设计。

5.10.1 结构设计

各部件采用单元体设计，力求结构简单，检查和维护方便，并采取适当的防护措施。

细节设计时控制与腐蚀有关的环境因素（如盐雾、湿热、霉菌及其代谢物、燃气、酸性大气等腐蚀介质）、结构因素（如装配性、可检性、可达性、密封、排水等，避免腐蚀介质的侵入或滞留）、力学因素（如应力集中、残余应力、应变和变形等），尽可能避免因结构细节设计考虑欠佳引起的应力腐蚀或腐蚀疲劳。

电气等附件应设计为密封式结构并选用抗腐蚀的材料或涂覆含杀菌剂的涂层，避免微生物的滋生。必要时，还须对附件进行抗霉菌性试验。

5.10.2 材料选择

一般结构件应选用抗盐雾腐蚀能力强的不锈钢和其他材料，尽可能不选用对海水腐蚀较敏感、耐应力腐蚀和点腐蚀能力较差的材料。对于容易受到盐雾腐蚀的冷端零部件，如压气机叶片盘、离心叶轮等应选用抗腐蚀能力强的高温合金或钛合金；对于容易受燃气腐蚀的热端零部件，在海洋环境下主要表现为高温热腐蚀的特征，且一般以900±20℃为最严重，须引起足够的重视，应选用抗热腐蚀的高温合金，并采用与零部件相宜的抗热腐蚀的防护涂层，如渗铝、NiCrAlY、NiCoCrAlY等，以提高抗热腐蚀的能力。

APU材料应对镁合金的选用保持慎重态度，可选用抗腐蚀能力较强的铝合金，并经阳极化后涂覆耐腐蚀性较好的漆层防护。

5.10.3　表面防护

相互接触的不同材料和镀覆层，按相关设计标准选择材料和工艺。切实注意不同材料的相容性，避免低熔点金属对高应力零件的晶间渗透或污染。

连接件（含胶结件）的孔（缝）穴均选用合适的密封胶对内外（缝）穴进行全面密封，以防止潮湿空气或腐蚀介质的侵入，避免重要构件和系统连接件出现腐蚀。

5.10.4　工艺技术

合理选用工艺技术，严格控制与腐蚀相关的加工过程，提高加工质量，保持零件表面的完整性，提高重要零部件抗应力腐蚀和腐蚀疲劳的能力。

5.11　装配性与外部设计

5.11.1　装配性设计

APU的装配性，主要包括三方面：一是指APU在外场分解和装配的可能性及方便、难易程度；二是指零、部、组件在装配、分解过程中，操作的方便和难易程度，以及涉及的专用工具、工装的多少和复杂程度；三是指初次装配过程中，保证APU的有关设计要求（如相邻零、部件的相互位置关系，转子许用动不平衡量）的方便和难易程度。这三个方面，第一个主要是对用户而言，体现在APU的维护修理过程中；后两个主要是对生产厂家而言，体现在APU的生产和大修过程中。为了提高用户所关心的装配性，现在越来越多的APU采用了单元体结构。为了满足生产厂家所关心的装配性，主要是设计过程中尺寸链设计要合理，转子许用不平衡量选择要合理。另外，做到按某种顺序装配或分解各零、部、组件时，尽量少用专用工具、工装，并使操作有一定的空间。

1. 单元体结构辅助动力装置

APU是以轴流压气机、离心压气机、燃烧室、燃气涡轮、自由涡轮、减速器、附件传动机匣等基本组件为基础，将APU本体划分成若干个可以独立装配和调整的单元。每个单元包含一个或几个基本组件，具有一定的功能，能独立完成本单元内零、部件的验收试验。各相邻单元之间,有明确、简洁的界面。通过界面的连接,可以将已装配成整体的各个单元体装配成 APU 本体,而不必逐个零、部件地装配。通过界面分离,可以将 APU 本体分解成完整的各个单元体,而不必逐个零、部件地分解。

APU 在维护修理和更换故障件时要方便、快捷,便于采取状态监控措施,实现经济的视情维修,很受用户欢迎。所以,尽管它需要在单元体之间安排明确、简洁的界面,增加了设计的难度和工作量,但单元体结构仍然成为 APU 发展的一种趋势。国外典型 APU 的单元体结构设计见表 5.2。

表 5.2 国外典型 APU 单元体划分

辅助动力装置	单 元 体
ГТДЭ－117	燃气发生器单元体、动力输出单元体
APS2000	附件传动单元体、压气机涡轮单元体、燃烧室单元体
GTCP131－9A	齿轮箱单元体、动力段/负载压气机单元体
T－62T－40－1	附件传动单元体、压气机涡轮单元体、燃烧室单元体

GTCP131－9A 辅助动力装置单元体划分如图 5.58 所示,分为齿轮箱、动力段/负载压气机 2 个单元体。

T－62T－40－1 辅助动力装置单元体划分如图 5.59 所示,共分三个单元体:

(1) 附件传动单元体,主要包含有减速器、附件传动齿轮箱、输出轴、滑油箱等;

(2) 压气机涡轮单元体,主要包含有离心机匣、离心叶轮、扩压器、向心涡轮、燃气涡轮导向器;

(3) 燃烧室单元体,主要包含有火焰筒、燃烧室机匣、起动喷嘴、燃油总管。

T－62T－40－1 辅助动力装置由于采用了单元体结构,简化了装配和调整工作,减少了检查性试车。使用中一旦发生故障,可根据情况在外场更换相应的单元体,不必将整台 APU 返厂修理,从而减少了维修工作量,节约了维修费用,减少了外场备用 APU 的数量。

T－62T－40－1 辅助动力装置的拆装也非常方便。在外场,将 APU 分解成单元体或将单元体组装成 APU,只需简单的工具和不到 30 min 的时间。如果拆卸的只是某个需要维修更换的单元体,则更快捷,拆下该单元体上与其他单元体有连接关系的 APU 外部装置和管路、电缆后,就可直接将它与相邻的单元体分离。

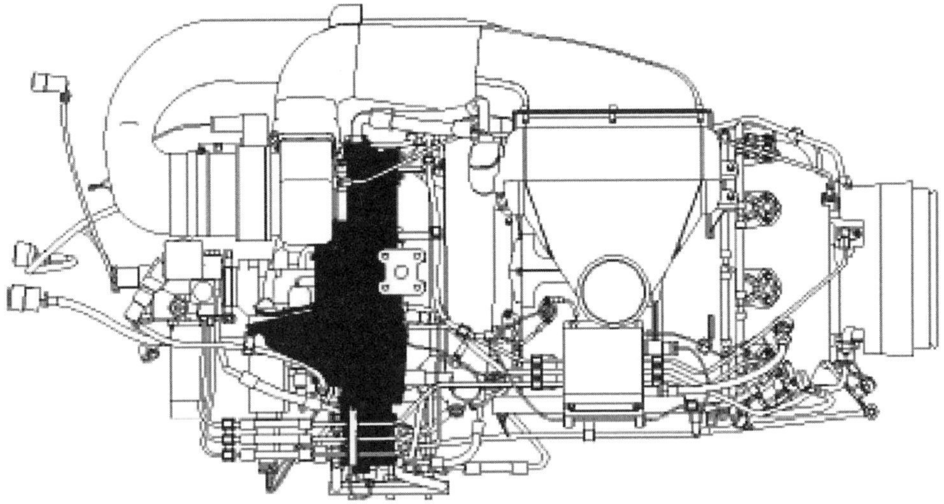

齿轮箱单元体

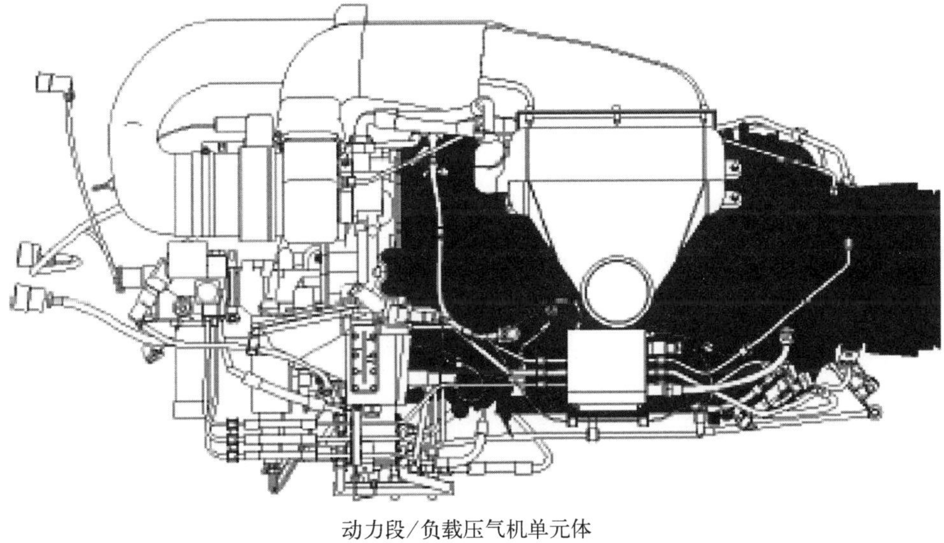

动力段/负载压气机单元体

图 5.58　GTCP131－9A 单元体划分

2. 非单元体结构辅助动力装置

非单元体结构是 APU 的早期形式。APU 按非单元体结构设计,由于不存在单元体之间界面的划分,各大组件之间允许彼此的零部件相互穿插和渗透,使各零部件在空间布局、空间延伸和功能分担方面比较灵活,便于设计。但这种 APU 在分解和装配时较为复杂,要求的条件也较为苛刻,用户在使用过程中的维护修理不够方便。

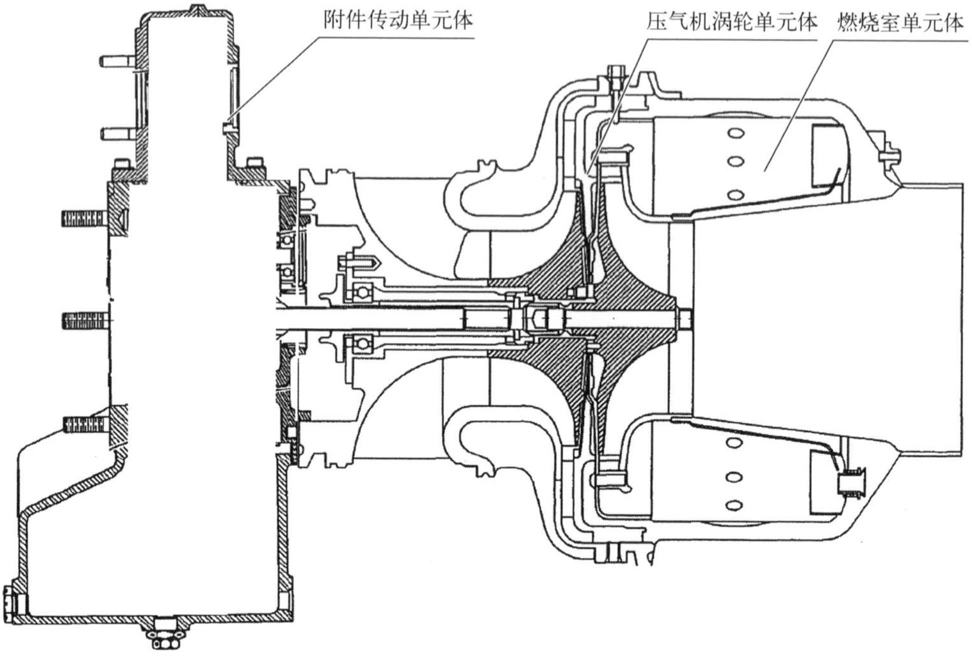

图 5.59 T-62T-40-1 单元体划分

5.11.2 外部零组件设计

为了减轻整机重量，飞机对 APU 外廓尺寸和重量控制要求比较高，因此在外部零组件设计上需要在满足性能、功能和安全可靠使用的前提下尽量缩短传递路线，进行合理布局，要求外观整齐、美观，方便操作，达到控制外廓尺寸和整机重量的目的。外部零件设计主要包括附件和管路、电缆的布置及其固定支架设计等。

1. 外部附件布置

1）传动附件的布置

a）传动附件在 APU 上的位置。

APU 上的传动附件如滑油泵、燃油泵、起动直流电动机等附件，根据其功率、转速、转向及外廓尺寸和 APU 结构形式等要求分别安装在附件传动机匣上。APU 的压气机多为离心式，进气方式为径向进气，附件传动机匣及其附件一般位于 APU 前端，如 APS2000、GTCP131-9A 辅助动力装置等。

b）传动附件在附件机匣上的布置原则。

传动附件在附件机匣上的布置原则如下：

（1）传动附件布置按传动功率对称分布原则，使大功率附件靠近主传动杆，传动件受力合理，传动链短，可靠性高；在保证附件转向、转速的情况下，实现了重量轻，尺寸小；

(2) 与飞机有管线相连的有关传动附件一般布置在附件机匣的旁侧，便于附件管线与飞行器的连接，如起动直流电动机、鼓风机、燃油调节器等附件；

(3) 同一系统的传动附件应布置在相近位置，便于非传动附件的布置和 APU 管线敷设。

2) 非传动附件布置

APU 的滑油箱、散热器、油滤、点火线圈等非传动附件布置时，应遵循下列基本原则：

(1) 尽量布置在传动附件的纵向投影面内，避免增加迎面尺寸；

(2) 按系统的连接要求与有关的传动附件或其服务对象靠近使导管长度缩短、流体阻力减小；

(3) 防止附件上的粗管线交叉敷设；

(4) 相互关联的附件，如滑油箱、滑油滤与滑油泵组，燃滑油散热器与燃油系统有关附件，布置在中间位置，便于连接；

(5) 附件上有些需要经常调整、更换的元件和加油、检查的部位，应留有足够空间便于对它们进行维护，且这些附件应相对集中，以便减少飞机的维护窗口和口盖；

(6) 还有一些附件如滑油空气散热器，考虑到冷却效果和不增加 APU 迎风面积，可安装在飞机上；

(7) 有些 APU 的滑油由主发动机提供，因此，这些 APU 无独立的滑油箱。

3) 有特殊环境要求的附件布置

有特殊环境要求的附件主要包括以下三方面：

a) 电气系统中，因电气元件对环境有一定要求，布置电气元件时，应满足下列要求：

(1) 电气元件一般布置在温度低、振动小的区域；

(2) 电气元件导线长度应尽量短，以便减轻导线的重量和电压损失；

(3) 电气附件及其连接导线应布置在可能漏油附件的上部。

b) 漏油系统中，附件布置时应满足下列要求：

(1) 所有的漏油管尽可能地汇集在一起，使 APU 上的漏油收集器数量最少；

(2) 漏油系统中设置的漏油箱应布置在 APU 的最低位置，保证各漏油管中不积存余油。

c) 燃-滑油附件应布置在 APU 温度低的部位。

4) 实例分析

GTCP131－9A 辅助动力装置的主要附件布局如图 5.60～图 5.62 所示。该 APU 进气方式为径向进气，因此，将 APU 的附件传动机匣布置在 APU 前面。在 APU 附件中，将与飞机有管线连接的起动直流电动机、燃油调节器、鼓风机等附件

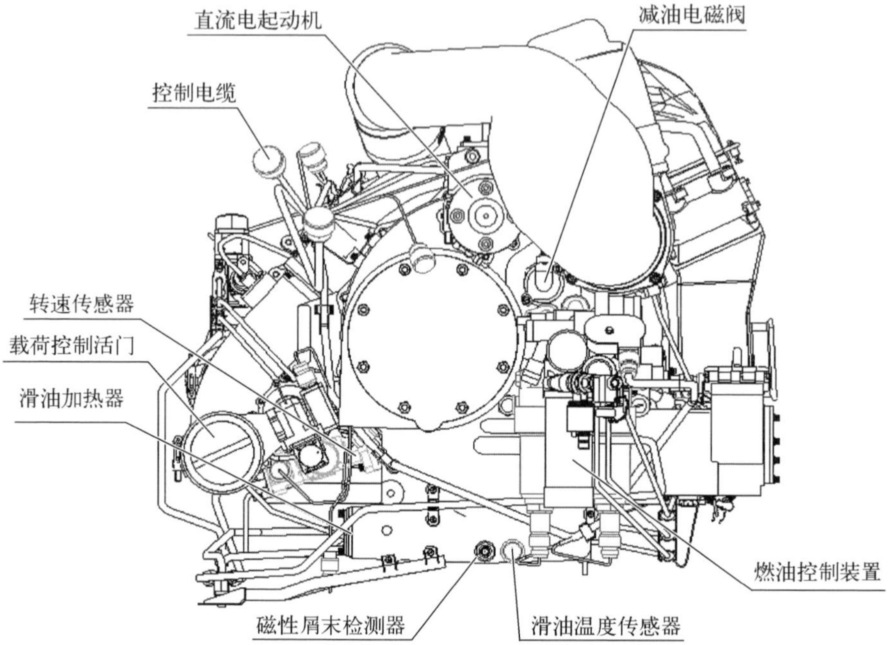

图 5.60　GTCP131－9A 外部附件安装位置示意图

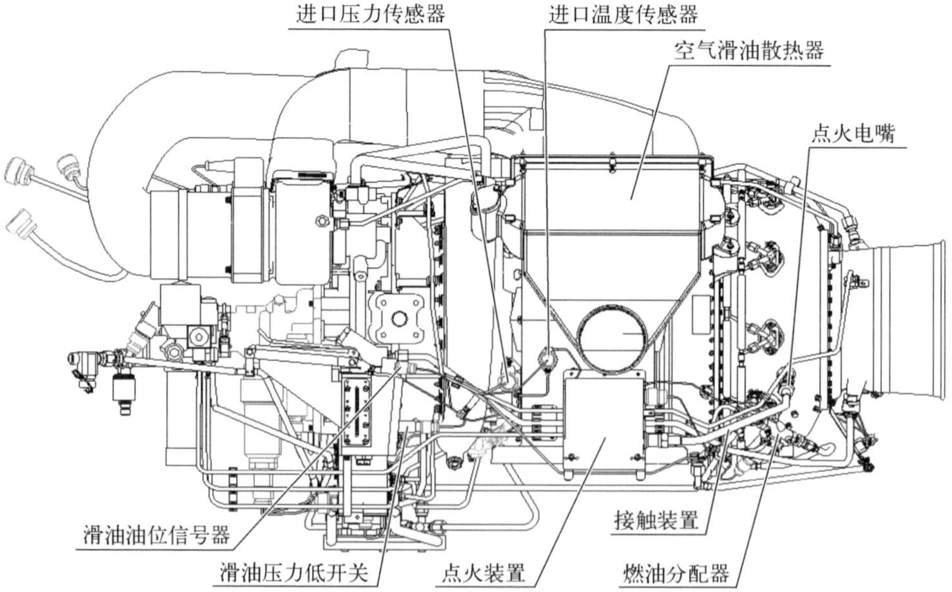

图 5.61　GTCP131－9A 外部附件安装位置示意图

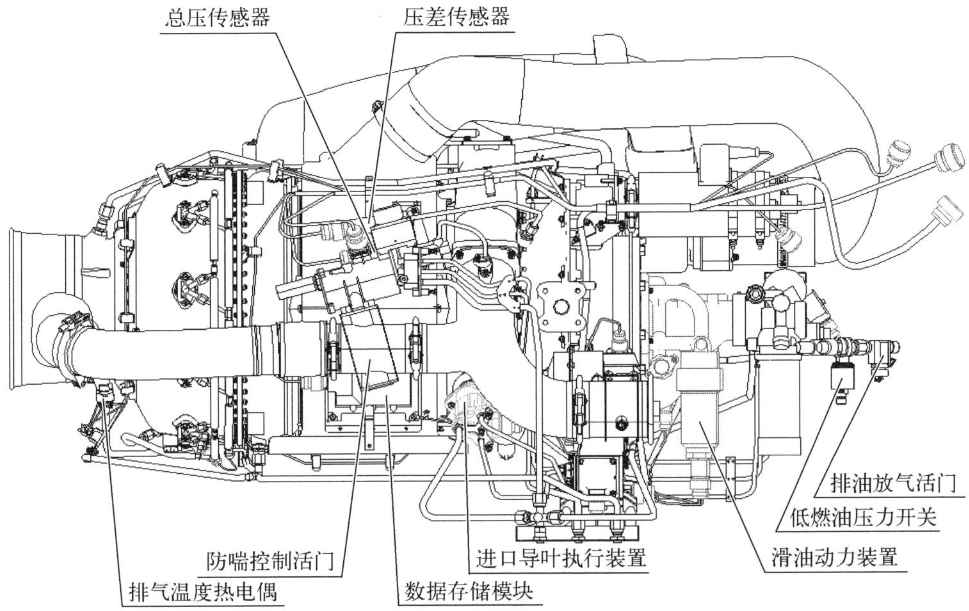

图 5.62　GTCP131－9A 外部附件安装位置示意图

分别布置在 APU 附件传动机匣的两侧,便于与飞机相连接。功率较大的附件如交流发电机和滑油泵,距主传动轴较近,传动链短,受力合理。滑油系统的附件如滑油泵、滑油滤等布置在相近位置,连接管路短、压力损失小。另外,非传动附件如空气滑油散热器、点火装置、数据存储模块等布置在 APU 尺寸最小的部位,使得整机外部尺寸小。总的来说,该机附件布置合理、美观,整机迎面尺寸小。

2. 外部管路和电缆设计

外部管路和电缆设计主要包括以下三方面内容。

1）敷设原则

在 APU 上敷设管路和电缆时,一般采取先布置粗管、后布置细管,最后布置电缆的原则。管路和电缆一般沿着 APU 纵向和横向安装边敷设。敷设时应遵循以下基本原则:

(1) 管路、电缆必须敷设在 APU 外部尺寸控制线内,管路应尽量短、布局整齐,转弯少,应避免太小的弯曲半径;

(2) 能满足燃油、滑油、空气、电气等系统的工作要求;

(3) 电缆应布置在可能漏油的导管的上部;

(4) 管形合理、尽量平行布置,少交叉,固定可靠、密封性好、间隙合理、管路中有补偿措施;

（5）管路、电缆不应妨碍 APU 调整、维修，管路的测点要便于连接；

（6）导管有较好的制造工艺性，装拆方便；

（7）尽量保证 APU 外形美观。

2）敷设方法

敷设方法主要包括实物敷设法和计算机辅助敷设法。

a）实物敷设法。

管路和电缆的实物敷设一般在样机或装配好的 APU 上进行。在 APU 上先确定附件和管接头的位置，用铁丝或铝丝弯曲取样，确定管路的走向，并以此为依据，截取同样一长度的管子进行弯制，初步确定管路形状。然后，将初步弯制出的管路安装到 APU 上进行检查（间隙、干涉、维修性、美观等项目）、校正，再将带有初步导管的 APU 装到飞机上进行间隙、干涉、维修性等项目的检查、修正。再依此导管制作出标准的管路样件。在 APU 上敷设导管过程中，要确定导管走向、管形、导管分段、支架位置、卡箍分布、管路间隙等。

b）计算机辅助敷设法。

随着计算机技术的飞速发展，CAD/CAM 技术已广泛应用于 APU 外部管路敷设中。计算机辅助敷设管路取代人工在实物 APU 上布管，节省大量的人力和物力，缩短 APU 的研制周期。

计算机布管有下列两种方法。

① 人机交互敷设

利用计算机建立 APU 电子样机及管路元件库，设计人员可从不同的角度观察 APU 电子样机，计算机根据给出的坐标进行管路敷设，敷设过程中能自动进行干涉检查，估算出间隙，并把导管数据直接送到弯管机上制出导管。

② 计算机自动敷管

利用建立的 APU 电子样机及管路元件库，计算机根据敷管优化程序自动进行敷管，自动进行优化路径、干涉检查、维修性检查等工作。这样敷设的管路基本上是基于软件中设定的敷设规则。通常，这样敷设的管路成功率更高。

3）敷设要求

无论采取哪种管路敷设方法，均应综合考虑可靠性、工艺性、装配性、维修性、美观性等因素。

a）管路敷设的可靠性。

可采取以下措施确保管路敷设的可靠性：

（1）应安装在振动、热膨胀都不致引起管路或连接件损坏的部位上；

（2）在高温区应尽可能不布置燃油导管；当在高温区必须敷设导管时（如燃烧室外部供油管），应将导管做成弯曲形状，以便高温工作时能自由膨胀；

（3）当导管和 APU 本体由于温度差而膨胀不一致时，可采用如下措施：导管

做成蛇形管;导管一端或两端同时采用活动接头;采用软管连接(注意软管不得靠近热源);

(4) 导管、电缆与操纵连杆或其他运动机件之间应没有干涉;

(5) 漏油导管应置于 APU 的最低位置;

(6) 电缆应布置在易燃液体导管的上面,且不能与易燃液体管路固定在一起;导管之间,导管与相邻附件之间应保留合适的间隙。管路敷设的工艺性。

b) 管路敷设的工艺性。

(1) 敷管时应先敷粗管,细管沿着粗管敷设,支架支撑在粗管上,细管用卡箍固定在粗管上,电缆导线可扎成束沿导管走向布置;

(2) 对相同直径的导管,一般先敷设长管,再敷设短管,如果两根导管在同一层相碰时,短管优先于长管;

(3) 对于直径较大的管路,考虑其加工工艺性,应尽量减少弯曲;

(4) 导管应选择最短路线,尽量平直,以减轻重量和减少流体损失。

c) 管路的装配性。

可采取以下措施确保管路的装配性:

(1) 局部管路较多时,可考虑分层敷设,应防止粗管交叉敷设;

(2) 导管较长时,可分段敷设,中间加接头连接,便于装拆;

(3) 利用安装边固定导管;

(4) 卡箍孔的中心线应平行于导管的中心线。

d) 管路的维修性。

可采取以下措施确保管路的维修性:

(1) 导管上的检测点、放气嘴,应放在可视性、可达性好的位置处;

(2) 导管和电缆系统的接头,应尽量位于 APU 部件、组件或单元体的分界面附近;

(3) 导管的敷设要尽量不影响相邻附件或维护部件的可达性,当更换附件或主要组合件时,使导管的分解和再装配数量最少;

(4) 敷设管路需要分层时,管接头的位置及拆装应方便可达。

e) 管路敷设的美观性。

可采取以下措施确保管路敷设的美观性:

(1) 导管应尽可能沿着 APU 轴向和纵向,靠近 APU 壁面敷设,便于导管固定,做到外形美观、迎面尺寸小;

(2) 导管、电缆应成束敷设;

(3) 对于一些导管需要有大于 90°的弯曲管形时,可采用弯管接头,以便导管外形紧凑、形状简单、加工方便。

5.11.3 辅助动力装置与飞机安装接口

APU 在飞机上的安装,与主发动机在飞机上的安装有些不同,各有自身的安装特点,主要反映在进、排气系统、与短舱的连接、操纵系统的连接形式等方面。

APU 在飞机上的安装,主要依靠 APU 的安装节(或安装座或安装边),以螺栓固紧方式安装在飞机上。

1. 安装要求

APU 在飞机上的安装,应满足飞机的设计要求。在总体布局上,不因 APU 的安装影响飞机的气动布局(主要是外形尺寸、附件布置等)以及增加气动负荷。具体安装要求如下:

(1) 保证飞机的重量和气动阻力的增量最小;

(2) 安装系统要有良好的维修性,便于拆、装 APU 和减少 APU 的更换时间;

(3) 安装节能承受 APU 的安装载荷,具有足够的刚度、强度裕度,可靠性高;

(4) 安装系统结构简单、成本低;

(5) 容易限制和扑灭 APU 的火灾等。

2. 安装方式

根据与主发动机起动时的能量传递方式不同,APU 安装布局也各有差异:

(1) 气压型 APU 可安装在远离主发动机的位置,因此在安装位置和环境条件方面有较大的选择灵活性;

(2) 机械型 APU 需紧靠主发动机安装;

(3) 电力型、液压型 APU 的安装位置与气压型 APU 相同。

3. 安装节与吊耳

1) 安装节

APU 安装节是 APU 与飞机重要支撑的连接件。APU 安装节的分布也就是 APU 在飞机上的固定形式,一般分主安装节和辅助安装节,其结构形式多种多样,取决于 APU 的形式、飞机的用途及 APU 在飞机上的安装状态、位置等条件。

在 APU 安装图中,标明 APU 的每个安装节位置、界面尺寸和最大允许载荷极限。安装节的设计应便于安装减震器。

2) 吊耳

APU 应备有地面吊耳,以承担包括所有装在 APU 上的设备、飞机附件及含有工作液后的 APU 重量,即通常所称的安装重量。APU 吊耳布置类型通常有两点式和单点式,这与 APU 总体布局和重心位置有关。每个地面吊耳的位置、尺寸应在 APU 安装图上标注出。吊耳的布置应与飞机的 APU 舱相适应。

4. 安装座与传动装置

APU 附件和飞机附件的安装座与传动装置,应符合规范规定的基本结构与功率性能要求。传动安装座全部尺寸的详图,以及考虑间隙后的外廓尺寸都应在

APU 安装图上标注出。

在设计中应考虑附件的拆卸空间，保证传动机匣零件不妨碍安装在这些传动装置上的附件单独拆卸。当每一个传动装置上都经受规定的最大允许扭矩或规定功率时，所有传动附件都要能同时工作。

5. 功率分出装置

当传动飞机附件需设置功率分出轴时，其规定性能、尺寸、考虑间隙后的外廓、安装座和连接详图、可达性以及中心偏差要求等，要在安装图上标注出。

6. 附件极限温度

APU 在下列状态被静止空气包围时，安装在 APU 上的 APU 附件不应超过其允许的温度：

（1）环境空气为最高总温时，连续工作；

（2）处于最不利状态时的空中停车，并继续保持在最高总温的环境空气中；

（3）在无强迫通风、制冷或转子旋转等特殊冷却措施时，在海平面静止、标准大气温度环境下地面停车。

应提供各附件最高环境温度和表面极限温度。应规定测点的坐标位置，各测点处的环境温度和表面温度应是最高的。应按附件列表给出 APU 在外界条件和工作包线内最不利状态下的表面温度、空气温度及耐温时间。

7. 通风系统

明确 APU 通风系统的安装和维护部位及通风量要求，在安装或协调图上应示出通风系统接口的位置和界面。

8. 进气安装

APU 的进气连接必须保证进气道与 APU 进口的平滑过渡，同时还应规定出容限、偏斜量、热膨胀量和需要的空间。

当需要时，还应根据 APU 与进气道的连接形式，规定 APU 进气道安装边处的最大允许剪切载荷、轴向载荷和悬臂力矩，给出连接界面尺寸，并在安装图中示出。其连接形式有端面压紧、胶圈密封，端面螺柱紧固及快卸环等。

APU 在飞机上的安装方式有顺置、倒置和横向放置三种。顺置方式就是从 APU 的涡轮指向压气机的方向，与飞机航向相同。倒置方式就是从 APU 的涡轮指向压气机的方向，与飞机航向相反，横向放置是 APU 的轴线与地面平行，与飞机轴线垂直。

9. 排气装置

对 APU 而言，涡轮出口截面压力近似于外界大气压力，只要在涡轮后接一段出口面积固定的扩张形式排气管。排气系统的连接方式常见有快卸环连接和安装边轴向短螺栓连接。根据机型的具体情况，APU 排气管可以直接伸出飞机体外，或将 APU 排气管与飞机排气段用螺栓相连或用快卸环连接，或将 APU 排气管插入飞机排气段。

5.12 紧固连接与密封

5.12.1 螺纹连接

1. 螺纹连接类型

螺纹连接是连接与紧固技术中最重要的类型,已成为机械设备及航天航空器中不可或缺的连接方式。螺纹连接件具有预紧、联接、紧固等功能,可拆卸,易维修。因其用量大,螺纹连接技术的优劣可直接影响飞行器的性能水平,轻则增加维修时间、影响生产效率,重则会引发重大安全事故。

应用于 APU 的螺纹连接技术主要包括螺栓连接、螺钉连接、螺桩连接等,其主要特点及应用范围见表 5.3。

表 5.3 螺纹连接类型与应用

类型	特点与应用
螺栓连接	主要用于连接两个或多个较薄的零件;在被连接件上开有通孔或盲孔,可与自锁螺母配合使用;一般地,螺栓光杆与孔之间有间隙,对螺栓孔的加工要求较低,结构简单,装拆方便;精密螺栓也可通过螺栓光杆及螺栓孔的尺寸公差配合,除紧固连接外,还具备一定定位作用
螺钉连接	1) 普通螺钉 主要用于连接两个或多个零件; 一般为全螺纹设计,因此,被连接件必须也是全螺纹设计; 可单独使用(被连接件为盲孔),也可与自锁螺母配合使用(被连接件为通孔) 2) 沉头螺钉 用于强度要求不高,螺纹直径小于 10 mm 的紧固连接; 螺钉头部全部或局部沉入被连接件,这种结构多用于要求外表面平整的零部件 3) 自攻螺钉 用于连接强度要求较低的位置,一般应先预制底孔
螺桩连接	用于被连接件之一厚度尺寸较大,不宜经常拆装的场合;在被连接件之一加工螺纹孔,其他零件加工光孔,与自锁螺母配合使用;拆卸时,仅需拧下螺母,不必拆下螺桩,同时避免螺纹孔因多次拆装而被损坏

2. 结构设计

1) 螺栓、螺钉类连接件

螺栓、螺钉类零件是飞机传动系统上应用最为广泛的紧固连接件。根据安装部位的不同,主要分为六角头螺栓/螺钉、十二角头螺栓/螺钉、内六角螺栓/螺钉等,结构形式如图 5.63 所示。

按照螺栓及螺钉杆部形状的不同,可分为大径杆型、中径杆型、缩径杆型、加大杆型等,如图 5.64 所示。

(a) 六角头螺栓　(b) 十二角头螺栓　(c) 内六角螺栓

图 5.63　螺栓、螺钉结构形式

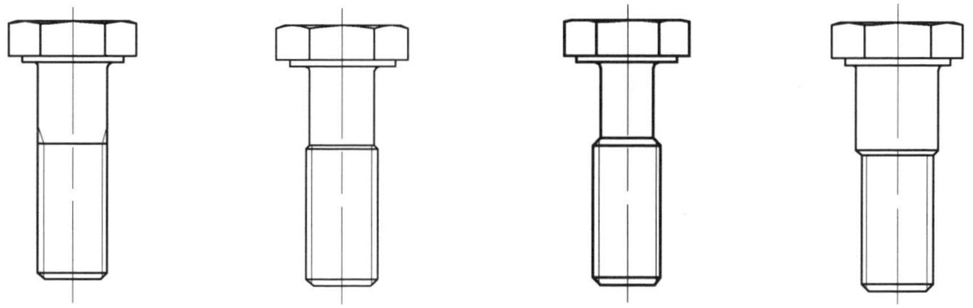

(a) 大径杆型　(b) 中径杆型　(c) 缩径杆型　(d) 加大杆型

图 5.64　螺栓、螺钉结构形式

大径杆型：光杆直径与螺纹公称直径相同，螺杆强度较高，应用广泛。

中径杆型：光杆直径与螺纹中径相同，滚压螺纹简便，杆径为滚压螺纹前的毛皮直径。

缩径杆型：光杆直径小于螺纹小径，主要用于要求减小刚度和降低螺纹部分应力集中的螺栓。

加大杆型：光杆直径比螺纹公称直径大，主要用于修理或干涉配合的螺栓。

2）螺桩类连接件

APU 上常用的螺桩类连接件主要有带键锁紧螺桩、齿形螺桩等两大类。

带键锁紧螺桩由螺桩基体及嵌装在基体键槽中的销键组成。为了方便锁键的安装，带键锁紧螺桩一般为阶梯形，拧入机匣端螺纹应大于装配螺母端螺纹。根据安装部位的连接要求，带键锁紧螺桩基体外侧设计燕尾形键槽，便于嵌入销键，以实现与机匣内螺纹底径的过盈达到防松止动的目的。带键锁紧螺桩结构及安装示意图如图 5.65 所示。

齿形螺桩与齿形止动圈配合使用，在齿形螺桩外部设计止动锯齿，齿形止动圈内孔锯齿与齿形螺桩外部锯齿相配，同时止动圈外圆柱面也带有少量锯齿，用于压入机匣实现止动；相应地，机匣上也需设计有容纳止动圈的沉孔。齿形螺桩结构及

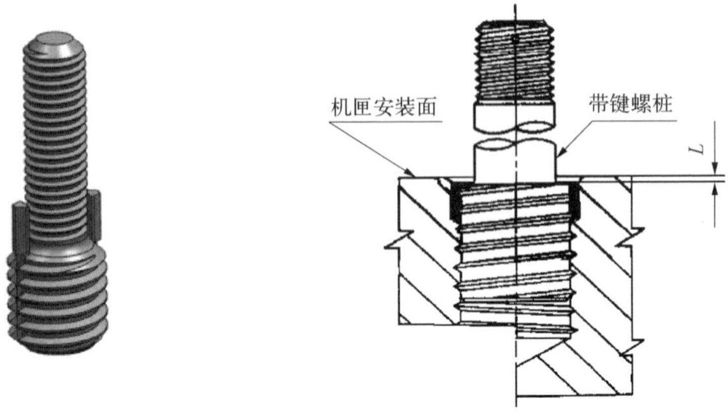

图 5.65 带键锁紧螺桩结构及安装示意图

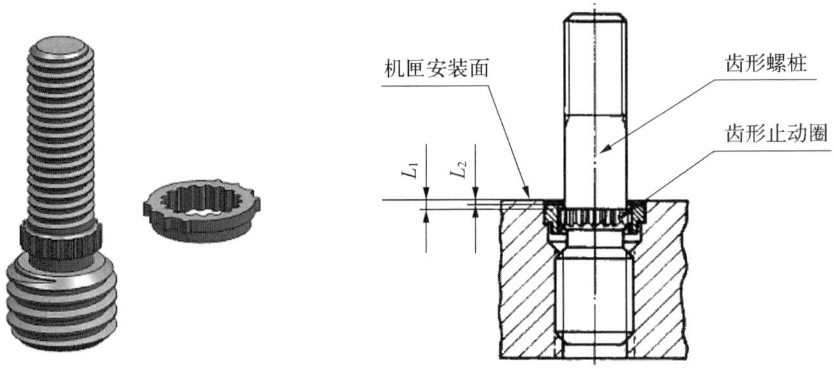

图 5.66 齿形螺桩结构及安装示意图

安装示意如图 5.66 所示。

3）螺母类连接件

自锁螺母广泛应用于 APU，利用机械收口方式实现自身塑性变形，从而达到很好的锁紧效果，并比增加止动圈等辅助零件减轻了螺纹联接副的重量。自锁螺母根据使用部位的要求形成了不同类型的结构，如十二角头螺母、六角头螺母、游动托板螺母、轴用自锁螺母等，常用自锁螺母结构如图 5.67 所示。

(a) 十二角自锁螺母　　(b) 六角自锁螺母

图 5.67 自锁螺母结构形式

六角自锁螺母能承受较大扳拧力矩;十二角自锁螺母锁紧性能稳定,使用较广泛。托板自锁螺母采用铆钉固定在安装边,通常用于不便扳拧螺母的部位;轴用自锁螺母一般用于限制轴承、齿轮等结构的轴向位置,规格较大,具有轴向尺寸小、质量轻、承载能力高等特点。

自锁螺母技术条件参见国家相关标准。

4）螺套类连接件

螺纹衬套是为保护机匣上有色金属螺纹孔而发展起来的螺纹紧固连接件,已在 APU 上得到广泛应用。目前 APU 常用的螺纹衬套主要有钢丝螺套、带键锁紧螺纹衬套及带齿圈锁紧螺纹衬套等。

钢丝螺套结构形式如图 5.68 所示,用高强度、高精度、高表面光洁度和耐腐蚀的菱形截面钢丝绕制而成,截面对角为 60°,主要由钢丝螺套体、引导、安装柄三个部分组成,具有体积小、结构紧凑、重量轻等优点,如需安装端面超过钢丝螺套的较长螺钉,则需在安装柄上加工折断槽。钢丝螺套安装孔设计要求如图 5.69 所示。

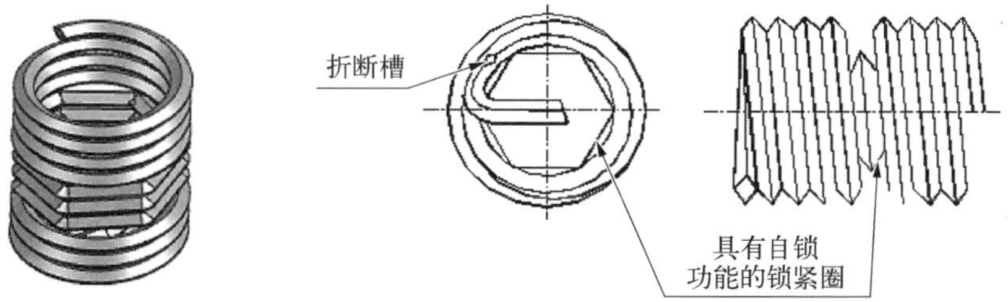

图 5.68　钢丝螺套结构形式

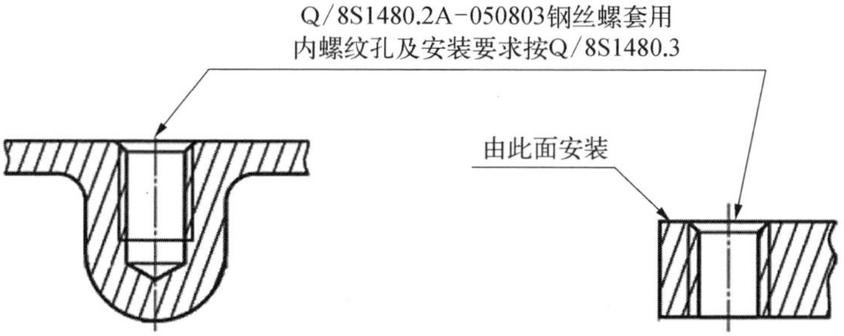

图 5.69　自锁钢丝螺套及安装孔标注示例

带键螺套由螺套基体及嵌装在基体键槽中的销键组成,如图 5.70 所示,选用优质不锈钢或高温合金材料制造,具有连接强度高、寿命长、可靠性高、使用方便等特点,可形成高强度、高耐磨的标准内外螺纹,提高螺纹孔的连接强度和耐磨性,对基体材料起保护作用,增强螺纹连接的承载能力和疲劳强度。

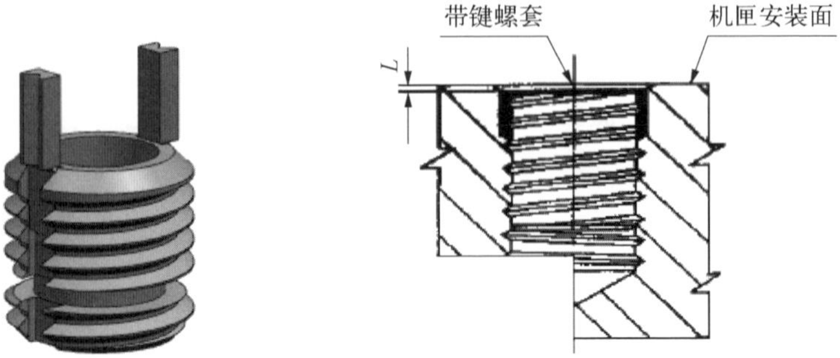

图 5.70　带键锁紧螺套基本结构及安装示意图

带齿圈锁紧螺纹衬套，在螺套外部设计止动锯齿，齿圈内锯齿与螺套外锯齿相配，同时齿圈外圆面也带有少量锯齿，用于压入机匣实现止动；相应地，机匣上也需设计有容纳齿圈的沉孔。常带齿圈锁紧螺纹衬套结构及安装示意图如图 5.71 所示。

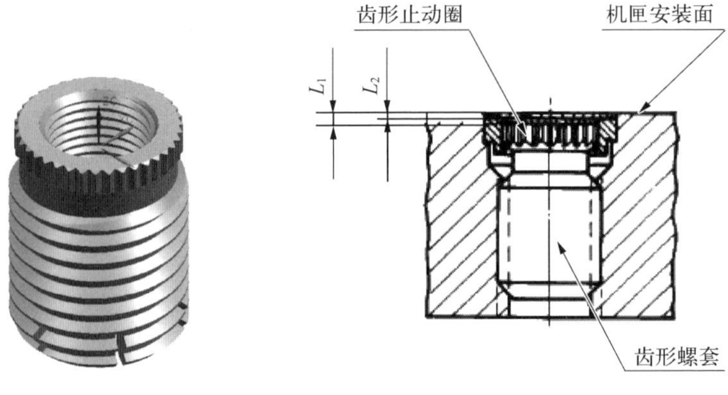

图 5.71　齿形螺桩结构及安装示意图

3. 结构要素

螺纹连接件的结构设计要素主要包括螺纹收尾、肩距、螺纹引导、螺纹倒角、螺纹长度、退刀槽、不完整螺纹等。螺纹连接件的结构要素对其强度、刚度、疲劳性能等均有不同程度的影响，甚至关系着连接构件整体的工作可靠性。普通螺纹结构要素参见国家相关标准。

4. 扳拧空间

螺纹连接件扳拧尺寸及公差参见国家相关标准。

5. 装配技术要求

螺纹连接件的装配方法与装配状态直接影响着连接构件的工作状态，装配质量是制约 APU 工作性能的重要因素，具体装配要求如下：

（1）对于具有自锁装置的螺纹连接件，应先检测其自锁力矩是否满足设计最大与最小值的规定；

（2）螺纹连接件一般要求通过力矩扳手完成装配，并在室温下进行；气动或电动螺丝刀只适用于直径≥5 mm 的螺纹连接件，空载最大转速 360 r/min，在最终接近阶段，转速要减小，使零件不会太快拧到位；

（3）一般情况下，螺纹连接件在装配时要求涂上机械润滑油或二硫化钼润滑脂；

（4）在任何情况下，对于具有自锁装置的螺纹连接件，螺栓必须要伸出螺母至少两倍螺距（包括倒角），并在装配过程中随时目视检查保证满足上述要求；但不能为保证螺栓充分露出而超过规定的拧紧力矩数值；

（5）当螺纹连接件装配过程中需要使用垫圈时，应充分考虑垫圈厚度对螺栓长度的影响；

（6）重复装拆的自锁螺母在重新使用前必须检测其自锁力矩是否仍满足设计要求。

6. 拧紧与防松

1）拧紧力矩的施加

适当的预紧力是提高螺纹连接可靠性的关键，螺纹零件的拧紧力矩值也是很多强度计算不可缺少的参数。正确的拧紧力矩可增强螺纹连接结构的可靠性，提高螺栓、螺钉的疲劳强度，反之，拧紧力矩过载，则可能导致紧固件直接破坏失效；预紧力不足，导致传动系统连接结构刚性不足，振动过大。

常用螺纹连接件拧紧力矩值参见国家相关标准。

2）常用防松方法

螺纹连接件在工作状态下可能承受不同程度的振动和冲击载荷，在这些变动载荷的作用下，螺纹连接就有可能发生松动。螺纹连接防松的方法较多，就其工作原理，大致可分为三类：破坏螺纹副、机械防松及摩擦防松。常用螺纹连接防松方法见表 5.4。

表 5.4　常用螺纹连接防松方法

类　型	防　松　方　法
破坏螺纹副关系	采用冲点、铆接、焊接等方式，使得螺纹副失去运动特性，常用于防松性能要求高且不需拆卸的场合，操作复杂
机械防松	利用止动零件阻止螺纹紧固件与被连接件发生相对转动，达到防松目的；常见的止动零件有止动垫圈、保险丝、开口销等
摩擦防松	利用增大螺纹接触面或螺栓与螺母支撑面的摩擦力等以达到防松目的；常见的摩擦防松方式包括弹簧垫圈、弹性垫圈、齿形垫圈、收口自锁螺母、非金属嵌件螺母的使用；除此之外，钢丝螺套、带键螺套、带键螺桩等也是常用的防松与锁紧方式

7. 材料与性能

1）螺纹连接件常用材料选择

螺栓、螺钉及螺桩类零件的选材向高热、高强方向发展，牌号为优质 GH2132 的高温合金作为一种耐热不锈钢被广泛采用。高强度、高温性能优良的 GH4169、GH738 材料螺栓被较多地使用在涡轮、燃烧室、尾喷管等高温部件。螺纹连接件的冶金质量、疲劳性能不容忽视，合理选择原材料是保证产品质量的前提。

2）螺纹连接件性能鉴定试验

螺纹连接件在装配使用前，需按照标准规范或技术要求开展产品性能合格鉴定试验，以满足 APU 的工作要求。

一般产品性能鉴定试验项目包括：抗拉试验、剪切试验、抗拔试验、应力断裂试验、拉-拉疲劳试验、振动试验、锁紧性能试验、扳拧性能试验、永久变形试验等。同时，也可根据螺纹连接件的具体工作环境增加其他试验内容。

5.12.2 铆钉连接

铆钉连接是一种不可拆卸的不动连接，简称铆接。一般情况下，有色金属铆钉和直径小于 10 mm 的钢铆钉都在室温条件下铆接，即冷铆。冷塑性差的和大直径的钢铆钉需加热铆接，即热铆。铆接一般需要在被连接件的两面操作，当被连接件结构不开敞或封闭时，则采用单面铆接技术。铆接结构因其重量轻、成本低、工艺简便等优点，在 APU 的结构设计、工艺维修及检查中，被普遍应用。常用铆钉结构形式如图 5.72 所示。

(a) 沉头铆钉　　(b) 半圆头　　(c) 平锥头铆钉

图 5.72　常用铆钉结构示意图

铆接结构设计中应注意以下问题：

(1) 铆接结构应具有良好的开敞性，以方便冲铆，并为冲铆工具留有足够空间；

(2) 铆钉镦头应尽可能设计在材料强度高或厚度尺寸大的零件一侧；

(3) 铆接一般用于不受力或受力较小的连接件，承载较大作用力的连接结构不宜采用铆接结构；

(4) 铆接厚度一般不大于 $5d$(d 为铆钉直径),被铆接的零件不应多于 4 层;

(5) 铆钉材料强度应不大于连接件强度,避免在冲铆过程中造成被连接件损伤,影响铆接强度。

为适应被连接件的结构、材料及受力形式等不同要求,铆钉的品种及规格也有很多,常用的铆钉设计标准见国家相关标准,铆钉连接技术要求参见国家相关标准。

5.12.3　胶接

胶接技术是利用胶黏剂在连接面产生的吸附力而使被连接件紧固连接的方法。胶接技术可以应用于同种材料,也可应用于不同种类的金属或非金属之间的连接。因能均匀分布于连接面上,不存在应力集中的危害。由于胶接件受力均匀,允许采用薄壁结构,因此胶接技术能有效减轻飞行器重量。另外,由于胶接工艺具有操作简便、效率高、成本少和能耗低等特点,胶黏剂及其应用技术已成为机械工业中一项新型工程技术,正在得到广泛应用。

随着我国航空事业的发展,对航空用胶黏剂也提出了较高的要求,要求胶接结构具有较高强度或具有优良的耐热性、耐介质、耐大气老化或能抗冲击、耐震动疲劳等性能,并具有低蠕变及高持久强度等特点。胶接技术主要应用于轻金属粘接、电子元器件连接和绝缘的粘接等,已成为新型工程技术中常用的连接与紧固手段,耐久性胶接技术的发展更是促进了胶接结构在飞机承力结构上的应用。

胶接技术与螺纹连接及铆接相比,具有以下优缺点:

(1) 应力分布比较均匀,它是"面连接",能避免螺纹连接及铆接等"点连接"引起的应力集中;传力面积大,整个粘接面积都能承受载荷,使其承载能力在一定程度上超过铆接;

(2) 胶层具有较好的密封性,且具备防腐蚀性,胶接接头一般不需再作防腐处理;

(3) 当前的粘接技术水平得到的粘接接头强度分散性较大,剥离强度低,粘接性能易随环境和应力的作用发生变化;

(4) 对粘接技术要求高,粘接剂选择、被连接件的尺寸公差、表面处理、温度控制及工装等必须满足严格要求;

(5) 粘接剂一般耐热较低,通常使用温度在 150℃ 以下。

5.12.4　密封

APU 上应用最为广泛的静密封为 O 形密封圈,结构简单,安装方便,密封可靠。

1. 密封机理

O 形密封圈属于挤压弹性体密封，是靠 O 形密封圈预先被挤压由弹性变形产生预紧力，同时工作介质也挤压 O 形密封圈，使之产生自紧力。也就是说，挤压弹性体密封属于自紧式密封。

2. 设计准则

O 形密封圈设计准则如下：

（1）O 形密封圈槽的体积必须大于 O 形密封圈的体积；

（2）预加的压紧力必须足以使金属面之间在任何时候都能形成和保持接触；

（3）在高压下金属面出现分离时，预加的压紧力必须足以使金属面之间的缝隙保持很小，以使 O 形密封圈不致有任何被挤出的危险；

（4）内部压力增加时，O 形密封圈仍应符合自紧密封原理。

3. O 形密封圈设计

1）拉伸率

一般情况下，O 形密封圈的内径小于槽底直径，即 O 形密封圈必须张紧在槽上工作，如图 5.73 所示，但涨大后的 O 形密封圈受热后发生“焦耳效应”，即不是热膨胀，而是热收缩。内径伸长会影响到 O 形密封圈的性能，故引出拉伸率。拉伸率的计算按式(5.17)和式(5.18)。

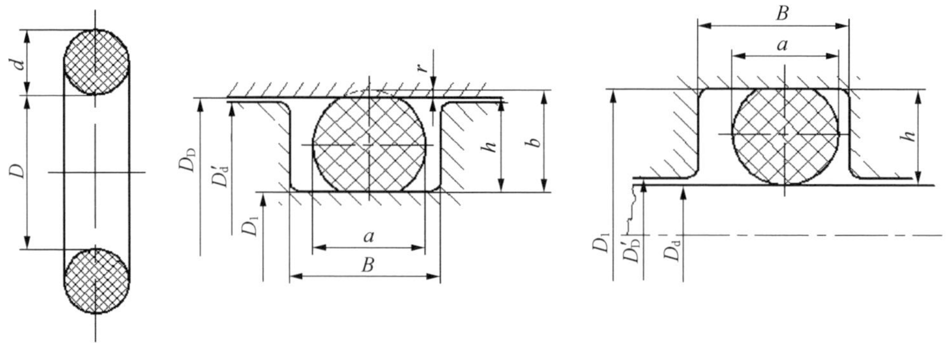

图 5.73　O 形密封圈安装示意图

轴沟槽密封：

$$\alpha = \frac{D_1 + d}{D + d} \tag{5.17}$$

孔沟槽密封：

$$\alpha = \frac{D_d + d}{D + d} \tag{5.18}$$

式中，D_1 为槽的公称直径；D_d 为轴的公称直径；D 为密封圈的公称内径；d 为密封圈的截面公称直径。

拉伸率随着密封圈内径的增大而减小，如表 5.5 所示。

表 5.5　密封圈拉伸率

密封圈内径 D/mm	≤20	20~50	>50
拉伸率 α	1.06~1.04	1.05~1.03	1.04~1.02

2）压缩率

O 形密封圈工作时截面必须有一定的压缩变形量，才能产生回弹力。O 形密封圈在拉伸变形后，截面直径 d 在径向方向减小，呈椭圆形，压缩率 Y 按下式计算：

$$Y = \frac{r}{b} \times 100\% = \frac{b - h}{b} \times 100\% = \left(1 - \frac{h}{b}\right) \times 100\% \tag{5.19}$$

椭圆截面的长短轴可按下式计算：

$$a = d\sqrt{\frac{1}{\alpha}\left(\frac{1}{1.35 - 0.35\alpha}\right)} \tag{5.20}$$

$$b = d\sqrt{\frac{1.35}{\alpha} - 0.35} = k \cdot d \tag{5.21}$$

式中，$k = \sqrt{\frac{1.35}{\alpha} - 0.35}$。

选择密封结构压缩率时，需恰当处理密封性与摩擦力间关系，同时考虑工作介质温度、材料等各种因素的影响。根据密封性质，选择不同的压缩率，见表 5.6。

表 5.6　密封圈压缩率

压缩率 \ 密封性质	内部活动密封	固定密封、外部活动密封	螺纹连接件密封
压缩率 Y	12%~17%	18%~22%	40%~45%
最小允许压缩率[Y_{min}]	7%	11%	35%

4. 安装槽设计

O 形密封圈的安装槽对其密封性能有重要影响。一般地，安装槽型设计的基本原则为：加工容易、尺寸合理、精度易保证、O 形密封圈装拆方便等。

不同安装槽的结构设计要求如图 5.74、图 5.75 所示。

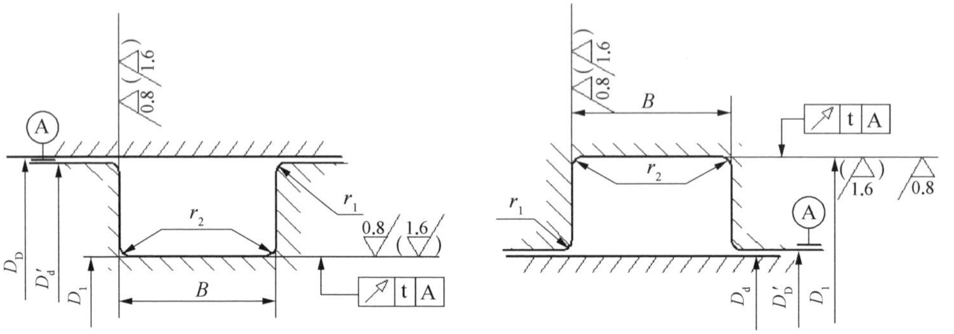

图 5.74　矩形槽设计要求

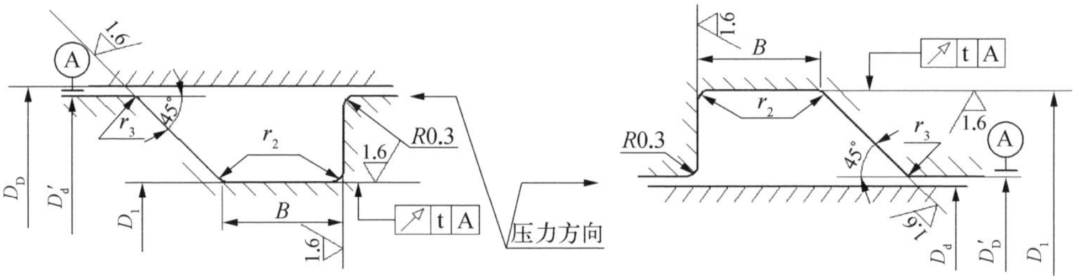

图 5.75　组合槽设计要求

其中，每种安装槽的槽底和槽口圆角对 O 形密封圈的密封性有一定影响，槽口圆角不能太大，以防 O 形密封圈被挤出，槽底圆角比槽口可以稍大一点。一般要求如下：

$r_1 \leqslant 0.2$ mm；

$r_2 = 0.3 \sim 0.5$ mm（$d = 1.5 \sim 4$ mm）；

$r_2 = 0.5 \sim 0.7$ mm（$d = 4 \sim 8$ mm）；

$r_3 = 0.4 \sim 0.7$ mm。

5. O 形密封圈安装

O 形密封圈的装配对密封性能起非常关键的作用，对于固定密封，为防止切伤和损坏密封圈，密封圈不应挤进螺纹内或接触其他不规则表面和粗糙表面，轴上、孔口都要有引导。当 O 形密封圈通过螺纹或其他尖角时，要对其进行保护，图 5.76 给出了避免安装尖角的方法。

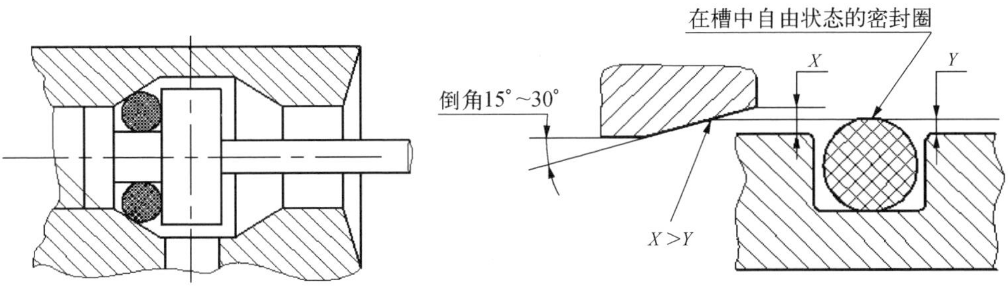

图 5.76 避免安装尖角的方法

6. 轴向密封

轴向密封主要用在机匣之间、机匣与端盖、衬套之间、密封盖板、法兰式接头端面，密封是靠螺栓拧紧后使O形密封圈压缩变形，达到密封目的，考虑到流体压力作用和可能出现的振动，压缩率比径向密封结构大一些。

轴向密封分为内压型和外压型两种，内压型指压力来自内部，外压型指压力来自外部，如图5.77所示。对于飞机传动系统，主要为内压型，且内、外腔压差较小。

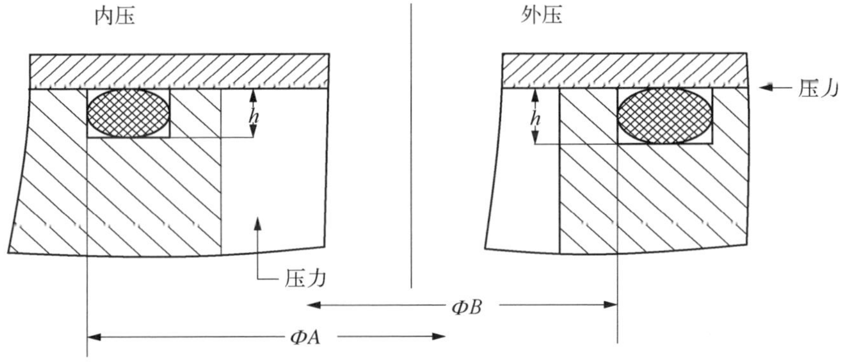

图 5.77 轴向密封示意图

内压型密封沟槽外径 ΦA 按公式 $\Phi A_{max} = \Phi D + 2\Phi d$，其压缩率按式(5.22)计算：

$$Y = \frac{d - h}{d} \times 100\% = \left(1 - \frac{h}{d}\right) \times 100\% \qquad (5.22)$$

式中，h 为沟槽深度，单位为mm；D 为O形密封圈的公称内径，单位为mm；d 为O形密封圈的截面公称直径，单位为mm。

7. 用于螺纹密封结构的O形密封圈

螺纹密封结构形式主要指用于拧入式直通管接头、螺塞及类似结构和拧入式弯管接头、三通管接头及类似结构。

8. O 形密封圈的选材

O 形密封圈的材料一般根据工况(介质、压力、温度)进行选择,目前传动系统常用的 O 形密封圈材料为氟橡胶(C 级)。

第 6 章 燃气涡轮辅助动力装置主要系统

6.1 起动系统

6.1.1 功能要求

1. 基本概念

辅助动力装置本质上是一种小型燃气涡轮轴发动机，其起动系统主要是为了实现 APU 全包线范围内的可靠起动。APU 起动过程，是指把 APU 从静止或风车状态加速到某一规定转速的过程。起动需考虑起动机带转、燃烧室点火及联焰、加速等过程。

对起动系统的功能要求是：在 APU 不喘振和超温的前提下，在给定的时间内将 APU 加速到规定转速。对 APU 起动的控制涉及点火、电机带转、燃油流量供应、防喘控制等，对于带有负载压气机的 APU，还需要调节负载压气机的进口导向叶片角度和防喘活门开度，以实现相对较小的负载起动。

2. 系统组成

APU 起动系统主要包括起动机、传动装置、控制装置以及其他部件。由于 APU 结构构型多种多样，不同的结构形式有不同的起动特点，现分别就几种主要结构形式的辅助动力装置进行描述。

辅助动力装置当量功率等级基本都在 50~1 400 kW，起动功率需求在 20 kW 以内，一般采用起动电机进行初始带转。

起动电机控制简单，易于自动实现，功能可靠、自主性强。起动电机的用电来源很多，既可由飞机上的蓄电池供电，也可由飞机上的变压整流器供电，还可使用地面电源供电。从输入电压形式看，当前主要使用 28 V 直流电，图 6.1 为一种起动电机示意图。

此外，有部分小型辅助动力装置采用液压起动系统，它的优点是初始扭矩大，自主性强，特别是在地面保障设备缺乏的条件下，通过手摇就可以为蓄能器增压来驱动液压马达。

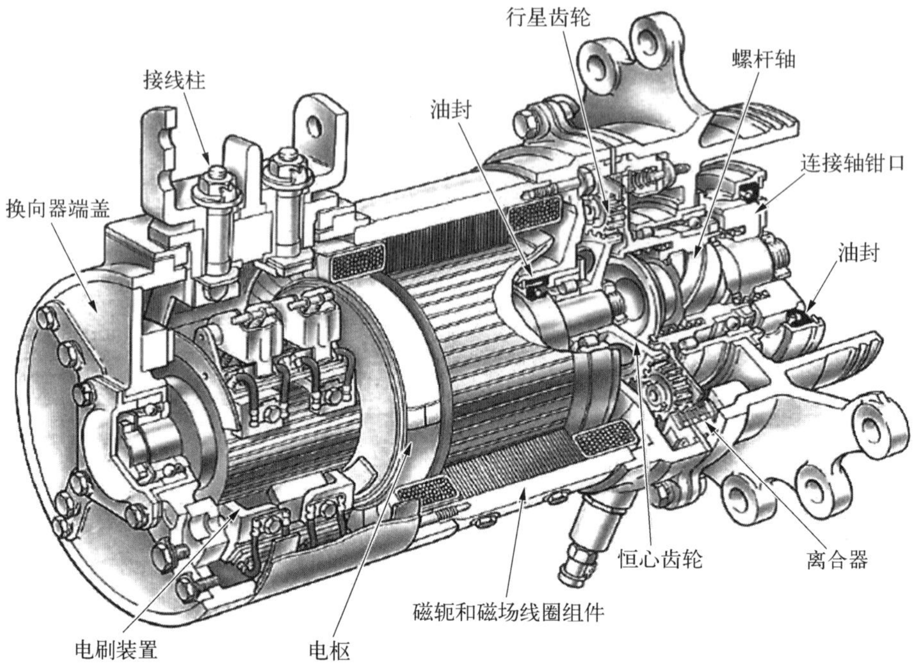

图 6.1 起动电机

3. 功用

对于带有自由涡轮的单转子燃气发生器的燃气涡轮起动机，其燃气发生器的起动过程和常规涡轴发动机的起动过程相同。对于从核心机引气的单转子 APU 来说，压气机和涡轮的设计是按压气机引气后的流通能力来进行匹配设计的，正常工作时流过压气机的流量包括提供给用户的流量和通过涡轮的流量，因此压气机的流量可能是涡轮流量的 1.5 倍甚至更高。但在起动过程和不引气时，多出来的这部分空气流量无法全部流过涡轮，导致压气机的工作点向喘振边界移动，因此该类 APU 为了防止起动和不引气时发生喘振，就在压气机出口增设一个旁通活门/防喘活门，将多余的这部分空气释放到大气中去。释放掉的这部分空气需要消耗一定的涡轮功率，造成了能量损失，导致该类 APU 的起动功率需求相对偏大。随着大流量裕度离心压气机设计技术的发展，现在有些 APU 已经能够在起动和不引气工作时不发生喘振，取消了旁通活门/防喘活门，减少了一个随机附件，如 APS2000 的最新发展型。

对于带负载压气机的单转子 APU 来说，由于多驱动一个负载压气机，在起动过程中消耗的功率也会相对较多，该类 APU 都在负载压气机的进口设置了可调的进气导叶，在起动的过程中最大限度地关闭进口导叶，减少流过负载压气机的空气流量，进而降低起动过程中对涡轮功率的消耗，实现快速起动。

APU 在空中进行起动时，一般都不希望有较大的风车转速，一是 APU 自身起动功率需求小，机载蓄电池或蓄能器就能够保证空中起动的能源需要，二是风车起动时，APU 的压气机处于“涡轮态”，此时压气机出口的气流速度远大于起动机带转压气机的状态，因此在点火时容易导致点不着火或点着火后容易被气流吹熄。因此辅助动力装置通常安装在飞机上不容易形成风车效应的部位，并且往往都会给出一个空中起动时的风车转速限制，当大于该转速时就禁止起动。

6.1.2　系统设计

1. 主要技术指标

通常，对起动过程有两方面要求：一是起动时间，二是起动可靠性。

1）起动时间 t_{st}

起动时间是表征起动性能的重要标志之一，特别是有空中使用需求的 APU。空中使用 APU 的时机往往是在主发失效或主电源系统失效的情况下，此时需要 APU 能够快速起动为飞机提供应急的电能或压缩空气，保证飞行的安全。在海平面、标准大气条件下，APU 起动时间一般为 60 s 以内，通常小当量功率的 APU 比大当量功率的 APU 起动时间短，军用 APU 较民用 APU 起动时间短。

起动过程是一个极其复杂的过程，影响起动过程的因素很多。决定起动时间的主要因素是发动机转子的剩余扭矩和起动点火时间。

根据转子动力学关系，可得发动机转子轴上的扭矩平衡关系：

$$\frac{\pi}{30}J\frac{\mathrm{d}n}{\mathrm{d}t}=\Delta M \tag{6.1}$$

式中，J 为 APU 燃气发生器转子的转动惯量；n 为转速；ΔM 为 APU 燃气发生器转子轴上的净扭矩，单位为 N · m。

2）起动可靠性

起动可靠性由无故障的起动次数与地面和空中条件下总的起动次数的比值来计算。基于 APU 的使用用途，起动可靠性也是一个相当重要的指标，在很大程度上决定了飞机的出勤率和飞行的安全性。起动可靠性与起动时间实际上有着密切联系，由起动时间要求决定起动方式，而起动方式又在很大程度上决定着起动的可靠性。

起动可靠性与燃烧室的点火特性和供油规律有密切的关系。APU 必须具有可靠的点火系统和供油系统，保证在规定的飞行范围内，具有可靠的点火性能。点火是起动成败的关键，在燃烧室内点燃油气混合气的方法很多，而使用最广的是用电嘴放电直接点燃混合气的方法。当燃烧室结构一定时，燃烧室的点火性能主要由电嘴放电的能量和频率、燃油喷嘴的喷射角、燃油雾化质量（油珠的分布和直径)、喷嘴的流量特性、燃料的特性、混合气成分及燃烧室进口气流平均参数(p_{t3}、T_{t3})等因素决定。要获得可靠的点火条件,必须合理选择有关参数和创造有利的点火环境(如燃油预热、空中补氧和空中使用航空汽油作点火燃料等)。

为了缩短起动时间,需要向燃烧室多供油,提高涡轮前燃气温度。但是,提高涡轮前燃气温度会使压气机的稳定工作裕度减小和热端部件的热负荷增大。过多地增大供油量还会造成混合气严重"富油",因此起动油量控制必须既要保证起动时间短,又要保证起动安全可靠。

2. 设计基本流程

APU 起动系统设计主要是指已知起动过程的各种转速定义,如着火转速、脱开转速、慢车转速、起动时间、起动包线,APU 慢车状态参数以及转动惯量等结构参数,确定 APU 在全起动包线内都能正常起动的起动系统总体架构、起动机最大功率以及起动控制时序、起动供油规律等。

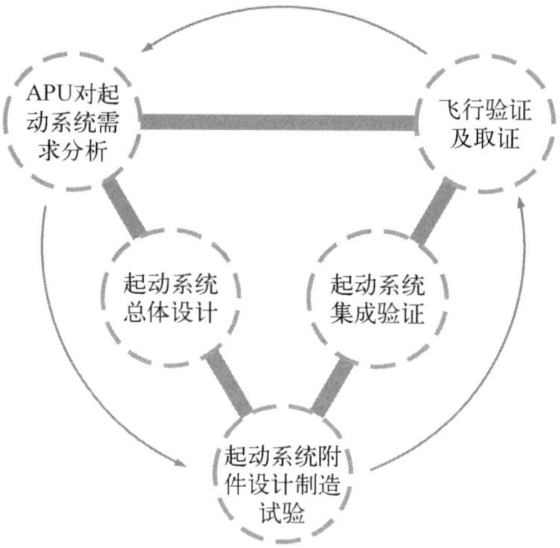

图 6.2 起动系统 V 形开发流程

图 6.2 给出了起动系统开发流程。从最终满足飞机使用角度分析,起动系统的研制遵循了当前的系统设计的基本模式,即所谓的 V 形设计流程。

图 6.2 中,APU 对起动系统需求分析的工作主要是指对总体发布的起动功能要求、性能要求以及相关指标的分析和检查,以确保总体需求有效,能够在当前技术条件下实现。

起动系统总体设计的主要工作是起动系统类型、起动系统总体架构、起动机最大功率、起动数学模型、起动控制规律、起动系统数字仿真验证以及对起动系统附件的研制技术要求的确定。

起动系统附件设计制造试验的主要工作是根据研制技术要求进行起动机等附件的设计、加工及出厂前各项试验。

起动系统集成验证的主要工作包括起动系统半物理仿真集成试验、在 APU 台架上的整机集成验证等。

飞行验证及鉴定/取证的主要工作是起动系统在飞机上的各项验证以及最终的取证验证。

其中,起动系统总体设计流程按照先后次序分别为最大起动功率设计、起动系统类型选择、起动系统总体架构设计、起动控制时序设计、起动供油规律设计和仿真/试验等,如图 6.3 所示。

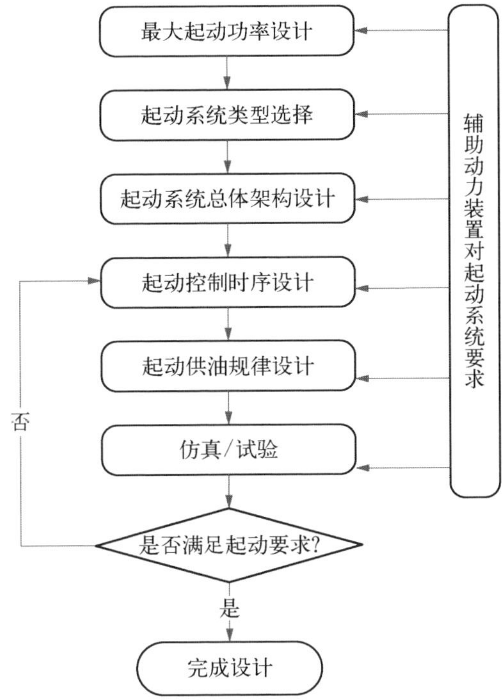

图 6.3　APU 起动系统总体设计流程图

3. 起动机功率选择

和航空发动机一样，APU 在起动的过程有许多的影响因素，且无法精确量化，因而很难确定起动系统所需功率。1970 年，苏联的航空发动机系统专家 Ю. А. Литвинов 提出了一种基于起动过程特征分析的计算方法，能够粗略地确定适用于整个飞行包线的起动功率，在世界范围内得到了广泛应用。同时，俄罗斯的航空专家针对从核心机引气的单转子 APU，通过统计方法给出了更为简单的经验公式，可以快速估算出该类 APU 的起动功率需求。下面分别介绍这两种方法。

1） 基于起动特征分析的计算方法

经验表明，起动机特性可近似表示为扭矩与转速的直线关系，即

$$M_{st} = M_0 - b \cdot n_{st} \tag{6.2}$$

其中，M_{st} 为起动机输出轴端的扭矩，单位 N · m；M_0 为起动机初始扭矩，单位 N · m；b 为与起动机固有特性相关的常数；n_{st} 为起动机输出轴转速，单位为 r/min。

起动机与 APU 脱开前，传动比 i 为常数，则(6.2)可改写为关于发动机转速的形式：

$$M_{st} = M_0 - B \cdot n$$

式中，$B=b \cdot i$；n 为 APU 转速，单位 r/min。由上式易知，起动过程中起动机功率为

$$PW_{st} = \frac{\pi}{30}M_{st} \cdot n_{st} = \frac{\pi}{30}(M_0 - b \cdot n_{st})n_{st} \tag{6.3}$$

2）基于统计分析的经验公式

首先计算得到 APU 最大状态的当量功率，这个当量功率由压气机耗功、发电机消耗功率、滑油冷却通风用鼓风机消耗的功率三者之和再除以机械效率。然后根据当量功率等级选择不同的系数，如表 6.1 所示。最后，利用前面获得的当量功率及功率系数，就可以粗略估算得到该 APU 起动所需的起动机功率。

表 6.1　功率系数

当量功率/kW	≤150	150~400	400~750
功率系数	0.03~0.04	0.025~0.035	0.015~0.02

4. 起动类型选择

世界各国研制的 APU 采用的起动机类型如表 6.2 所示，由表可知，当前 APU 主要采用是电起动机/起动发电机以及液压马达起动。

表 6.2　国外 APU 起动方式

序号	APU 代号	公　司	结构形式	流量/(kg/s)	压比	涡轮温度/℃	起动机
1	PW901/PW980	加拿大普惠	单转子燃气发生器、自由涡轮式	13.6	5~8	1 010~1 068	电起动机
2	TS12-G6	美国特里达因·大陆	单转子燃气发生器	0.77	5.6	747	电起动机
3	Saphir 5K/G MI	法国微型涡轮发动机	单转子燃气发生器	1.3	3.5	797	电起动机
4	MODE 36	美国霍尼韦尔	单转子燃气发生器	1.36	3.25	760	起发电机
5	T-62T	美国汉胜	单转子燃气发生器	1	3.5	788	液压马达
6	T118	美国汉胜	单转子燃气发生器	0.87	/	871	电起动机

续　表

序号	APU代号	公　司	结构形式	流量/(kg/s)	压比	涡轮温度/℃	起动机
7	CTP30	美国加勒特航空研究	单转子燃气发生器	0.86	3	898	电起动机
8	GTC85	美国加勒特航空研究	单转子燃气发生器	2.6	3.7	898	电起动机
9	GTCP660	美国加勒特航空研究	单转子燃气发生器	11	4.27	913	电起动机
10	WR9－7C	美国威廉斯	单转子燃气发生器	1	4	768	电起动机
11	GT15	英国奥托.狄赛尔	单转子燃气发生器	0.11	3	—	电起动机/液压马达

5. 起动系统附件一般设计要求

起动系统附件的一般设计要求主要包括但不限于以下内容：

(1) 环境要求：明确起动机的地面起动高度和空中起动高度等起动包线范围，明确环境存放温度和工作温度、湿度以及振动特性；

(2) 性能要求：明确电起动机的起动电压范围、起动电流范围，以及对应条件下的最大输出功率；明确脱开转速、带转转子转动惯量、起动机工作转速范围；明确起动机工作循环定义；

(3) 接口要求：明确起动机与附件机匣的传动比、承剪段最大冲击扭矩、起动机旋向、机械接口、电气接口、重量以及尺寸要求；明确电起动机的冷却方式及作为热沉的气源或者油源的要求；

(4) 其他要求：包括首翻期或平均故障间隔时间 MTBF、储存期、配套附件等内容。

6. 起动控制时序设计

起动时序主要是指从静止到 APU 稳定在慢车状态整个过程中、所有的起动附件动作的先后次序定义。

对于使用者来说，APU 的起动就是一个“一键起动”的过程，所有的起动过程都是由 APU 的电子控制器控制完成，包括起动机、点火装置、燃油供油以及紧急停车的控制等，是一个极其复杂的需要控制和电气紧密配合的精密过程。

不同的起动过程，起动时序不同；不同的起动类型，起动时序不同；不同的 APU 结构类型，相同过程的起动时序也有差异。

由于起动过程包含多种形式，如地面起动、风车起动，其时序类似，本书仅给出地面起动时序。

首先打开进气风门,同时电子控制器(electronic control unit, ECU)还要实时监控进气风门的情况,如果进气风门未反馈风门打开信号,则禁止起动并报故。ECU还需要在起动前进行BIT自检,检查各测试元器件通断情况并判断,根据故障等级确认能否进行起动。如果监控到APU的风车转速大于限制值,则拒绝起动。如果APU带有数据存储器,在ECU上电后还会在起动前与数据存储器进行数据交换。当上述准备工作全部完成后就进行起动,ECU会按既定程序分别控制起动电机、点火装置的接通断开。在起动过程中,ECU还会按既定计划调节负载压气机进口导叶的角度以及防喘活门的开度,以保证负载压气机在起动过程中消耗最小的涡轮功率和不发生喘振。

上述复杂的时序控制和供油控制保证APU在起动过程中不超温、不失速和不喘振,顺利地在规定时间范围内完成起动。

6.2 引气系统

6.2.1 功能要求

引气系统通常由防喘控制装置(也称放气活门)、引气阀(也称载荷控制活门)等组成,带负载压气机的APU引气系统还包括负载压气机导叶调节装置。防喘控制装置的作用是调节蝶形阀的角度将多余的压缩空气排向大气,防止APU喘振。负载压气机导叶调节装置的作用是通过改变负载压气机导叶角度来调节流过负载压气机的空气流量,以满足飞机引气量的需求。引气阀的作用是允许或阻止压缩空气进入空气涡轮起动机或环控系统。

6.2.2 系统设计

1. 设计要求

1) 功能、性能要求

引气系统的功能、性能要求主要包括以下6方面内容。

(1) 基本要求: 在APU工作包线内的各种使用环境下,引气系统能够实现APU正常引气功能的输出,同时保证APU不发生喘振。

(2) 环控引气功能: 引气系统应能在规定的时间内进入环控引气模式,同时,能够按照飞机引气需求值输出不同量的压缩气体。

(3) 起动主发功能: 引气系统应能在规定的时间内进入起动主发模式,同时,能够输出满足起动大发所需要求的压缩气体。

(4) 防喘功能: 引气系统应能实时响应ECU的喘振信号,及时作出防喘响应。

(5) 状态监视: 引气系统自身能够输出状态指示信号,以便直观地判断是否输出引气，同时将自身的位置信息反馈给 ECU。

（6）动态响应特性：是指防喘控制装置打开/关闭时间、引气阀打开/关闭时间。

2）结构设计要求

引气系统的结果设计要求主要包括以下 3 方面内容。

（1）引气系统的设计和构造应能保证各主要部件相互独立，不关联，不相互影响。

（2）引气系统的安装应做到方便快捷，在某一部件失效时，能够采取原位换装的方式迅速消除故障，以便及时恢复引气功能。

（3）引气系统的主要部件应具有抗污染的能力。

3）通用质量特性要求

引气系统的通用质量特性要求主要包括以下 6 方面内容。

（1）可靠性：在满足预定功能的前提下，零部件及元器件数量应尽可能少；材料强度及元器件功率应按相关标准要求采用降额设计；重要信号及处理电路采用双余度设计。

（2）维修性：所有安装接头、管路接头、电缆插头应具有防差错设计；所有引气系统附件都应做到外场可更换，且无需校准和调整；所有安装接头、管路接头、电缆插头应具有明显的标识；对有气流流向要求的附件应明显标注流向；外场可更换单元一级维修项目平均时间应满足专用规范的要求。

（3）测试性：引气阀应具有位置显示功能，引气系统的主要部件应能将自身位置信息准确地传递给 ECU，以便实现 ECU 的实时监控和故障诊断。

（4）安全性：电气附件不应点燃周围任何易爆混合气。

（5）保障性：应尽可能降低对使用和维修人员的要求。

（6）环境适应性：引气系统应具有良好的环境适应性，应能满足专用规范规定的高低温、温度-高度、温度冲击、机械冲击、振动、加速度、淋雨、湿热、霉菌、盐雾、砂尘、电磁兼容性、雷电敏感性、静电防护、电源特性等环境要求。

2. 设计内容

1）负载压气机进口导叶调节装置

负载压气机进口导叶调节按照 ECU 输出的控制信号，改变导叶角度，按飞机引气需求调节流过负载压气机的空气流量。

导叶调节装置一般由电液伺服阀、活塞作动组件和线位移传感器等组成。

APU 未引气时，引气活门保持在关闭位置，根据环境条件的变化导叶角度可以控制在 ECU 设定的预定位置。

APU 在 ECS 工作模式时，ECU 根据飞机引气需求指令确定导叶角度需求值，对导叶角度上限和下限进行限制。

APU 在 MES 工作模式时,导叶角度设定在最大位置,ECU 可根据其统计的APU 翻修时间进行修正。

在以上任意工作模式,ECU 根据 T_{t4} 来计算飞机引气需求的修正值,T_{t4} 由 T_{t5} 换算而来,APU 引气需求的修正值实际取决于 T_{t5}。如果 T_{t5} 温度正常,修正命令值为零;如果 T_{t5} 超过限制值或者 T_{t5} 发生剧烈上升的情况,ECU 计算出修正命令值减小 APU 进气量,ECU 关小进口导叶角度来减小引气,动力段负载减小,需要的燃油流量也相应地减小,排气温度会随着燃油流量回落,最终减小 T_{t5}。当 T_{t5} 温度恢复正常时,ECU 会逐渐恢复导叶角度到原始角度,继续保证飞机引气。

负载压气机进口导叶调节装置设计主要考虑以下要素:

(1) 燃油过滤;

(2) 活塞杆位置反馈;

(3) 控制精度;

(4) 电磁环境适应性;

(5) 燃油管接头防火能力。

2) 防喘控制及防喘控制装置设计

防喘控制是根据 ECU 输出的控制信号,通过调节防喘控制装置出口空气流量,将部分压缩空气释放到 APU 排气通道,以防止负载压气机发生喘振。其防喘控制示意如图 6.4 所示。

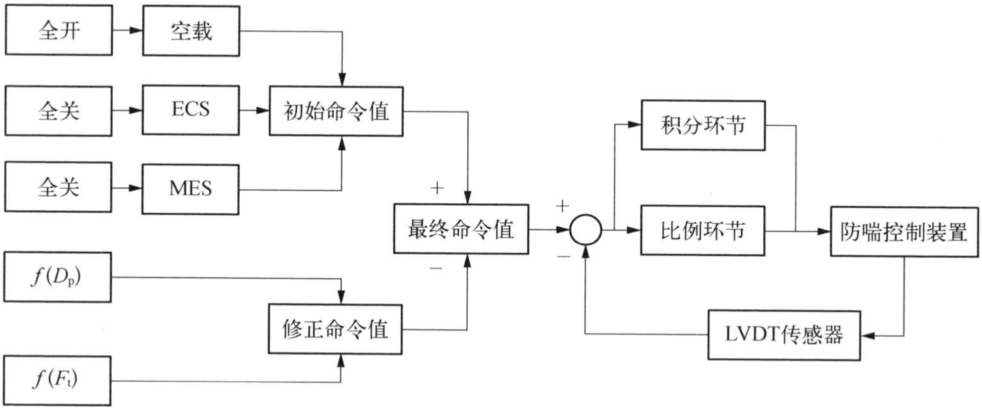

图 6.4 防喘控制示意图

防喘控制装置分开关式和无级调节式两种,对于具有引气功能的 APU,一般采用较先进的无级调节式防喘执行机构,其蝶板的开度可以根据 ECU 的控制指令稳定在任何位置。当 APU 进行引气功能输出时,如果 ECU 判断 APU 处于喘振边界时,ECU 给出控制指令使防喘控制装置的位置迅速调节到某一开度。这种防喘控制装置便于控制气路通流面积,控制放气量,减少系统功率浪费,提高系统工作效率,可最大限度地保证 APU 引气功能的输出。无级调节的防喘控制装置由电液伺服阀、蝶板作动组件和线位移传感器等组成。

在环控引气和起动主发模式下,ECU 根据 APU 当前的工作模式和动力段压气机进口温度 T_{t2} 计算负载压气机的进口流量,公式如下:

$$W_{c-in} = f(IGV, T_{t2}) \tag{6.4}$$

式中,IGV 为导叶位置,即 APU 当前的工作模式;T_{t2} 为动力段压气机进口温度。

负载压气机的空气压力由安装在其出口的压差传感器差压传感器和总压传感器测量,总压传感器和差压传感器将压力信号转化为电信号传递给 ECU。喘振保护由 ECU 控制,ECU 通过比较喘振设定边界值和当前实际流量来确定防喘控制装置的开度。当前实际流量是负载压气机输出的空气总量,ECU 是通过总压和差压来进行计算,公式如下:

$$W_{c-out} = f(D_p, F_t) \tag{6.5}$$

当负载压气机进口流量与出口流量的差值超出某一限定值时,负载压气机靠近喘振边界,ECU 控制防喘控制装置开度,让部分出口空气量从防喘控制装置排出,同时又可以保持负载压气机的正常输出引气功能输出。

防喘控制装置通用设计主要考虑以下要素:

(1) 位置反馈或机械位置指示功能;

(2) 响应特性;

(3) 电磁环境适应性;

(4) 抗燃油污染的能力;

(5) 燃油管接头防火能力。

3) 引气阀设计

引气阀主要功能是按 ECU 输出的控制信号打开或者关闭 APU 输出的供给飞机的高压气源,同时将位置信息反馈给飞机座舱面板,它安装在 APU 引气出口处。传统的引气阀只能简单地通过电磁阀实现活门的打开和关闭,而新型引气阀能实现打开和关闭的功能,还可以通过排气孔的大小来控制关闭的时间,同时,也不会因为蝶板的快速关闭而使系统的引气压力发生剧烈的波动,这种具有时间响应特性设计的引气阀对于 APU 的防喘及稳定性设计起着重要的作用。

引气阀通用设计主要考虑以下要素:

(1) 耐高温的能力;

(2) 位置反馈或机械位置指示功能;

(3) 根据 ECU 指令,能够实现引气阀的打开或关闭;

(4) 响应特性;

（5）电磁环境适应性。

3. 试验验证

引气系统在配合 APU 进行台架试验之前，需通过半物理仿真试验完成一系列的功能及性能试验，充分验证引气系统的功能及性能，排除潜在的缺陷，保障整机试验安全。主要内容如下：

（1）匹配试验：执行 APU 冷运转程序，检查引气系统各部件初始位置信息是否满足设计要求；

（2）空载性能试验：执行 APU 起动程序，转速稳定在 100%后，检查引气系统各部件在空载状态的位置信息及控制精度是否满足设计要求；

（3）ECS 性能试验：进入 APU ECS 模式后，检查引气系统各部件在 ECS 状态的位置信息及控制精度是否满足设计要求；

（4）MES 性能试验：执行 APU MES 模式后，检查引气系统各部件在 MES 状态的位置信息及控制精度是否满足设计要求；

（5）防喘控制装置稳定性检查试验：进入 SCV 稳定性检查程序，检查防喘控制装置的功能和性能是否满足设计要求；

（6）最小喘振裕度检查试验：进入最小喘振裕度检查程序，检查导叶调节装置和防喘控制装置的功能和性能是否满足设计要求；

（7）引气阀检查试验：进入引气阀检查程序，检查引气阀的功能和性能是否满足设计要求。

6.3 控制系统

6.3.1 功能要求

1. 基本概念

APU 控制系统的功能是确保 APU 在整个工作包线内可靠稳定工作。APU 控制系统需要实现的主要功能有：起动控制、稳态控制、加减速控制、停车控制、超转保护、起动过程排气温度 T_{t5} 超温限制和保护、工作过程 T_{t5} 超温限制和保护、进口导叶控制、防喘控制、状态监视、故障诊断及处理、数据存储、数据通信等。

早期的 APU 控制系统都是采用机械液压式控制系统。近几十年来，世界各航空强国新研制的 APU 几乎都是采用数字式电子控制系统，许多在役 APU 的改型也都朝着数字化控制方向发展。

数字式电子控制系统的优点主要有以下 4 方面：

（1）高速运算、高速存储能力以及大存储容量，适合各种先进控制理论；

（2）控制算法易于修改和更换，便于设计和试验，缩短研制周期，降低研制费用；

（3）具有逻辑判断功能，故障诊断、限制与保护；

(4) 加工容易,维修周期短。

数字式电子控制系统的缺点在于抗电磁干扰能力较机械液压式控制系统不足。

APU 控制系统控制方式及实现形式上具有以下特点:

(1) 基本采用燃气发生器转速恒速控制;

(2) 数字式控制系统基本采用单通道;

(3) 起动一般采取由起动电机或者液压马达带转的方式。

随着飞机对 APU 的要求越来越多(除了起动主发动机外,还要求为飞机提供电源、为飞机环控系统提供引气等),对控制系统的要求也更加复杂和严格。未来 APU 控制系统将向长寿命、高可靠性、分布控制和多电技术方向发展,采用先进的控制逻辑和计算方法,监视系统、健康管理系统将与控制系统实现更好地融合。

2. 工作过程

数字式控制系统工作原理如下:

APU 起动和工作时,飞机油箱的燃油经过低压泵、燃油滤后进入 APU 的高压泵增压,增压后的燃油进入定压活门和压差活门,定压活门用于给作动机构提供定压油,压差活门用来保证计量活门前后压差恒定。电液转换装置根据 ECU 的控制指令调整计量活门的开度,并将活门当前位置反馈给 ECU。计量后燃油经增压活门、停车电磁阀、燃油分配器进入燃烧室。

ECU 采集转速、温度、压力等传感器信号,接收来自飞机的指令,按照预定的控制规律和时序控制燃油和电气执行机构,调节计量燃油,保证 APU 稳定工作。

3. 系统组成

机械液压式控制系统一般由低压泵、高压泵、燃油调节与计量装置、燃油滤、停车电磁阀、燃油分配器、电气执行机构等组成。燃油调节与计量装置一般由敏感元件(转速、温度、压力等)、计算比较机构(杠杆及凸轮等)、液压放大机构、计量活门、增压活门、限制止动装置等组成。

机械液压式控制系统各组成部分可以设计成独立的形式,也可以采取集成或部分集成的结构形式。典型的机械液压式控制系统组成结构如图 6.5 所示。

数字式电子控制系统一般由电子控制器(ECU)、控制软件、液压执行机构、传感器、电气执行机构及电缆等组成。

ECU 由中央处理器(central processing unit, CPU)、输入/输出(input/output, I/O)、接口和电源组件组成;液压执行机构主要包括燃油泵调节器、燃油分配器、停车电磁阀等,其中燃油泵调节器集成度较高,一般集成燃油泵、燃油滤、电液转换装置(电液伺服阀/步进电机/力矩马达等)、压差活门、计量活门、定压活门、增压活门、安全活门等组件;电气执行机构包括起动电机、点火装置等。控制软件装载在 ECU 中。

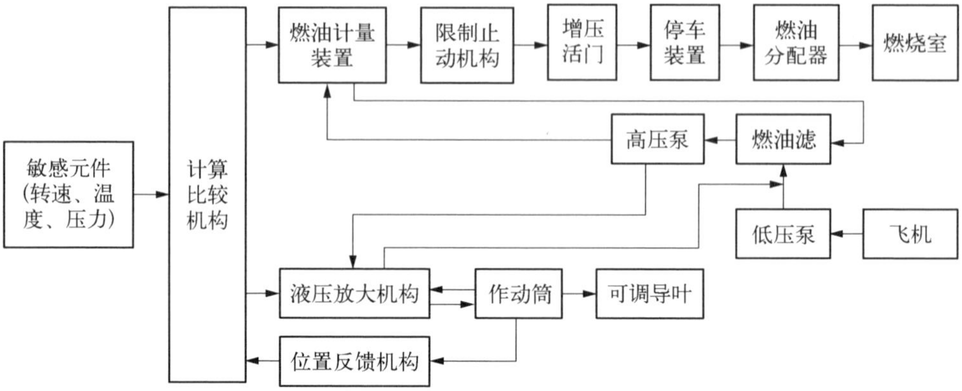

图 6.5 典型的机械液压式控制系统组成示意图

数字式电子控制系统中,所有的控制功能都由 ECU 参与实现,ECU 采集转速、温度、压力等参数,控制燃油、电气执行机构等,实现燃油、伺服作动及开关量(离散量)控制。典型的数字式电子控制系统组成结构如图 6.6 所示。

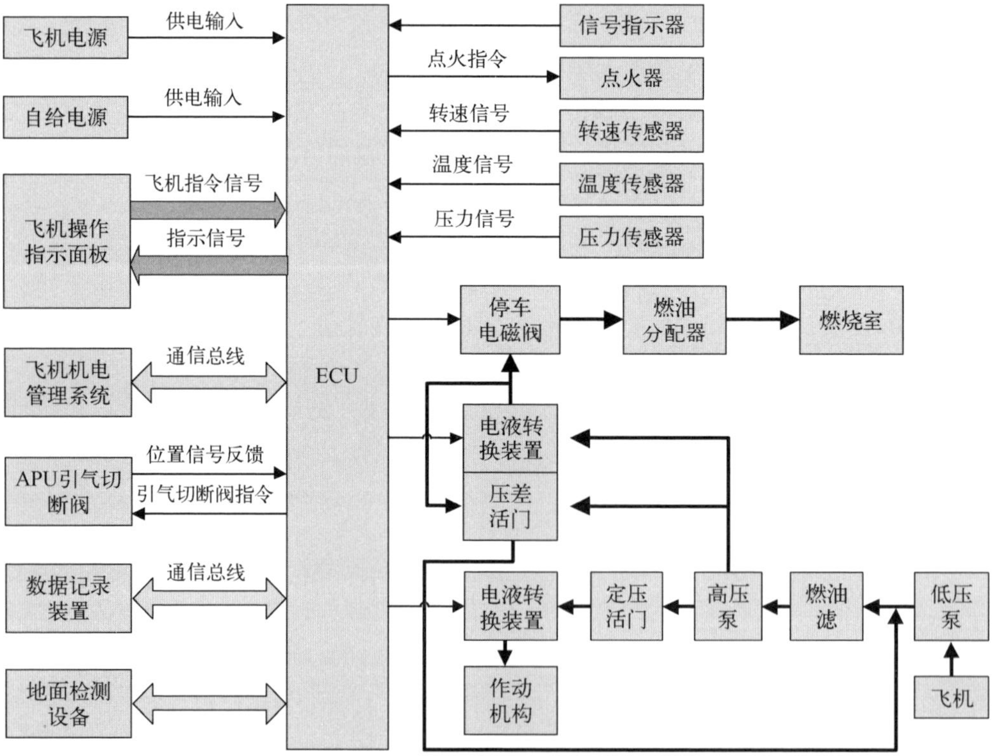

图 6.6 典型的数字式电子控制系统组成示意图

6.3.2　系统设计

本书以数字式电子控制系统为例进行介绍。根据输入技术要求确定系统的结构形式、确定系统组成附件的类型、数量及各自功能性能，完成接口设计、通用质量特性设计等，确定所有附件的技术要求，完成系统附件的设计。控制系统设计流程如图 6.7 所示。

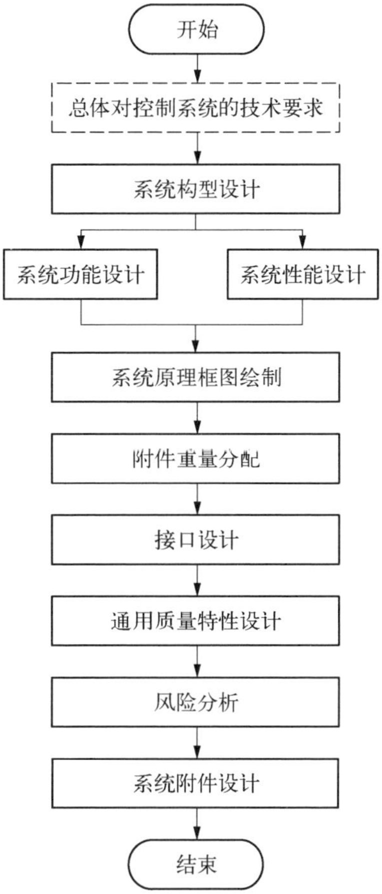

图 6.7　控制系统设计流程示意图

20 世纪 70 年代初，航空发动机开始由"定期维护"（scheduled maintenance）转向"视情维护"（condition based maintenance, CBD），即当发动机需要维护或出现故障先兆时才对其进行维护，可显著提高飞行的经济效益，并有效地提高发动机工作的可靠性。要求航空发动机自身具有对故障进行诊断、预测并对自身的健康状态进行管理的能力，由此产生发动机健康管理（engine health management, EHM）技术。

EHM 技术已应用在 APU 上，利用传感器获取 APU 数据信息，借助各种智能模型和算法评估其健康状态，对相关故障进行诊断和预测，并结合外场使用维修数据及其他可利用的资源信息提供维修保障建议以实现 APU 的视情维修。

6.4　附件传动系统

6.4.1　功能要求

附件传动系统是 APU 的重要组成部分，主要由齿轮系和支撑齿轮系的机匣组成，其主要功能是：

（1）起动过程中，将起动机扭矩传递给燃气发生器转子，使其转动并达到合适的点火转速，着火后和投入工作的涡轮一道驱动 APU 加速，直至起动机脱开；

（2）正常工作时，从 APU 燃气发生器转子提取功率，传递给燃油、滑油、电气系统的转动附件；

（3）为燃油、滑油、电气系统附件提供安装平台，为燃油、滑油的输送提供内部通道。

6.4.2 系统设计

1. 设计要求

附件传动系统设计应在总体给定的输入转速、提取功率与尺寸限制条件下，基于目前的材料和工艺水平，满足以下各项要求。

(1) 功能要求：各传动附件所要求的功率、转速、转向和安装要求；

(2) 结构要求：布局、强度、寿命、重量、传动效率、轮廓、尺寸要求；

(3) 接口要求：与压气机的转速和机械接口要求；与各类成附件的机械接口、转速要求；与各测试设备的机械接口要求；润滑及密封要求；

(4) 其他要求：起动和工作包线要求；地面和飞行姿态要求；通风要求；防火要求；通用质量特性及适航要求等。

2. 设计内容

附件传动系统的设计主要包括布局、传动链、齿轮、机匣、中央传动轴、支撑、密封、润滑和选材等设计内容。

1) 布局设计

附件传动系统布局设计包括接口定义、附件空间布局设计、附件传动部件集成一体化设计、传动链布局设计、中央传动装置布局等。附件在空间位置的布局，会影响机匣内部管路和外部管路的布置方案，以及附件传动系统所占空间尺寸，并对附件的安装和连接、空间利用、传动链设计、附件维护性等方面有很大的影响。

接口主要包括附件传动系统与 APU 本体及附件的接口，外部管路与附件传动机匣的接口等。接口定义包括安装定位、连接紧固、密封、传动等方面的结构形式和尺寸的确定。

附件传动系统总体布局应根据附件的转速、旋向、接口尺寸及外形尺寸等参数要求来合理布置其位置，初步确定附件传动系统总体结构布局，给出附件传动系统长度、宽度、高度等大致轮廓尺寸；附件安装位置应考虑其功能和特性要求，应先布置传动附件，后布置非传动附件，宜把高速附件和低速附件分开布置，避免频繁增减速造成传动链级数增多；燃油增压泵、高压泵宜安排在附件传动机匣后部以缩短与燃烧室连接管路的长度；附件与附件之间应保持 10 mm 左右的间距以方便装拆；中央传动装置布局主要由燃气发生器转子前支点结构形式、轴向窜动量、旋转时的挠度，以及安装部位结构和尺寸限制等因素确定。

2) 传动链设计

附件传动链主要设计依据有：附件传动输入转速、转向；传动附件的技术参数；总体结构要求及空间尺寸限制；齿轮传动效率；重量限制；规定的使用寿命、使用环境以及可靠性、维护性和保障性要求等。

附件传动系统传动形式由 APU 总体结构确定。目前主要采用齿轮和花键轴传动，当 APU 采用径向进气时，附件传动宜采用前传动，附件传动位于 APU 前部，可采用圆柱齿轮直接从 APU 转子提取功率；APU 采用轴向进气时，附件传动宜采用上（或下）传动，附件传动位于 APU 上方（或下方），需采用锥齿轮进行换向；附件传动系统一般采用简单传动和星形传动等。

传动链设计应与附件传动总体结构布局相结合，在结构紧凑、迎风面积小的前提下追求最佳的传动链方案；起动传动链应尽可能短，减小附件传动链受起动冲击的齿轮级数。

3） 齿轮设计

附件传动齿轮一般采用硬齿面渐开线圆柱齿轮和格里森齿制的锥齿轮。一般情况下附件传动齿轮传递的载荷较小，因此绝大部分采用平行轴直齿圆柱齿轮传动。斜齿圆柱齿轮传动具有重合度大、传动平稳、噪声小、承载能力高等特点，但啮合时会产生轴向力，须提高轴和机匣的强度与刚度，并采用止推轴承，但会导致结构重量增加，因此附件传动系统一般不采用斜齿圆柱齿轮。对于安装有大功率发电机等附件或大减速比的附件传动系统，可以采用斜齿圆柱齿轮传动；齿面硬化方法一般采用渗氮或渗碳处理，对于渗氮处理，工件变形小，且渗氮后不再进行热处理，因此后续无需磨齿；对于渗碳处理，工件变形大，且渗碳后需进行淬火和低温回火处理，因此后续需进行精磨齿。齿面磨齿后应进行磨削烧伤检查，不允许有烧伤现象。

a） 锥齿轮设计。

锥齿轮可选用直齿锥齿轮和弧齿锥齿轮，其中弧齿锥齿轮又分为零度弧齿锥齿轮和大螺旋角弧齿锥齿轮。弧齿锥齿轮螺旋角方向的选择一般应使主动轮凹面工作，从动轮凸面工作，应尽量使小轮轴向力在工作状态下指向大端。锥齿轮设计时应给出齿面接触印痕范围和齿侧间隙，接触印痕在无载时应位于齿面中间偏小端，满载时趋向中间偏大端。

零度弧齿锥齿轮为齿面中点螺旋角为零度的锥齿轮，具有结构简单、安装方便、重量轻、轴向力较小且轴向力方向始终背离节锥顶点等优点。附件传动系统锥齿轮副一般属于双向传动齿轮副，即主、从动齿轮在起动和工作时存在转换，轴向力方向不发生改变，便于选择齿轮的支承。

弧齿锥齿轮一般采用大螺旋角设计，具有高重合度、高承载能力和工作平稳等优点，适应于圆周速度高，传动载荷大且要求工作平稳的 APU 附件传动系统中。

b） 圆柱齿轮设计。

圆柱齿轮一般采用小模数、多齿数、薄辐板、窄齿宽、高精度设计，相啮合齿轮的齿数应互为质数，以降低轮齿重复啮合所产生的动载荷。齿轮与轴尽可能设计成一体的齿轮轴结构，可以简化结构、提高精度和可靠性。

4） 机匣设计

附件传动机匣是附件传动系统的外部壳体，内部安装有齿轮、轴、轴承、喷嘴和密封装置等,外部安装有各系统附件和管路等。

附件传动机匣应设计成迎风面积小、重量轻、强度高和刚性好的薄壁铸造机匣;一般选用密度低、比强度高、铸造性好、易于加工、防腐性好的镁、铝合金材料。

为了使附件传动机匣的尺寸更小、外部管路更少,附件传动机匣的燃油、滑油管路宜采用内部铸造管路,以提高附件传动系统的集成度和维护性。

附件传动机匣上应设计滑油回油口,回油口应在机匣油腔的最低处;回油口设置需考虑 APU 姿态要求,包括 APU 飞行中侧翻滚、俯冲、爬升时倾斜角度等,可采用收油池或双路回油方法;对于充当 APU 滑油箱的附件传动机匣,应在机匣底部设计放油口;为保证机匣内滑油回油通畅,应设置防止滑油搅拌和限制齿轮“风阻”影响的结构。

为避免附件传动机匣轴承孔磨损,可在机匣轴承孔内过盈安装钢制衬套,并打上止动销,并保证在最高工作温度下衬套与机匣仍有过盈量。

铝合金机匣一般采用硫酸或铬酸阳极化处理,镁合金机匣一般采用铬酸盐氧化处理,以提高机匣的耐蚀性;外表面允许涂漆,可以进一步提高机匣的耐蚀性。

5) 中央传动轴设计

中央传动轴是连接中央传动装置与附件传动系统的构件,是传递扭矩的大长径比传动轴;宜采用大直径空心轴设计,并保证有足够的刚度和韧性。

中央传动轴两端一般采用动配合浮动型渐开线花键,或者采用一端与锥齿轮一体的齿轮轴设计;渐开线花键采用齿侧定心,齿面一般采用碳氮共渗(氰化)处理;为控制中央传动轴的偏斜度,应减少传动轴两端支撑安装座的装配环节,提高位置度要求。

为防止轴向窜动,中央传动轴应进行轴向限位,在端部设置锁紧装置或防窜卡圈,轴与花键连接处应有较大的圆角半径。

中央传动轴应进行临界转速计算,一般为亚临界转子,应保证工作转速与临界转速之间留有一定裕度。

6) 支撑设计

附件传动系统支撑设计主要包括齿轮的支撑形式和轴承选型;支撑形式及选用的轴承应使齿轮系统具有足够的刚性,锥齿轮一般采用简支和悬臂支撑两种形式,圆柱齿轮一般采用简支支撑;轮齿因受力变形和热变形所引起的相对位置变化对锥齿轮啮合影响较大,为保证锥齿轮在各种工作条件下均具有满意的接触印痕,在结构允许的条件下,锥齿轮应采用简支支撑,以减少轴承游隙和轴的弯曲变形对齿轮啮合的影响;受结构限制需要采用悬臂支撑时,应尽量减少悬臂量、增加机匣和轴的刚度、减小轴承径向游隙,使齿轮的挠曲变形最小。

轴承选型需根据齿轮的类型和轴承载荷进行选择,通常采用球轴承、滚子轴承和角接触球轴承等。

7）密封设计

附件传动系统密封设计包括静密封和动密封设计。

附件传动系统中需要密封的介质有低压燃油、高压燃油、供油级滑油和回油级滑油；低压燃油压力一般不超过 2.5 MPa，高压燃油压力一般不超过 9 MPa，这些部位的密封均为静密封；附件传动系统中的动密封主要是附件驱动轴的密封，密封介质为滑油，最高转速达 30 000 r/min，压力一般不超过 0.2 MPa。

静密封设计包括密封形式、结构、材料和压缩量等，最常用的是 O 形密封圈或密封垫；密封用的石棉橡胶板应尽量避免采用，以提高环保性。

动密封设计包括密封形式、结构、材料和窜动量等，最常用的是磁力石墨密封和唇形密封；为了提高 APU 的维护性，附件传动系统中的动密封装置原则上应设计成外场可更换单元，更换时无需分解整个 APU。

8）润滑设计

附件传动系统润滑设计主要内容包括润滑方式的选择、喷嘴布局要求、滑油供油量要求和喷嘴流量要求等。在附件传动系统中，一般在转速较高、载荷较大的齿轮啮合点和高转速、有预紧力的轴承等处设置喷射润滑，其他的齿轮和轴承采用飞溅润滑。对于转速较低的齿轮一般采用啮入侧供油，有利于润滑。对于转速较高的齿轮，则采用啮出侧供油有利于冷却、散热。滑油供油量取决于滑油的种类和润滑冷却的方式，可用齿轮的传递功率和传动效率来进行估算。

9）选材设计

附件传动系统齿轮常用低碳钢材料和中碳钢材料，低碳钢材料有 12CrNi3A、12Cr2Ni4A、16Ni3CrMoE、9310VAR、16Cr3NiWMoVNbE 等，中碳钢材料有 30Cr3MoA、32Cr3MoVE 等。齿轮一般应采用氮化（适用于中碳钢）或渗碳（适用于低碳钢）的方法进行硬化，若氮化齿轮上没有螺纹，可允许整体氮化；对渗碳齿轮上无法磨削的花键可进行碳氮共渗（氰化）处理。宜对重要齿轮的齿面、齿根和轮辐进行喷丸强化处理，以提高齿轮的疲劳强度。

附件传动系统机匣一般选用材料密度低、比强度高、铸造性好、易于加工、防腐性好的轻合金铸件，如 ZL105A、ZL114A 等铸造铝合金；对耐腐蚀性要求不高的机匣，一般选用 ZM5、ZM6 等铸造镁合金。

3. 试验验证

附件传动系统试验主要是验证附件传动系统零部件的设计、制造工艺的合理性，以及对研制规范、设计技术要求的符合性。附件传动系统主要试验项目有磨合试验、振动扫描和谐振探测试验、悬臂力矩试验、静扭矩试验、持久运转试验等。

1）磨合试验

磨合试验是检查附件传动系统设计、制造、装配等的质量，并对齿轮和轴承等旋转零、部件进行跑合，同时检查各传动部分的润滑状况是否正常，并可初步考核附件传动系统的运转性能。

磨合试验通常是在附件传动系统的整个工况范围内进行。在试验过程中，滑油供油压力和振动值等应在规定允许的范围内。磨合试验完成后，应及时对滑油进行取样，进行滑油光谱分析或铁谱分析。

2）振动扫描和谐振探测试验

振动扫描和谐振探测试验是了解附件传动系统在工作转速范围内是否存在共振、谐振等振动过大的点，确认对应振动值过大时的转速。

其试验方法是试验件在设备上就位后，应装上型号各附件，再以变载荷从零转速调整运行到最高工作转速，在整个试验转速范围内，实时跟踪测试试验件各测点的振动值并存储测试结果，通过对振动信号进行频谱分析，找出最大振动点、振动值和对应的转速。

3）悬臂力矩试验

悬臂力矩试验是考核附件传动机匣、花键等零部件的承载能力。

其试验方法是静态下，在各附件的重心或适当位置处悬挂加载砝码，在各附件连接处加载至等效的最大悬臂力矩值，再起动运行设备，在试验件的额定输入转速状态下，各附件连续工作的时间至少达到型号规范或试验技术要求规定。

4）静扭矩试验

静扭矩试验是验证附件传动系统各齿轮、传动轴、轴承和机匣承受规定扭矩的能力。

其试验方法是将输入轴保持在固定止扭条件下，所有附件传动端加载至规定扭矩值，考核传动轴、齿轮、轴承、机匣是否产生永久变形或破坏。

规定扭矩通常包括额定扭矩、静止扭矩、剪断扭矩等。试验中，应考核某单一附件卡滞而其余附件处于额定工作状态的情况，并考虑安全系数。

5）持久运转试验

持久运转试验是考核附件传动系统在规定的转速、载荷、滑油状态等条件下的持久工作能力，考核附件传动系统的承载能力和密封性能等。

其试验方法是在安装所有附件的传动机匣上进行，使用符合型号规范规定的滑油，以型号规范中规定的最高滑油进口温度、最低滑油压力和流量，以及承受符合型号规范规定的表面温度运转。在试验期间，所有的安装座传动装置至少加载至最大悬臂力矩名义值，并至少承受型号规范中允许的最大花键角误差。

6.5 滑 油 系 统

6.5.1 功能要求

APU 滑油系统的基本功能是向 APU 供给滑油，润滑和冷却轴承、齿轮等摩擦副，并带走摩擦所产生的杂物，同时对被润滑部位的磨损情况进行检测，有些还需为主轴支承挤压油膜结构提供滑油形成油膜用于减振。对于安装油冷发电机的 APU，滑油系统还需为油冷发电机提供滑油对发电机进行润滑和冷却。

6.5.2　系统设计

滑油系统设计主要包括系统原理方案设计、选择润滑油、供回油系统性能分析计算、通风系统性能分析计算、姿态分析、滑油零部件结构设计及附件设计等。通常按照设计流程(图 6.8)进行。

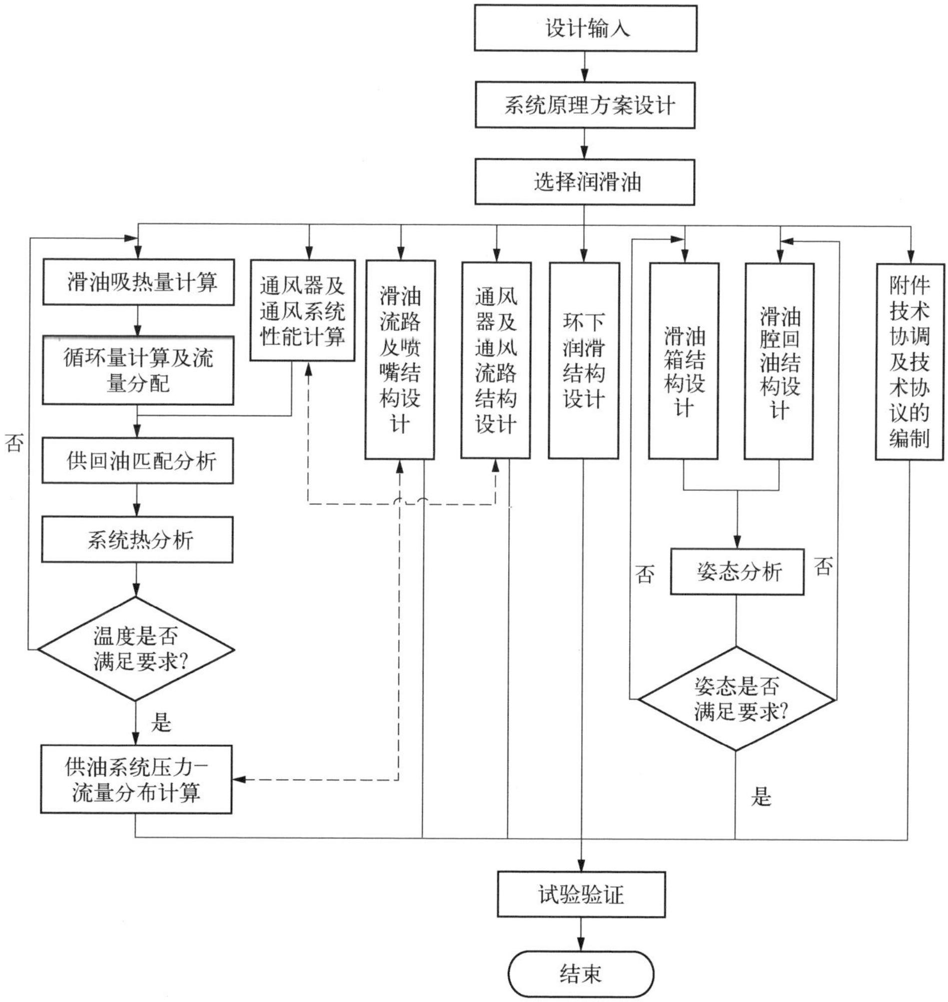

图 6.8　滑油系统设计流程

1. 系统原理方案设计

根据设计要求，并与总体、各部件及系统协调，选择系统供油方式、滑油腔回油方式、滑油散热方案(燃油冷却或空气冷却)、过滤方案、滑油压力/温度和滑油滤预堵塞监测方案、磁性屑末检测方案、系统过压保护方式等，绘制系统原理图。

APU 滑油系统原理如图 6.9 所示，该系统由供油、回油冷却、通风等子系统组成。供油系统为定压式，为各润滑点喷嘴供给清洁、规定流量和压力的滑油，滑油泵上设置调压安全活门，滑油泵的进口设置减油电磁阀。滑油系统采用逆向循环系统，其散热采用安装在供油路上的空气滑油散热器。在涡轮润滑腔及起发电机润滑腔设置回油泵进行回油，压气机润滑腔和齿轮箱润滑腔采用重力回油。各润滑腔通过合理的结构设计，以满足 APU 姿态要求。通风系统采用离心式通风系统，在附件齿轮箱中设置离心通风器，外部设置有合适尺寸的通风管。

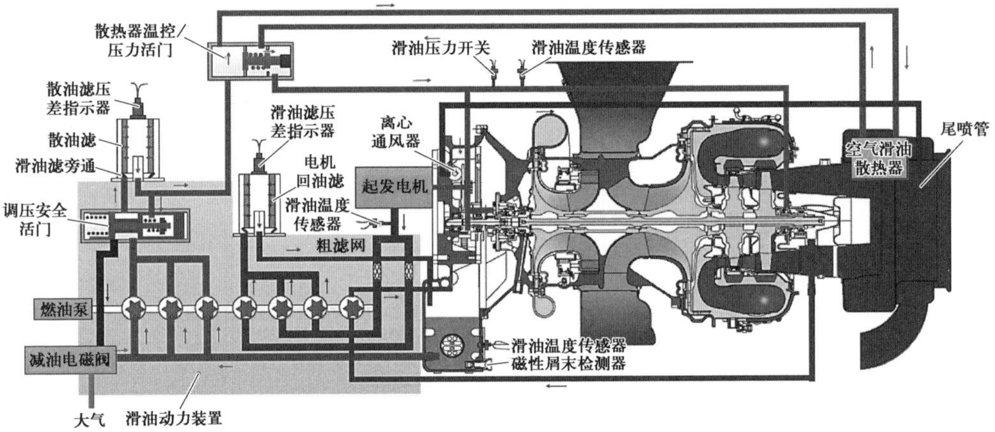

图 6.9 APU 滑油系统原理示意图

2. 选择润滑油

主要考虑使用环境温度、滑油腔温度、被润滑部位的负载和使用温度、润滑油性能参数(黏度、闪点、倾点等)，并参考类似 APU 上的滑油应用情况来选择润滑油。通常会选用 5 厘斯[①]黏度等级的润滑油作为常用滑油，在低温环境下工作时，可选用 3 厘斯黏度等级的润滑油作为备用滑油。常用的航空发动机润滑油标准 GJB 135A－1998、GJB 1263－1991、MIL－L－7808、MIL－PRF－7808L、MIL－L－23699、MIL－PRF－23699。

3. 滑油吸热量计算

APU 传给滑油的热量包括摩擦副产生的热量、高温部件传给滑油的热量、进

① 厘斯为黏度单位，符号为 cSt，1 cSt = 10^{-6} m^2/s。

入滑油腔内的封严气传给滑油的热量等。在初期设计阶段,各部分热量可参考经验公式及类比相似 APU 来确定。在各部件结构及系统参数确定后,再进行详细的建模分析计算。

4. 循环量计算及流量分配

根据滑油吸热量的计算结果,各滑油腔及摩擦副所需的滑油供油流量按式(6.6)计算:

$$W = 60 \times 10^3 \times Q/(c_p \rho \Delta t) \tag{6.6}$$

式中,W 为滑油供油流量,单位为 L/min;Q 为传给滑油的热量,单位为 kW;c_p 为滑油比定压热容,单位为 kJ/(kg · K);ρ 为滑油密度,单位为 kg/m^3;Δt 为滑油温升,单位为 K。

其中,应考虑润滑部件的适用温度及滑油使用温度范围,并类比相似 APU 来确定滑油温升。

根据各滑油腔所需供油流量及螺旋桨供油流量计算系统循环量。

5. 供回油匹配分析

APU 滑油腔通常采用干油池设计,需要确定合适的回供油比来确保各滑油腔内的滑油全部返回滑油箱。回供油比的选择需要考虑各滑油腔的供油流量、密封方式、通风方式、进入滑油腔内的空气流量、工作高度等因素,并参考相似 APU 确定。如果通过滑油腔密封装置进入腔内封严气少、滑油腔有专门的通风通道、APU 工作高度低等,则可选择较小的回供油比;滑油系统采用断油阀在转速低时切断高温腔的滑油供油,也可以将回供油比设计得较小。如果滑油腔通风依靠回油泵,则需设计较大的回供油比,有些会达到 10 以上。

6. 系统热分析

系统热分析包括滑油腔热分析、散热器换热特性分析、系统热平衡分析。

滑油腔热分析是根据腔室的几何模型、材料的热传导系数和边界条件等建立计算模型,对腔内的摩擦副、壁温及滑油温度进行计算,获得设计点及极限条件下的滑油吸热量,并获取腔内温度分布,判断是否存在异常高温现象。如存在异常高温,则需对滑油腔室的流量进行重新分配。

散热器换热特性分析是根据散热器的几何模型、换热材料的热传导系数、冷热介质的比热容及热传导率、边界条件等建立计算模型,对设计点及极限条件下散热器的散热量、冷热介质的出口温度进行计算。如果散热器布置在回油路上,还需考虑滑油中的含气量对换热效率的影响。

根据滑油腔滑油吸热特性和散热器换热特性建立系统热平衡分析模型,计算设计点及极限条件下达到热平衡时的滑油温度,判断滑油温度是否满足设计要求(不超过限制值),否则,需适当提高散热器散热量。

7. 供油系统压力-流量分布计算

根据 APU 供油泵流量特性、管路和喷嘴结构尺寸及附件的流阻特性等建立计算模型,获得设计点及极限条件下供油系统的流量和压力分布。如滑油压力不满足设计要求或某供油部位流量达不到设计要求,则需调整供油流路、喷嘴或附件的结构尺寸。

8. 通风器及通风系统性能计算

根据通风器结构、转速、通风量及油气比等边界条件建立通风器性能计算模型,获取通风器的流阻特性和分离效率。

根据通风器流阻特性、滑油腔密封装置结构尺寸或泄漏量特性、通风流路结构尺寸及封严空气压力和温度边界条件等建立计算模型,获得设计点及极限条件下滑油腔的腔压和通风量。由于封严空气压力和温度与滑油腔腔压互为边界条件,因此在通风系统特性计算过程中需和空气系统进行多轮次迭代计算。

9. 滑油流路及喷嘴结构设计

滑油流路中的流速越高,压力损失就越大。为避免过大的压力损失,会对滑油流路的流速进行限制,根据流路所输送的滑油流量及流速限制值来初步确定流路的流通面积或管径,并根据供油系统压力-流量分布计算结果对流通面积或管径进行调整。

根据滑油供油流量及压力,按式(6.7)计算喷嘴孔径:

$$W = \frac{\pi}{4} 60 \cdot 10^{-3} C_d d^2 \sqrt{\frac{2 \cdot 10^6 \Delta p}{\rho}} \tag{6.7}$$

式中,W 为喷嘴流量,单位为 L/min;C_d 为流量系数;d 为喷嘴直径,单位为 mm;Δp 为喷嘴前后压差,单位为 MPa;ρ 为滑油密度,单位为 kg/m^3。

喷嘴设计时需要注意以下因素:

(1) 喷嘴上游流路的入口孔孔径,喷嘴长度与孔径的比值(L/D);

(2) 喷嘴孔出口应保持锐边,并去除毛刺,出口端面应锪埋头孔;

(3) 控制喷孔表面的粗糙度,以减小扰流,从而减小油束扩散;

(4) 规定喷嘴喷射点的目标准确度。

10. 通风器及通风流路结构设计

APU 通常采用离心通风器,离心通风器一般设置在附件传动齿轮箱内,可与齿轮轴采用一体化设计,也可采用分体式结构安装在齿轮轴上。在设计中,应根据通风器的性能分析计算结果调整通风器的结构参数,使流阻和分离效率满足设计要求。

11. 环下润滑结构设计

环下润滑是指滑油经轴承内圈上的径向孔、槽进入轴承,即从轴承内环下部向轴承供油。环下润滑结构一般由两部分组成,即集油部和输油部。根据集油部的不同,分为轴向和径向两种,其典型结构如图 6.10 所示。

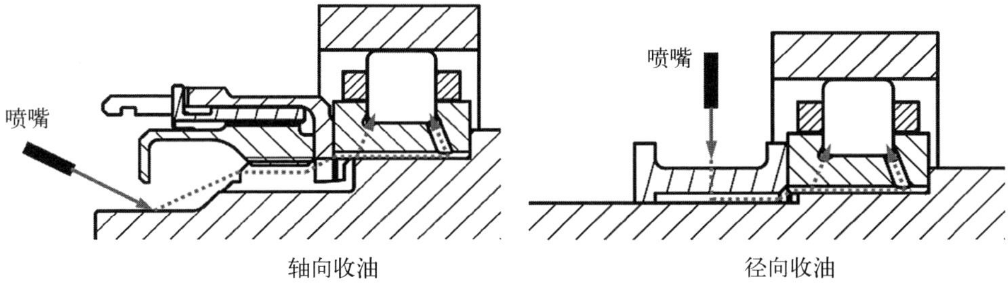

图 6.10　环下润滑结构

轴向环下润滑结构相对较成熟,收油效率高,但轴向长度相对较长,所以较短滑油腔内的轴承难以实现该润滑方式。相对于轴向集油环,径向集油环还处于发展阶段,从公开专利和文献看,主要集中在近十年,但主要为GE、PWC及罗罗等国际航空发动机制造商,主要研究热点是以提高集油环效率值为目的而开展的局部结构优化。

径向环下润滑结构通常包含径向集油环及输油通道,能在较短的滑油腔内实现该润滑方式,收油效率相对较低。其中,集油环是影响收油效率的主要部件,通常由两个以上叶片以及两个围栏等组成,设计时需要关注集油环外径、集油环内径(轴径)、叶片内径、叶片外径、叶尖厚度、叶尖夹角、喉部间隙、集油腔间隙以及窗口长度等结构参数。设计中,可对集油环进行CFD仿真,评估其收油效率,减少试验件数量及试验次数,缩短集油环的研制周期。

12. 滑油腔回油结构设计

滑油腔回油结构设计包含收油池的设计、回油口的布置、回油通道的设计等。滑油腔回油设计的总原则是在发动机工作姿态包线内,使供往腔内的滑油以尽可能短的时间和路径向收油池和回油口集中,以便被回油泵抽回或通过重力回到滑油箱。回油口应设置在腔的底部,滑油润滑和冷却摩擦副后,受离心力作用,将高速沿壁面切向流动,如结构允许,可将回油管设在与轴承腔成切向的位置,以提高回油效率。为了避开高速旋转件对回油通畅性的影响,应设有尽可能大的收油池。如供往腔内的滑油需流经高速旋转件附近才能回到回油口,为避免高速旋转件产生的风阻阻碍回油,回油通道与旋转件应保持合适的距离或设置挡板减小风阻。

13. 滑油箱结构设计

APU滑油箱通常和附件传动齿轮箱集成一体,也可作为单独附件,安装在APU上或飞机上。

设计时,需要首先确定滑油箱容积,包括可用容积、不可用容积、吞入容积及膨胀空间。可用容积根据滑油消耗量及最大续航时间来确定。膨胀空间一般要求为滑油箱总容积的15%以上(民机通常为10%以上),如吞入容积较大,膨胀空间则应适当加大。在满足所要求的外廓尺寸的前提下,可通过姿态分析来评估并优化滑油箱的形状和供油口的位置,并优化通风口及回油口的位置,使其不可用容积最小。

滑油箱上应设有容易观测的油位指示装置、方便可达的自锁放油活门、加油口盖、供回油接头,防止加油口油兜积液的漏油口及粗滤网等。有些滑油箱还集成了油气分离装置,用于分离进入滑油中的空气。加油口盖应保证可靠锁紧,并标有“滑油”字样,还需用锁链将其与箱体相连。应通过加油口位置的设计或设置溢流口,防止滑油注入膨胀空间。HGT1700 辅助动力装置的滑油箱结构如图 6.11 所示。

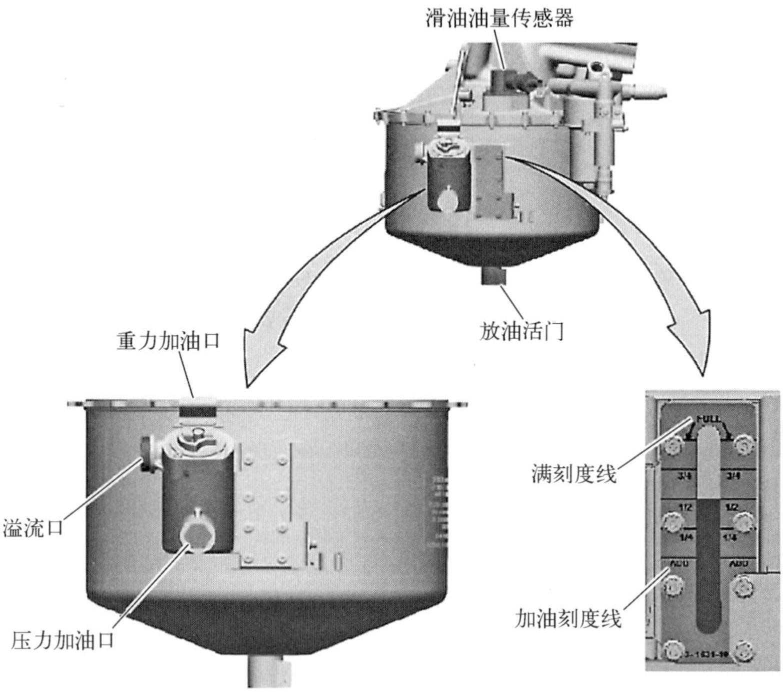

图 6.11　HGT1700 滑油箱结构

14. 姿态分析

设计中,应对滑油箱和各滑油腔进行姿态分析。滑油箱的姿态分析主要是用于评估滑油箱在工作姿态包线内能否正常供回油及通风,并可根据评估结果优化滑油箱的结构。滑油腔的姿态分析主要是用于评估各滑油腔在工作姿态包线内能否正常回油和通风,计算姿态条件下的腔内滑油吞入量,为滑油腔收油池和回油口的设计及系统回油级数的确定提供依据。

15. 附件技术协调及技术协议的编制

根据系统性能计算结果和总体结构布局要求,与附件供应商、发动机总体、附件传动、燃油系统及电气系统等专业开展附件性能、接口和外廓尺寸等的技术协调，附件设计与滑油系统的性能分析、附件传动接口设计同步迭代，以获得较优的匹配设计。

附件技术协议应明确附件的功能性能、使用环境、接口、试验验证、评审、交付、适航等要求。

第 7 章 燃气涡轮辅助动力装置使用和调节规律

7.1 典型控制规律

控制规律直接影响辅助动力装置各工作状态的性能,也关系到 APU 的结构强度和寿命。因此,控制规律对 APU 在飞机上的工作性能起着至关重要的作用。早期的 APU 采用液压机械式控制,目前已基本采用全权限数字电子控制(full authority digital engine control, FADEC)系统。国内外典型在研、在役 APU,一般采用恒物理转速控制,简化控制难度。

APU 主要有以下几种典型控制规律:

(1) 起动控制规律;

(2) 稳态控制规律;

(3) 负载压气机导叶进口控制规律;

(4) 防喘控制规律;

(5) 载荷活门控制规律;

(6) 引气逆流控制规律;

(7) 电功率优先控制规律;

(8) 参数限制;

(9) 故障模式与处理对策等。

以下就几种典型控制规律进行介绍。

7.2 起动控制规律

对于 APU 而言,起动供油一般包括以下 4 个阶段:

(1) 燃油总管填充阶段,开始供燃油后,燃油完成从发动机燃油控制器到燃烧室喷嘴的管路填充,保证顺利点火;

(2) 点火阶段，在合适的余气系数下，点火电嘴点燃两相油气混合物，并使之成功联焰；

(3) 加速阶段，火焰联焰成功后，在涡轮和起动机共同驱动下加速燃气发生器转子；

(4) 控制系统按给定的起动供油规律，由涡轮单独驱动燃气发生器转子加速至给定状态并稳定工作。

APU 的起动要求是在给定的时间内将 APU 从零转速起动加速至规定状态时不出现喘振、超温及悬挂等不稳定现象。

1. 燃油总管填充阶段

APU 停车后，为防止喷嘴积碳，燃油分配器将起动电磁阀和喷嘴之间的燃油放空，因此在起动过程中，需先对管路填充油。

对于给定的 APU，填充管路的燃油量只与 APU 燃油控制器到燃烧室喷嘴之间的油管的体积有关。当 APU 达到一定转速后，开始供燃油，供油量一般比点火供油量要大，以快速填充燃油管路。

2. 点火阶段

在点火阶段，需保证 APU 可靠点火及联焰。点火性能主要受电嘴类型、电嘴的点火能量、点火频率、燃烧室进口气流参数、油气比和电嘴位置等因素影响。对于结构已确定的 APU，电嘴能量和位置已定，APU 的点火主要考虑使燃油雾化效果较好并达到燃烧室最易点火时的余气系数，同时还需考虑大气温度、大气压力和 APU 冷热机对点火的影响。

对于离心式喷嘴，影响雾化效果的直接因素是燃油压力，在喷嘴出口面积一定的情况下，燃油流量越大，喷嘴前压力越高，燃油雾化越好，但燃油流量不能太大，这样会造成 APU 超温。对于气动雾化喷嘴，进入燃烧室的空气流量直接影响雾化效果，空气流量越大，雾化越好，但空气流量大小与 APU 转速相关，受起动机功率限制，带转转速不能太高。

余气系数接近 1 时燃烧室最易点火，由于进入 APU 的空气流量与大气温度和大气压力有关，要保证最易点火的余气系数，必须根据不同的大气条件来改变燃油流量。通常供油流量如下：

$$G_F = k_p \cdot k_t \cdot k_e \cdot G_0 \tag{7.1}$$

式中，k_p 为大气压力修正系数；k_t 为大气温度修正系数；k_e 为 APU 排气温度余温修正系数；G_0 为基本供油量，是 APU 转速的函数。

3. 加速阶段

在起动加速阶段，通常采用按转速给定燃油流量或按加速率给定燃油流量的供油规律实现 APU 加速。

某些先进 APU 为了保证转速按一定加速度增加,电子控制器根据参考加速度计算燃油流量的值。其中使用到的参考加速度,是根据 APU 的实时转速和进口温度计算得到。起动过程中,为了避免动力段压气机喘振,根据转速、进口压力和进气温度给出最大的供油量,并将该油量与加速度计算得到的流量进行比较并取小者。

4. 稳态控制阶段

在起动过程中,转速达到稳态转速后,转入稳态控制,表示 APU 已经起动成功并可以加载使用。此时 APU 的供油由闭环采用的控制算法确定,可以使 APU 精确控制于某一转速。

7.3 负载压气机进口导叶控制规律

对于带有负载压气机的辅助动力装置而言,起动过程中,进口导叶会关小,尽量减少加速过程中负载压气机消耗的功率。稳定工作时,电子控制器根据飞机环控系统的指令、起动主发状态指令以及排气温度给出进口导叶基准角度,并将其与实际角度进行对比,通过线性可调微分转换器(linear variable differential transformer, LVDT)反馈给出比较结果以进行闭环控制。

进口导叶由导叶调节装置控制,安装在发动机进气机匣上,其根据电子控制器输出的控制信号,通过调节压气机进口导叶角度实现对压气机进气流量的调节。传统的导叶调节机构是一个分散的系统,主要由电液伺服阀、作动机构和线位移传感器等部件组成。上述零部件不是一个整体,电液伺服阀安装在燃油泵上面,其产生的定压进油和回油通过两根油管与作动机构相连;线位移传感器安装在作动机构的外部。

导叶调节装置工作原理功能如图 7.1 所示,当系统输入一个电压信号时,放大器将电压信号转换并放大为一个电流信号输给伺服阀,伺服阀再把电流转换为与电流大小成比例的液压流量,此流量流向液压作动筒,驱动液压作动筒运动,液压作动筒的位移在位置传感器上产生一个与输入电压信号方向相反的反馈电压。当

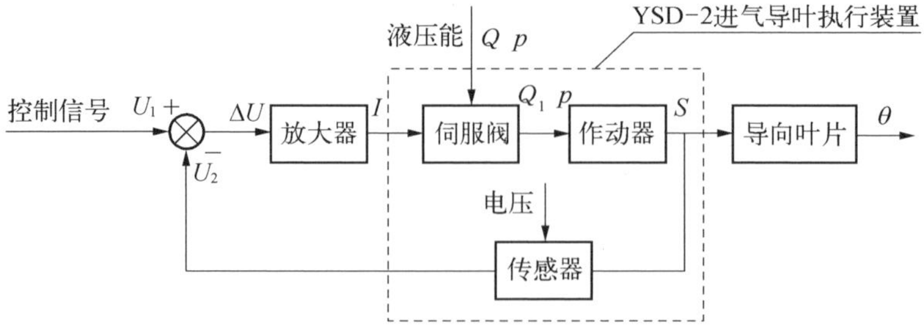

图 7.1　导叶调节装置工作原理功能框图

反馈电压与输入电压相等时，放大器的输入电压便为零，伺服阀回到零位，液压作动筒停在最初位置上。

7.4　防喘控制规律

气压型辅助动力装置一般都有防喘措施，无论是从核心机输出压缩空气还是从负载压气机输出压缩空气，其引气管路上都设置有防喘控制活门或旁通活门。旁通活门相对简单，引气时关闭，不引气时打开。

防喘控制活门由电子控制器控制，可以根据电子控制器发出的控制指令，实现负载压气机出口气路的导通或切断，防止负载压气机喘振。传统防喘控制活门引气的开度不可调节，只能由电磁阀简单实现全开或全关功能，多用于核心机引气的 APU。带负载压气机的 APU 的防喘控制活门多为一种无级调节的防喘控制活门，其蝶板的开度可以根据电子控制器的控制指令稳定在任何位置。如果电子控制器判断 APU 处于喘振边界时，电子控制器给出指令控制防喘控制活门角度增大到一定开度，流失部分流量以提高 APU 负载压气机的喘振裕度。

负载压气机是按照保持最小出口换算流量设计防喘，而最小出口换算流量是导叶角度、高度和环境温度的函数关系。

防喘控制活门工作原理功能框图如图 7.2 所示，当系统输入一个电压信号时，放大器将电压信号转换并放大为一个电流信号传递给伺服阀，伺服阀再把电流转换为与电流大小成比例的液压流量，此流量流向液压作动筒，驱动液压作动筒运动，液压作动筒的位移在位置传感器上产生一个与输入电压信号方向相反的反馈电压。当反馈电压与输入电压相等时，放大器的输入电压便为零，伺服阀回到零位，液压作动筒停在该位置上。当液压作动筒偏离该位置时，反馈电压与输入电压便不相等，有误差电压信号输入放大器，放大器将此误差电压信号放大并转换为电流信号给伺服阀，伺服阀输出与输入电流信号大小成比例的流量流向液压作动筒，液压作动筒运动，当反馈电压与输入电压相等时该过程结束。

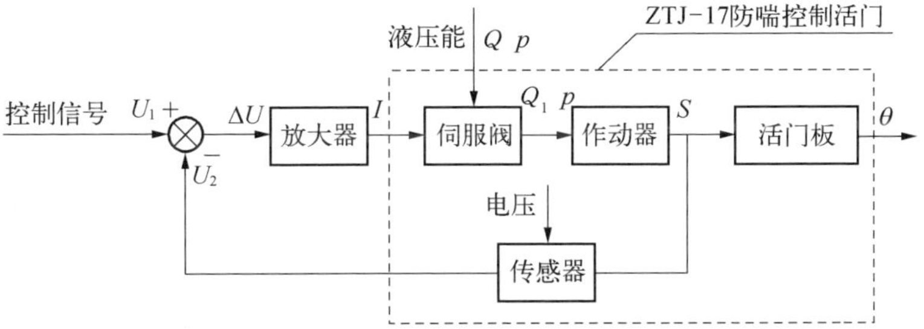

图 7.2　防喘控制活门工作原理图

7.5 载荷活门控制规律

气压型 APU 引气出口通常都设置有载荷活门，载荷控制活门由电子控制器控制，根据电子控制器的控制指令来实现活门的开关功能，同时将打开或关闭的位置信息反馈给电子控制器和飞机座舱控制面板，及时给飞行操作人员提供准确的 APU 引气状态信息。载荷控制活门安装在 APU 引气出口处。传统的载荷控制活门只能简单地通过电磁阀实现活门的打开和关闭，而新型的载荷控制活门不仅能实现打开和关闭的功能，还可以通过排气孔的大小来控制关闭的时间，同时也不会因为蝶板的快速关闭而使系统的引气压力发生剧烈的波动，这种具有时间响应特性设计的载荷控制活门对于 APU 的防喘及稳定性设计起着重要作用。

APU 通常也会设置一个允许载荷活门打开的最低转速。另外，当进口压力小到一定程度，即在一定高度以上，电子控制器将禁止 APU 提供压缩空气，但允许提取一定的电功率。这个允许提供压缩空气的最高高度由 APU 自身能力和飞机需求共同决定。

7.6 引气逆流控制规律

气压型 APU 引出的压缩空气在某些极端条件下可能存在倒灌的情况，如发动机的引气和 APU 引气因为隔离的阀门失效而进入同一管路，发动机引气压力高，气流就可能往 APU 倒灌，引起喘振。电子控制器通过防喘控制检测到引气逆流时，将自动关闭载荷活门，阻隔气流通道，同时全开防喘活门、关小进口导叶，尽快降低 APU 的引气负荷。

7.7 电功率优先控制规律

对于带负载压气机的 APU 而言，还有一项特殊的调节规律，即电功率优先控制规律。正常工作时，当同时输出压缩空气和电功率条件下，如果排气温度达到了特定的限制值时并有超过趋势时，由于 APU 无法干涉用户对电功率的提取，为了保证自身的运行安全，电子控制器会根据排气温度关小进口导叶角度，控制目标就是使排气温度在限制温度或以下。

7.8 参 数 限 制

为了保证 APU 安全工作，电子控制器设置了很多保护参数，包括但不限于以下情况：

（1）超转；

（2）电子控制器故障；

（3）紧急停车（收到外部紧急停车信号）；

（4）欠转（稳态工作转速未达到规定转速）；

（5）超温；

（6）无转速信号；

（7）传感器故障；

（8）滑油压力低；

（9）无火焰；

（10）进气风门未打开；

（11）高滑油温度；

（12）进口超温；

（13）无加速；

（14）逆流；

（15）滑油滤堵塞；

（16）主电源中断。

上述 16 种保护停车信号在 APU 地面工作时均有效，信号触发时 APU 保护停车。考虑到飞机对 APU 的空中工作属于应急使用，仅部分保护停车信号可使 APU 停车，其他可通过“禁止标记”信号屏蔽，以保证飞机飞行安全。

第 8 章

燃气涡轮辅助动力装置通用质量特性与适航

8.1　通用质量特性

8.1.1　概述

1. 基本概念

通用质量特性主要指可靠性、维修性、保障性、安全性、测试性和环境适应性等质量特性。

可靠性是指产品在规定的条件下和规定的时间内,完成规定功能的能力。

维修性是指产品在规定的条件下和规定的时间内,按规定的程序和方法进行维修时,保持或恢复到规定状态的能力。

保障性是指产品(系统)的设计特性和计划的保障资源,能满足平时战备完好率和战时利用率要求的能力。

测试性是指产品能够及时而准确地确定其状态(可/不可工作、性能下降),并隔离其内部故障的能力。

安全性是指产品不导致人员伤亡,不危害健康及环境,不造成设备损坏和财产损失的能力。

环境适应性是指产品在其寿命期预计可能遇到的各种环境的作用下能实现其所有预定功能、性能和(或)不被破坏的能力。

2. 主要标准依据

为使 APU 具有良好的通用质量特性,在其研制过程中应全面开展通用质量特性工作。对军用 APU 的研制,《装备可靠性工作通用要求》(GJB 450A－2004)、《装备维修性工作通用要求》(GJB 368B－2009)、《装备综合保障通用要求》(GJB 3872－1999)、《装备安全性工作通用要求》(GJB 900A－2012)、《装备测试性工作通用要求》(GJB 2547A－2012)和《装备环境工程通用要求》(GJB 4239－2001)分别规定了可靠性工作项目 32 项、维修性工作项目 22 项、保障性工作项目

10 项、安全性工作项目 27 项、测试性工作项目 7 项、环境适应性工作项目 20 项，这些工作项目大部分有相应的支持标准指导相关工作的开展。对民用 APU 的研制，主要按照如 CTSO－C77b《燃气涡轮辅助动力装置（APU）》等相关的适航规章，依据 SAE ARP4754A《民用飞机和系统研制指南》和 SAE ARP4761《民用飞机机载系统和设备安全性评估工程的指南和方法》中推荐的通用质量特性分析方法和流程开展通用质量特性工作。

8.1.2　通用质量特性指标

常用的 APU 通用质量特性指标一般包括：平均故障间隔时间、一次起动成功概率、直接维修工时/工作小时、平均非计划维修实施间隔时间、非计划平均修复时间、危险事件的失效率、故障检测率、故障隔离率、虚警率、飞行前检查时间、备件利用率、备件满足率等。

8.1.3　通用质量特性设计与分析

1. 可靠性设计与分析

为保证 APU 可靠性，设计应从成熟技术设计、简化设计、余度设计、降额设计、裕度设计、热设计、软件可靠性设计、元器件选用与控制等方面考虑。

可靠性分析是通过分析确定 APU 设计是否满足规定的定量和定性的可靠性要求，主要内容包括：可靠性分配和预计、故障模式影响及危害性分析（failure modes effect and criticality analysis，FMECA）、功能危险分析（functional hazard assessment，FHA）、故障树分析（fault tree analysis，FTA）、热分析、电磁兼容性分析、电路容差分析、有限元分析等。

2. 维修性设计与分析

为保证 APU 良好的维修性，设计应从维修可达性设计、结构单元体设计、外场可更换组件设计、提高快速换发和装配能力设计等方面考虑。

维修性分析是确定产品设计是否满足了规定的定量和定性的维修要求，以及是否符合维修设计准则。维修性分析的范围是十分广泛，主要包括维修性分配和预计、可达性分析、互换性分析、防差错分析、人素工程分析、维修安全性分析、保养工作分析等。

3. 保障性设计与分析

保障性设计主要考虑：后勤保障便利、备件需求数量种类少、维护方便、便于运输等因素；尽量减少专用保障设备，必要时可使用飞机机电通用设备进行检查；简化零部件包装、装卸、储存和运输要求，应考虑整机运输时的快速装卸和固定设计；需要的备件数量尽量少、种类尽量统一等。

保障性分析是在 APU 的设计过程中通过保障性技术的综合与方法的运用确

保保障性要求的实现。在保障性分析过程中要应用许多分析技术,其中有以可靠性为中心的维修分析(reliability-centered maintenance analysis, RCMA)、维修级别分析(level of repair analysis, LORA)、使用与维修工作任务分析(operation and maintenance task analysis, O&MTA)等。RCMA 是确定需要进行预防性维修的工作项目为确定其维修工作类型和预防性维修工作的间隔期,从而通过进一步分析提出进行预防性维修工作所需的保障资源。LORA 的目的是确定维修工作在哪一个修理级别上执行最为经济有效。O&MTA 确定每项使用保障工作和每一修理级别维修工作所需的保障资源要求。

4. 安全性设计与分析

为保证 APU 安全性,在设计中重点应考虑防火安全设计、包容性设计、安全性设计、防载荷超限设计等。

安全性分析是通过分析确定 APU 设计是否满足了规定的定量和定性的安全性要求。《系统安全性通用要求》规定了 4 种常用的安全性分析,包括初步危险分析(primary hazard analysis, PHA)、系统危险分析(system hazard analysis, SHA)、使用和保障危险分析(operation and support hazard analysis, O&SHA)以及职业健康危险分析(occupation health hazard analysis, OHHA)。同时,SAE ARP4761《民用飞机机载系统和设备安全性评估工程的指南和方法》中推荐的安全分析方法包括功能危险分析(FHA)、故障模式影响及危害性分析(FMECA)、故障树分析(FTA)和共因分析(common cause analysis, CCA)等。

5. 测试性设计与分析

为保证 APU 测试性,在设计中应考虑 BIT 设计(如智能磁性屑末检测传感器)、固有测试性设计(如观察窗口和孔探窗口设置)、诊断设计、虚警抑制设计等。

测试性分析主要包括测试性指标分配、制定测试性设计准则、固有测试性设计与评价、测试性预计等。

6. 环境适应性设计与分析

APU 环境适应性主要考虑热环境防护设计、力学环境防护设计、电磁环境防护设计、防潮湿设计、防盐雾腐蚀设计、防霉菌设计、防砂尘设计等。

环境适应性分析主要是包括“三防”分析、热分析、振动分析等。

8.1.4 通用质量特性验证与评价

1. 可靠性试验与评价

可靠性试验是为提高、测定和验证产品的可靠性而进行的试验,它是对产品的可靠性进行调查、分析和评价的一种手段。其目的是:

(1) 暴露产品的可靠性缺陷并采取纠正措施加以排除,或使其出现率低于容许水平;

（2）为改善产品的战备完好性、提高任务成功性、减少维修费用及保障费用提供信息；

（3）确认是否符合可靠性定量要求。

《装备可靠性工作通用要求》中规定的可靠性试验包括环境应力筛选、可靠性研制试验、可靠性增长试验、可靠性鉴定试验、可靠性验收试验、寿命试验等六类，其中环境应力筛选(工作项目 401)仅在零部件或元器件级适用,其他试验在产品级也适用并且是很重要的试验项目。

APU 可靠性指标的评定可以利用现场使用数据评定,也可以利用试验数据评定,对于不同阶段的不同参数有不同的评定方法。评定方法主要包括：现场数据评定、可靠性综合评定、试验评定方法、信息融合评定等。

2. 维修性试验与评价

维修性验证与评价的目的是发现和鉴别有关 APU 维修性的设计缺陷,以便采取纠正措施,实现维修性增长,考核与验证所研制 APU 满足维修性要求的程度,作为产品进行鉴定和验收的依据。此外,在开展维修性试验与评价工作的同时,还可实现对各种相关维修保障要素(如工具、资料等资源)的评价。

3. 保障性试验与评价

保障性试验与评价是实现 APU 保障性目标的重要而有效的决策支持手段,它贯穿于装备研制与生产的全过程并延伸到部署后的使用阶段,以保证及时掌握装备保障性的现状和水平,发现保障性的设计缺陷,并为军方接收装备及保障资源、建立保障系统提供依据。

保障性评价的主要内容包括：

（1）使用可用性评价；

（2）评价综合保障要素(含维修规划、人员与技术等级以及训练与训练保障、供应保障、保障设备、技术资料、保障设施、包装、装卸、储存和运输性、计算机资源保障)。

4. 安全性验证与评价

安全性验证是验证 APU 是否达到了规定的安全性要求,同时对采取的安全性措施的有效性和充分性进行确认。安全性验证方法包括定性和定量方法,主要有分析、检查、演示和试验等四种。其中安全性试验主要包含整机层面的整机超温超转、整机包容性等试验,零部件层面主要包括零部件超转破裂、静力试验、防火(耐火)试验等。

安全性评价是针对已完成的各项安全性工作,综合评价系统的安全性所进行的工作。常用的安全性评价方法包括风险评价和安全性综合评价两种方法。

5. 测试性试验与评价

测试性验证与评价的目的是考核与验证所研制 APU 满足测试性要求的程度。

测试性验证的内容，包括产品研制要求、技术合同或技术规范中规定的测试性定量要求和定性要求的全部内容。测试性定性要求通常采用测试性分析评价、测试性核查的方法；测试性定量要求通常采用测试性验证试验结合外场测试性数据综合评估。

6. 环境适应性试验与评价

环境试验是考核 APU 对各种自然环境的适应能力。在环境适应性试验的基础上，可对 APU 环境适应性水平进行评价。环境试验包括三部分：

第一部分是考核外界环境对 APU 整机工作可靠性的影响，包括高低温起动、环境结冰、腐蚀敏感性、吞入大气中液体水等试验；

第二部分主要是环境对 APU 零部件的影响，包括零部件的“三防”试验等；

第三部分是考核环境对 APU 附件的影响，如高温、低温、振动、防爆、冲击、“三防”试验等，可依据 GJB 150A－2009《军用装备实验室环境试验方法》、RTCA－DO160《机载设备环境条件与测试规程》等标准结合 APU 附件的实际情况执行。

8.2 适　　航

8.2.1 概述

1. 适航定义

适航是指该航空器包括其部件以及子系统整体性能和操作特性在预期运行环境和使用限制下的安全性和物理完整性的一种品质，这种品质要求航空器应始终处于符合其型号设计和安全运行状态。

2. APU 适用适航标准

我国和美国局方将适航管理的对象分为民用航空产品和零部件（机载设备），其中民用航空产品主要包括民用航空器、发动机和螺旋桨，零部件（机载设备）主要是指任何用于民用航空产品或者拟在民用航空产品上使用和安装的材料、仪表、机械、设备、零件、部件、组件、附件、通信器材等。虽然 APU 本质是一台小型燃气涡轮发动机，然而由于它并不直接为飞机提供推进动力，因此按上述分类，APU 属于零部件（机载设备）一类。

我国零部件或机载设备必须遵守的设计和验证要求是按照“中国技术标准规定”（Chinese Technical Standard Order，CTSO）中的相关规定。目前，我国规定 APU 按照 2014 年 5 月中国民用航空局颁布的标准 CTSO－C77b《燃气涡轮辅助动力装置（APU）》开展研发及取证工作，正文包括 6 个部分、附录包括 4 个部分。其“附录 H APU 的最低性能标准”规定了 APU 设计的最低安全要求，是整个标准的核心部分，表 8.1 给出了“附录 H”的内容简要介绍。

表 8.1　CTSO－C77b 附录 H 中的内容简介

序号	条　目	内容简要介绍
1	目的	规定了 APU 最低性能标准要求
2	适用范围	“1 类”和“2 类”APU
3	定义	定义了 21 个术语
4	要求：总则	从 10 个方面提出了要求：额定功率和工作极限、材料、持久性、工作特性、控制系统、使用仪器仪表、极限姿态、安装载荷、飞行载荷、可达性
5	描述：设计与构造	从 13 个方面提出了要求：安全分析、防火、进气、润滑系统、燃油系统、排气系统、冷却、超转安全装置、转子包容性、振动、寿命极限、引气污染、持续旋转
6	型号验证要求	从 9 个方面提出了要求：总则、校准试验、持久试车、拆卸检查、限制装置功能试验、超转试验、超温试验、包容性、电子控制部件
7	“1 类”APU 补充要求	从 4 个方面提出了要求：防冰、外物吸入、自动停车、点火系统

8.2.2　适航符合性验证

按照《航空器型号合格审定程序》(AP－21－AA－2011－03－R4)中“附录 H 符合性方法”要求，APU 适用的符合性验证方法有 7 种，其符合性方法的代码、名称和使用说明如表 8.2 所示。

表 8.2　APU 适用的符合性验证方法

序号	名　称	代码	使　用　说　明
1	符合性声明	MC0	在符合性检查清单/符合性记录文件中直接给出
2	说明性文件	MC1	如技术说明，安装图纸、计算方法、证明方案、飞机手册
3	分析/计算	MC2	如载荷、静强度和疲劳强度，性能，统计数据分析与以往型号的相似性
4	安全评估	MC3	如初步风险分析、故障树分析，失效模式影响和关键性分析/FMECA，软件质量计划；用于规定安全目标和演示已经达到这些目标的文件
5	试验室试验	MC4	如静力和疲劳试验，环境试验。试验可能在零部件、分组件和完整组件上进行
6	地面试验	MC5	如发动机部件和整机的耐久性试验，环境、温度等试验
7	试飞	MC6	规章明确要求时，或用其他方法无法完全演示符合性时采用

目前国内尚未有国产民用 APU 完成适航取证，对于 APU 适用适航标准对应的符合性验证工作有待完善。当前美国 FAA 并未针对 CTSO－C77b 单独颁发辅助条款解读的咨询通告，考虑到 APU 很多验证技术与中小型航空发动机具有通用性，因此在分析 CTSO－C77b 条款的符合性验证方法时，一般可参考发动机适航规章对应条款的解读内容。对 CTSO－C77b 中“附录 H”第 4 节至第 7 节的主要技术条款初步解读如表 8.3 所示。

表 8.3 CTSO－C77b 附录 H 适航符合性验证思路

序号	条款编号	条款名称	实质要求	符合性方法
1	4.1	APU 额定值和使用限制	要求明确 APU 的额定输出和工作极限指标并进行验证	符合性声明 MC0、地面试验 MC5 和/或试飞 MC6
2	4.2	材料	要求保证发动机具备稳定的材料特性	说明性文件 MC1、分析/计算 MC 2、试验室试验 MC4
3	4.3	耐用性	要求确保 APU 在维修间隔期内能够可靠安全工作	说明性文件 MC1、试验室试验 MC4 和/或地面试验 MC5
4	4.4	工作特性	要求明确 APU 工作包线范围内的工作特性和工作能力，并进行验证	分析/计算 MC2、地面试验 MC5 和/或试飞 MC6
5	4.5	APU 控制系统	对 APU 控制系统设计和功能的要求	说明性文件 MC1、试验室试验 MC4、地面试验 MC5 和/或试飞 MC6
6	4.6	仪表的规定	对 APU 配套仪表设备和功能提出的总体要求	说明性文件 MC1
7	4.7	极限姿态运行	确保 APU 在安装说明中规定的极限姿态内能正常工作	说明性文件 MC1、地面试验 MC5 和/或试飞 MC6
8	4.8	安装节载荷	要求确定 APU 与飞机连接装配相关的安装载荷	说明性文件 MC1、分析/计算 MC2
9	4.9	飞行载荷	对安装节的强度进行验证	分析/计算 MC2、试验室试验 MC4
10	4.10	可达性	要求允许对 APU 运转所需的每个附件进行检查、调整或更换	说明性文件 MC1
11	5.1	安全分析	对可能危及飞行安全的 6 个危害性后果进行安全性分析	安全评估 MC3
12	5.2	防火	对 APU 整机和系统防火设计的相关要求	说明性文件 MC1、分析/计算 MC2、安全评估 MC3、试验室试验 MC4

续　表

序号	条款编号	条款名称	实质要求	符合性方法
13	5.3	进气	进气道性能及防火设计要求	说明性文件 MC1、试验室试验 MC4
14	5.4	润滑系统	APU 滑油系统安全性设计的要求,确保滑油系统在给定的飞行包线内能满意地工作	说明性文件 MC1、试验室试验 MC4、地面试验 MC5 和/或试飞 MC6
15	5.5	燃油系统	对 APU 燃油系统安全性设计的要求,以确保燃油系统在给定的飞行包线内能满意地工作	说明性文件 MC1、试验室试验 MC4、地面试验 MC5
16	5.6	排气系统	防止排气泄漏要求和材料防火防腐蚀要求	说明性文件 MC1
17	5.7	冷却	要求确定有温度限制要求部件的工作温度限制	说明性文件 MC1、试验室试验 MC4
18	5.8	超转保护装置	要求对于用于防止出现危险超转情况的超转保护装置,必须采取措施确保其能正常工作	说明性文件 MC1、安全评估 MC3
19	5.9/6.8	转子包容性/包容性	对转子件的包容性设计及验证要求	分析/计算 MC2、试验室试验 MC4 和/或地面试验 MC5
20	5.10	振动	对 APU 主机和成附件具有在规定的整个工作包线范围内承受振动负荷能力的原则要求,特别强调了压气机、涡轮和其他高应力部件在工作包线范围内不能存在对自身和其他部件有危害的振动应力	分析/计算 MC2、试验室试验 MC4、地面试验 MC5
21	5.11	寿命限制	确定 APU 关键件的低循环寿命	分析/计算 MC2、试验室试验 MC4
22	5.12	引气污染	确保 APU 不会输出有毒引气	说明性文件 MC1、地面试验 MC5
23	5.13	持续转动	APU 在安装说明中规定任一方向持续旋转所允许的最大连续转动时间和对应的转速	说明性文件 MC1、分析/计算 MC2 或地面试验 MC5
24	6.2/6.3/6.4	校准试验/持久试验/分解检查	验证 APU 的初始工作能力和寿命,以及额定值和使用限制在一定寿命时间内的工作情况	地面试验 MC5
25	6.5	限制设备的功能试验	要求验证 APU 参数限制保护装置的工作可靠性	试验室试验 MC4

续 表

序号	条款编号	条款名称	实 质 要 求	符合性方法
26	6.6	超转试验	对转子完整性的试验考核要求	地面试验 MC5
27	6.7	超温试验	对转子完整性的试验考核要求	地面试验 MC5
28	6.9	电子控制器	对控制系统的环境验证考核要求、软件开发要求	说明性文件 MC1、试验室试验 MC4
29	7.2	防冰	对 APU 在结冰环境下具有持续工作能力的设计和验证要求	说明性文件 MC1、地面试验 MC5
30	7.3	外物吸入	对 APU 防止外物吸入的设计和验证要求	说明性文件 MC1 或地面试验 MC5
31	7.4	自动停车	对具备自动停车功能 APU 的安全性设计要求，以避免在空中使用条件下因潜在危险导致 APU 自动停车而影响飞行安全	说明性文件 MC1、试验室试验 MC4
32	7.5	点火系统	对点火系统的可靠性要求	说明性文件 MC1、试验室试验 MC4

参考文献

波利亚科夫 A M,沙尔曼 Ю И,等,1987. 航空燃气涡轮辅助动力装置[M]. 莫斯科：机械制造出版社.

陈光,2006. 航空发动机结构设计分析[M]. 北京：北京航空航大大学出版社.

陈光,洪杰,马艳红,2010. 航空燃气涡轮发动机结构[M]. 北京：北京航空航天大学出版社.

崔之华,陈友彬,石学清,等,1986. RTM322 发动机结构说明书[R]. 株洲：中国航发湖南动力机械研究所.

范作民,2004. 航空发动机故障诊断导论[M]. 北京：科学出版社.

方昌德,2005. 发动机状态监视和故障诊断系统的发展[J]. 推进技术(6)：66－68,70.

方昌德,2009. 航空发动机的发展研究[M]. 北京：航空工业出版社.

方昌德,马春燕,等,2007. 航空发动机的发展历程[M]. 北京：航空工业出版社.

冯大庸,2000. 航空发动机设计手册第 14 册：辅助动力装置及起动机[M]. 北京：航空工业出版社.

高社生,2010. 可靠性理论与工程应用[M]. 北京：国防工业出版社.

格里戈里耶夫 · В А,波诺马廖夫 · Б А,2007. 直升机燃气涡轮发动机[M]. 莫斯科：机械制造.

桂幸民,滕金芳,刘宝杰,等,2014. 航空压气机气动热力学理论与应用[M]. 上海：上海交通大学出版社.

郭腊梅,2010. 某涡轴和控制系统故障模式与对策设计及验证技术总结[R]. 株洲：中国航发湖南动力机械研究所.

海顿 · A. 汤普森,根纳季 · G. 库里柯夫,2019. 燃气涡轮动态建模[M]. 苏三买,译. 北京：航空工业出版社.

《航空发动机设计手册》总编委会,2001. 航空发动机设计手册. 第三册：可靠性及维修性[M]. 北京：航空工业出版社.

胡传东,2000. 直升机发动机控制系统[J]. 直升机技术,121(1)：50－57.

胡晓煜,2006. 世界中小型航空发动机手册[M]. 北京：北京航空工业出版社.

黄开明,黄金泉,任丹,等,2010. 涡轴发动机性能参数的等效换算[J]. 航空动力学报,25(9): 2036-2040.

黄开明,周剑波,刘杰,等,2004. 涡轴发动机气动过程的一种起动热力学实时模型[J]. 航空动力学报,19(5): 703-707.

姜同敏,李晓阳,2006. 可靠性试验技术研究和发展现状分析[C]. 昆明: 中国航空学会可靠性工程专业委员会第十届学术年会.

焦景堂,2003. 航空可靠性工程进展[M]. 北京: 航空工业出版社.

金茂贤,2005. 航空发动机先进控制概念及最新进展[J]. 航空科学技术(1): 24-27.

金向明, 龙海跃, 聂华菊,等,2011. 航空发动机整机可靠累计试验初探[C]. 张家界: 中国航空学会可靠性工程专业委员会第六届学术交流会.

康锐,2012. 可靠性维修性保障性工程基础[M]. 北京: 国防工业出版社.

孔瑞莲,1995. 航空发动机可靠性工程[M]. 北京: 航空工业出版社.

李东杰,2012. 辅助动力装置的应用现状和发展趋势[J]. 航空科学技术(6): 4.

李家云,陈华,2002. 直升机发动机数字控制系统简述[J]. 直升机技术(3): 4.

李燕生,陆桂林,1987. 向心透平与离心压气机[M]. 北京: 机械工业出版社.

理查德·布洛克利,史维,2016. 推进与动力[M]. 毛军逵,等译. 北京: 北京理工大学出版社.

廉筱纯,吴虎,2005. 航空发动机原理[M]. 西安: 西北工业大学出版社.

刘长福,邓明,2006. 航空发动机结构分析[M]. 西安: 西北工业大学出版社.

刘大响,1989. 试车环境对发动机性能的影响及修正方法[M]. 北京: 航空工业出版社.

刘大响,陈光,等,2003. 航空发动机——飞机的心脏[M]. 北京: 航空工业出版社.

刘洪亮,王蓓,2005. 浅议武器装备全寿命管理[J]. 军事经济学院学报,12(4): 51-52.

马丁利·J D,海泽·W H,戴利·D H,2005. 航空发动机设计[M]. 侯志兴,等,译. 北京: 科学出版社.

聂华菊,曾广乐,金向明,2013. FHA 在航空发动机安全性分析中的应用研究[C]. 南昌: 中国航空学会第七届航空发动机可靠性学术交流会.

聂恰耶夫,1999. 航空动力装置控制规律与特性[M]. 单凤桐,程振海,译. 北京: 国防工业出版社.

齐铭,1992. 制冷附件[M]. 北京: 航空工业出版社.

上海飞机研究所,1990. MD-82 飞机设计分析[M]. 北京: 航空工业出版社.

宋扬,2007. 全寿命理论在武器装备科学化管理中的应用[J]. 江苏航空(1): 25-26.

孙健国,2014. 航空燃气涡轮发动机控制[M]. 上海：上海交通大学出版社.
唐力,2009. 多电技术趋势下 APU 的发展[J]. 民用飞机设计与研究(3)：13－17.
唐万文,程礼,2004. 航空发动机可靠性研究的发展趋势[J]. 江苏航空(4)：5－7.
唐正府,王进,张新非,等,2013. 国外先进战斗机空中应急功能分析[J]. 燃气涡轮试验与研究,26(1)：53－57.
唐正府,王进,张新非,等,2014. 5 代机第 2 动力系统的发展趋势分析[J]. 航空发动机,40(4)：5.
童凯生,1996. 航空涡轮发动机性能变比热计算方法[M]. 北京：航空工业出版社.
王东艺,2004. 涡轴发动机加速任务试车研究[J]. 海军航空工程学院学报,19(3)：337－340.
王如根,高坤华,2003. 航空发动机新技术[M]. 北京：航空工业出版社.
王通北,陈美英,2005. 谈航空发动机工作可靠性的几个问题[J]. 航空发动机,31(1)：1－5.
文裕武,郭允良,等,1990. 国内外涡轮轴发动机性能、结构、技术发展[M]. 北京：蓝天出版社.
文裕武,温清澄,等,2000. 现代直升机应用及发展[M]. 北京：航空工业出版社.
沃尔什・P P,弗莱彻・P,2014. 燃气涡轮发动机性能[M]. 陈懋章,郑建弘,胡忠志,译. 上海：上海交通大学出版社.
吴琪华,1963. 航空燃气涡轮发动机附件及自动器[M]. 北京：科学出版社.
吴为民,江和甫,2004. 航空发动机研制过程中的可靠性问题[J]. 燃气涡轮试验与研究,17(2)：55－58.
吴学辉,李志刚,陶增元,2005. 参数小偏差对某高推重比航空发动机性能的影响分析[J]. 航空动力学报,20(6)：1029－1031.
徐剑,林宏镇,魏德明,2003. 我国航空发动机研制采用加速任务试车技术浅析[C]. 北海：中国航空学会第四届小型发动机学术讨论会.
徐可君,2007. 基于单元体的军用航空发动机寿命控制和管理[J]. 海军航空工程学院学报,22(5)：541－547.
徐可君,江龙平,2003. 军用航空发动机可靠性和寿命管理[J]. 中国工程科学,5(1)：82－88.
杨为民,1995. 可靠性、维修性、保障性总论[M]. 北京：国防工业出版社.
姚华,2014. 航空发动机全权限数字电子控制系统[M]. 北京：航空工业出版社.
姚华,2017. 航空发动机控制系统设计技术[M]. 北京：科学出版社.
殷苏东,陈旭华,2008. 基于状态的维修研究现状与发展趋势[J]. 科学技术与工程,8(6)：1530－1533.
于敦,1989. 飞机第二动力系统[R]. 航空情报研究报告 HY89002.

袁翔，单晓明，冷坤，等，2014. 航空发动机测试性特点与现状[J]. 测控技术，33：116－120.

曾声奎，2005. 故障预测与健康管理（PHM）技术的现状与发展[J]. 航空学报，26（5）：626－632.

张宝诚，2005. 航空发动机试验和测试技术[M]. 北京：北京航空航天大学出版社.

张宝珍，2007. 基于状态的维修和自主式保障理论的提出、内涵、应用与发展[R]. 北京：中国航空工业发展研究中心.

张宝珍，2008. 预测与健康管理技术的发展及应用[J]. 测控技术，27（2）：5－7.

张宝珍，曾天翔，2005. PHM：实现F－35经济承受性目标的关键使能技术[J]. 航空维修与工程（6）：20－23.

张健，2002. 航空发动机地面试验技术的近期发展及我们的对策[J]. 燃气涡轮试验与研究，15（1）：5－10.

张连祥，2002. 提高航空发动机可靠性的途径[J]. 航空发动机（2）：17－21.

张伟，康建设，王亚彬，2006. 基于状态的维修及其建模研究[J]. 计算机仿真，23（1）：23－28.

张晓爽，聂华菊，龙海跃，等，2015. 浅析发动机的故障模式、影响及危害性分析工作[C]. 成都：中国航空学会第八届航空发动机可靠性学术交流会.

张亚妹，贾云献，2007. 基于状态的维修[J]. 中国设备工程（3）：2.

张义，2008. 波音787系统上的跨越[J]. 国际航空（1）：24－25.

赵军，付尧明，赖安卿，2016. 民航大涵道比涡扇发动机总体性能参数敏感性分析[J]. 计算机测量与控制，24（4）：222－225.

中国民用航空局，2011. 航空发动机适航规定[S]. CCAR33－R2.

中国民用航空局，2011. 航空器型号合格审定程序[S]. AP－21－AA－2011－03－R4.

中国民用航空局，2014. 燃气涡轮辅助动力装置（APU）[S]. CTSO－C77b.

中国民用航空局，2017. 民用航空产品和零部件合格审定规定[S]. CCAR－21－R4.

朱之丽，陈敏，唐海龙，等，航空燃气涡轮发动机工作原理及性能[M]. 上海：上海交通大学出版社，2014.

祝耀昌，2005. 可靠性试验及其发展趋势[J]. 航空标准化与质量（5）：30－33.

Franciscus L, 1976. Interim computer program for estimating aircraft engine weight and dimensions on a component basis[R]. NASA TM X－73404.

Gerend R P, Roundhill J P, 1970. Correlation of gas turbine engine weights and dimensions[J]. AIAA, 70－0669: 1－13.

Hale P L, 1982. A method to estimate weight and dimensions of small aircraft propulsion gas turbine engines-final[R]. NASA－CR－168049.

Kerrebrock J L, 1992. Aircraft engines and gas turbines [M]. 2nd edition. Massachusetts: Massachusetts Institute of Technology.

Mattingly J D, Heiser W H, Pratt D T, 2002. Aircraft engine design [M]. 2nd edition. Reston: American Institute of Aeronautics and Astronautics.

Onat E, Klees G W, 1979. A Method to estimate weight and dimensions of large and small gas turbine engines[R]. NASA 21293.

Sagerser D A, Lieblein S, Krebs R P, 1971. Empirical expressions for estimating length and weight of axial-flow components of VTOL powerplants[R]. NASA TM X－2406.

Sanghi V, Kumar S K, Sundararajan V, 1998. Preliminary estimation of engine gas-flow-path size and weight[J]. Journal of Propulsion and Power, 14(2): 208－214.

Walsh P P, Fletcher P, 2004. Gas turbine performance[M]. 2nd edition. London: Blackwell Science Ltd.